高职机电一体化技术专业系列教材

国家骨干高职院校建设项目成果

数控机床的编程与操作

主　编　徐生龙

副主编　寇鹏德　史光岩

西北工业大学出版社

【内容简介】 本书是高职机电类专业和计算机仿真类专业核心教材。在立足教学改革实践的基础上，将数控机床的编程与操作、数控铣床的编程与操作两门课程进行重构并实现有机整合。本书内容主要有轴类零件的数控车削加工、孔槽类零件的数控车削加工、螺纹轴零件的数控车削加工、零件平面外轮廓的数控铣削加工、箱体类零件的数控铣削加工和槽类零件的数控铣削加工等六大学习情境。同时每一情境均选取典型例题，让读者在学习中掌握数控加工相关的工艺知识、编程知识及加工操作方法。本书在编写过程中重点突出高职教育特点，选取最实用的知识，综合汇聚和包容一体，力求内容上有所突破，思路上有所创新。

图书在版编目(CIP)数据

数控机床的编程与操作 / 徐生龙主编. —西安：西北工业大学出版社，2015.6
ISBN 978-7-5612-4414-2

Ⅰ. ①数… Ⅱ. ①徐… Ⅲ. ①数控机床—程序设计—高等职业教育—教材②数控机床—操作—高等职业教育—教材 Ⅳ. ①TG659

中国版本图书馆CIP数据核字(2015)第136089号

出版发行：西北工业大学出版社
通信地址：西安市友谊西路127号　　**邮编**：710072
电　　话：(029) 88493844　88491757
网　　址：www.nwpup.com
印 刷 者：兴平市博闻印务有限公司
开　　本：787 mm×1 092 mm　1/16
印　　张：20.25
字　　数：491千字
版　　次：2015年7月第1版　　2015年7月第1次印刷
定　　价：42.00元

FOREWORD 前言

按照高等职业教育对人才培养的需求，本书以培养学生综合职业能力为宗旨，努力贯彻以职业活动为导向，以情境教学为主线，突出职业教育的特点，结合提高高职学生就业竞争力和发展潜力的目标，注重提高学生编制工艺和程序的能力，为学生后续解决生产实际问题打好基础。

本书是在高职机电类专业教学改革实践的基础上，将数控车床的编程与操作、数控铣床的编程与操作两门课程进行重构，实现了内容的有机整合，适合高职机电类专业和计算机仿真类专业教学。

本书共分6个学习情境：轴类零件的数控车削加工、孔槽类零件的数控车削加工、螺纹轴零件的数控车削加工、零件平面外轮廓的数控铣削加工、箱体类零件的数控铣削加工和槽类零件的数控铣削加工等。各情境以数控加工中各种典型实例来介绍相关的工艺知识、编程知识及加工操作方法。每个情境包括任务描述、学习目标、学时安排、知识链接、任务实施、知识拓展、思考与练习等七部分，其中任务实施分资讯、决策、计划、实施、检查和评估6个步骤，以达到学生学习的科学性和针对性。

本书授课参考学时如下：

序号	教学内容	建议学时
学习情境一	轴类零件的数控车削加工	22
学习情境二	孔槽类零件的数控车削加工	16
学习情境三	螺纹轴零件的数控车削加工	16
学习情境四	零件平面外轮廓的数控铣削加工	20
学习情境五	箱体类零件的数控铣削加工	18
学习情境六	槽类零件的数控铣削加工	16
合计学时	108	

本书由武威职业学院徐生龙任主编，具体编写分工如下：情境一、情境二和情境四由徐

生龙编写；情境三、情境五由寇鹏德编写，情境六由史光岩编写。此外，参与本书编写的还有张世亮及多名具有丰富实践经验的合作企业技术人员。本书编写时曾参考了部分学者相关书籍资料，在此一并表示感谢。

由于水平所限，书中缺陷及错误之处恳请广大读者予以批评指正。

编　者

2015 年 2 月

CONTENTS

目录

学习情境五　箱体类零件的数控铣销加工

学习情境六　槽类零件的数控铣削加工

学习情境一

轴类零件的数控车削加工

任务描述

如图 1－1 所示，工件毛坯尺寸长度为 120 mm，直径为 ϕ 45 mm，材料为 45[#]钢，确定数控加工工艺并编写数控加工程序。

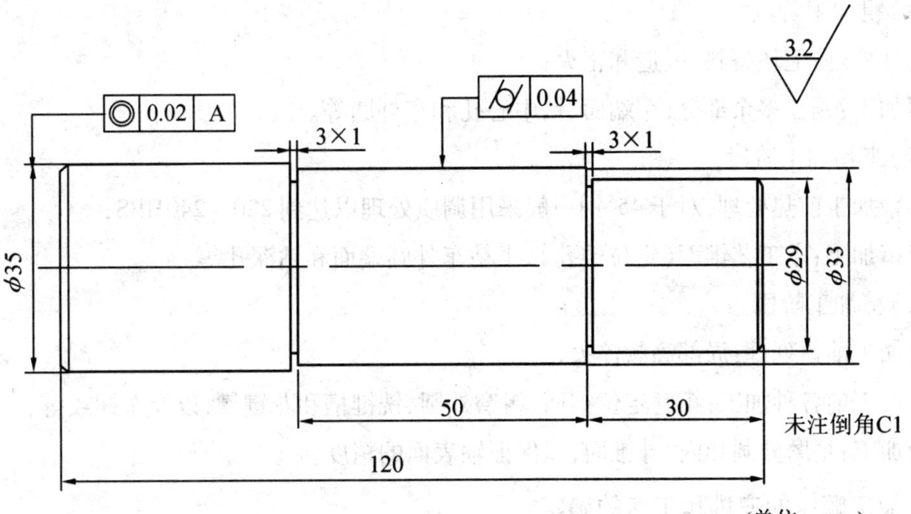

(单位：mm)

图 1－1　台阶轴零件

学习目标

☆知识目标：

(1) 熟悉数控编程的种类；

(2) 熟悉轴类零件加工刀具的选用；

(3) 掌握轴类零件的加工工艺。

☆技能目标：

(1) 应用 G01，G90，G94 指令；

(2) 掌握简单量具的应用方法；

(3) 掌握轴类零件程序的编制方法。

学时安排

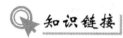

资讯	计划	决策	实施	检查	评价
6	2	2	8	2	2

知识链接

一、车削工艺相关知识

1. 加工阶段的划分

圆柱零件加工过程中的各加工工序和热处理工序均会不同程度地产生加工误差和应力，因此圆柱零件的加工基本上划分为下列3个阶段。

(1)粗加工阶段。

毛坯处理：毛坯备料、锻造和正火；

粗加工：锯去多余部分，车端面、钻中心孔和车外圆等。

(2)半精加工阶段。

半精加工前热处理：对于45#钢一般采用调质处理以达到220～240HBS；

半精加工：车工艺锥面(定位锥孔)，半精车外圆端面和钻深孔等。

(3)精加工阶段。

精加工前热处理：局部高频淬火；

精加工前各种加工：粗磨定位锥面、粗磨外圆、铣键槽和花键槽，以及车螺纹等；

精加工：精磨外圆和内、外锥面，以保证轴表面的精度。

2. 加工顺序的安排和工序的确定

圆柱零件各表面先后加工顺序，在很大程度上与定位基准的转换有关。当零件加工用的粗、精基准选定后，加工顺序就可以确定。

3. 装夹与定位方法

(1)在三爪卡盘自定心卡盘上装夹。

(2)在两顶尖之间装夹。

(3)用一夹一顶方式装夹。

(4)用三爪自动夹紧拨盘装夹。

4. 圆柱零件加工刀具的选择

圆柱零件数控车削的内容主要有外圆、端面以及沟槽和切断。圆柱零件数控车削常用的刀具有外圆车刀和外圆切刀，如图1－2所示。

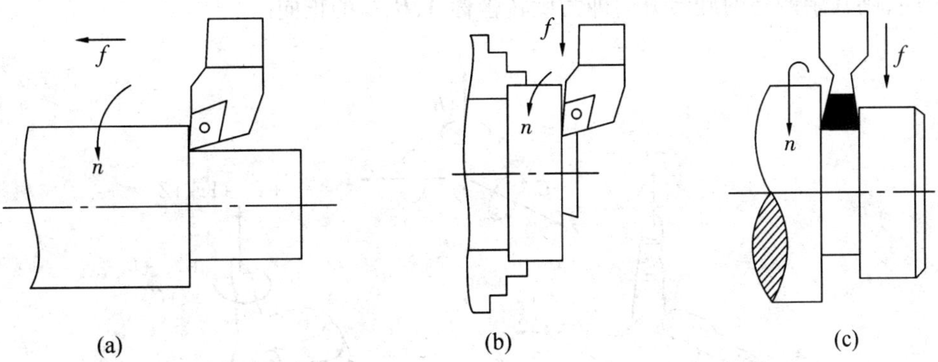

图 1－2 圆柱零件车削

(a)车削外圆;(b)车削端面;(c)切槽和切断

5. 切削用量的选择

数控车削加工中的切削用量包括背吃刀量 a_p、主轴转速 s 或切削速度 v、进给速度或进给量 f。这些参数均应在数控车床给定的允许范围内选取。切削用量的具体数值应根据所选择的车床性能、相关手册并结合实际经验确定。

6. 车削走刀路线

台阶轴的车削方法分低台阶车削和高台阶车削两种方法,如图 1－3 和图 1－4 所示。

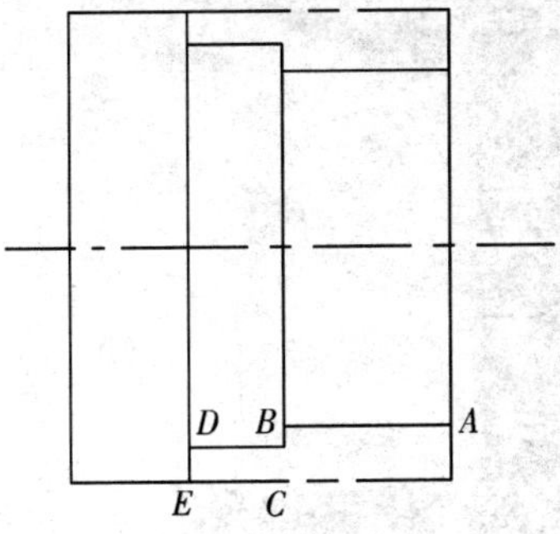

图 1－3 低台阶车削法

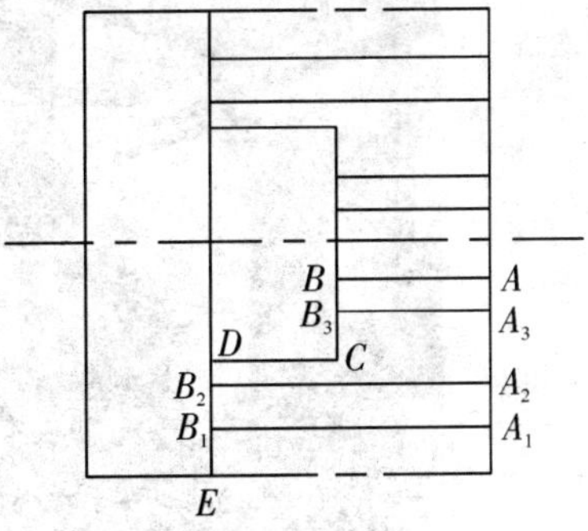

图 1－4 高台阶车削法

二、数控车床加工坐标系

1. 标准坐标系及运动方向规则

(1)车床相对运动的规定。

假定刀具相对于静止的工件运动。

(2)坐标系的规定。

在数控车床上加工零件,车床的动作是由数控系统发出指令来控制的,为了确定车床上运动的位移和运动的方向,需要坐标系来实现,这个坐标系叫标准坐标系,也称为车床坐标系。

数控车床上的坐标系采用右手笛卡儿直角坐标系,如图 1－5 所示。围绕 X,Y,Z 坐标旋转的旋转坐标分别用 A,B,C 表示,根据右手螺旋定则,大拇指的指向为 X,Y,Z 坐标中任意轴的正向，则其余四指的旋转方向即为旋转坐标 A,B,C 的正向。

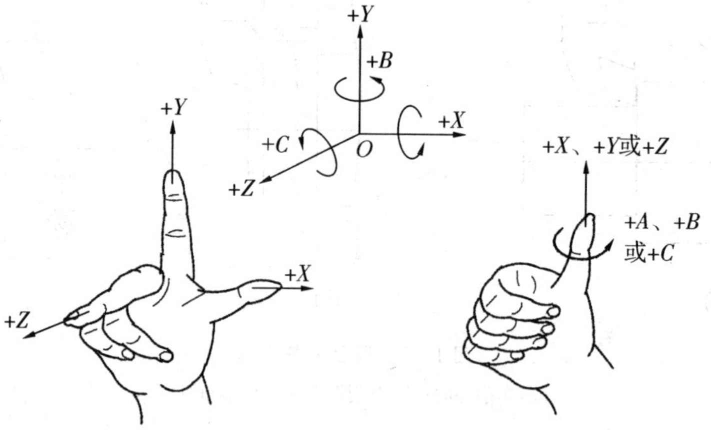

图 1-5 右手笛卡儿直角坐标系

2. 运动方向的规定

GB3051—82 中规定：车床某一部件运动的正方向是增大刀具与工件之间距离的方向。

(1)Z 坐标。

标准规定：Z 轴与主轴轴线平行或重合，如图 1-6 所示。

图 1-6 数控车床 Z 坐标

若没有主轴（牛头刨床）或者有多个主轴，则选择垂直于工件装夹面的方向为 Z 坐标。

若主轴能摆动：在摆动的范围内只与标准坐标系中的某一坐标平行时，则这个坐标便是 Z 坐标。

若在摆动的范围内与多个坐标平行，则取垂直于工件装夹面的方向为 Z 坐标。

(2)X 坐标。

标准规定：X 坐标一般是水平的，平行于工件的装夹面。

对于工件旋转的车床（磨床等），X 轴的运动方向是工件的径向并平行于横向拖板，且刀具离开工件旋转中心的方向是 X 轴的正方向。

对于刀具旋转的车床（铣床、钻床、镗床等）：

Z 轴水平(卧式),则从刀具(主轴)向工件看时,X 坐标的正方向指向右边。

Z 轴垂直(立式):单立柱车床,从刀具向立柱看时,X 轴的正方向指向右边;双立柱车床(龙门车床),从刀具向左立柱看时,X 轴的正方向指向右边。

三、数控机床上相关位置点

1. 机床原点

机床原点又称机械原点,是机床坐标系的原点。该点是机床上设置的一个固定点,它在机床装配、调试时就已确定下来,是数控机床进行加工运动的基准参考点,数控机床的车床原点一般取在卡盘端面与主轴中心线的交点处,如图 1－7、图 1－8 所示。

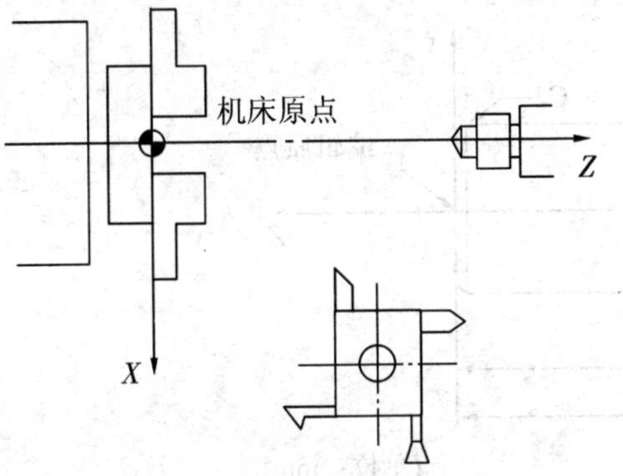

图 1－7　刀架前置的数控机床坐标系

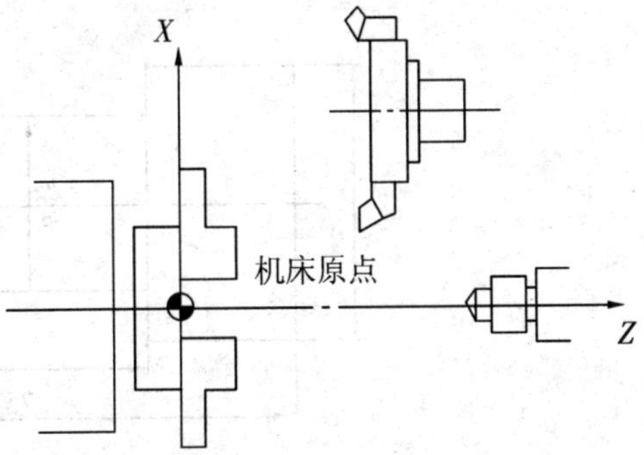

图 1－8　刀架后置的数控机床坐标系

机床原点的建立,用回零(或回参考点)方式建立,回零(或回参考点)的实质是建立车床坐标系。

2. 机床参考点

机床参考点的位置是由机床制造厂家在每个进给轴上用限位开关精确调整好的,坐标值已输入数控系统中。

通常在数控机床上,机床参考点是机床正的最大位置极限点。图 1－9 所示为数控机床的参考点与机床原点。

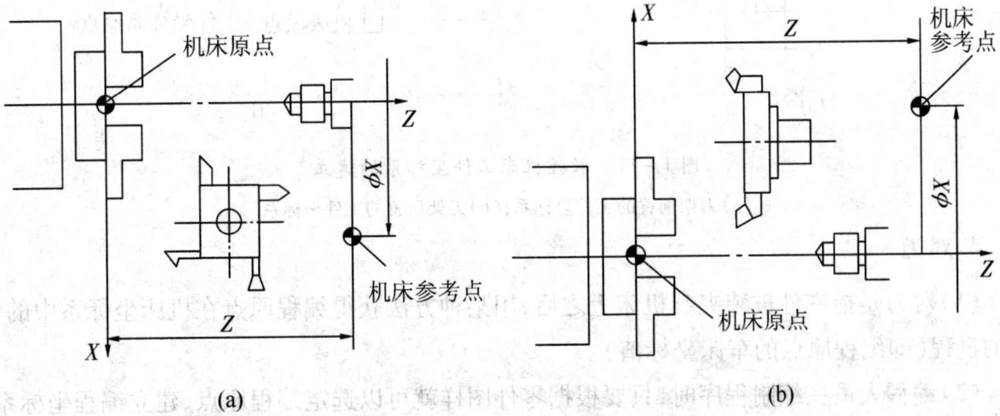

图 1－9　数控机床的参考点与机床原点

(a)刀架前置的机床参考点;(b)刀架后置的机床参考点

3. 工件坐标系

(1)编程坐标系。

编程坐标系即工件坐标系,编程坐标系是编程人员根据零件图样及加工工艺等建立的坐标系。

编程坐标系一般供编程使用,当确定编程坐标系时,不考虑工件毛坯在车床上的实际装夹位置。

(2)工件坐标系的建立。

在工件坐标系上,确定工件轮廓编程和计算原点,称为工件坐标系原点,简称工件原点,如图 1－10 所示;工件坐标系是方便编程人员编程人为建立的坐标系,如图 1－11 所示。

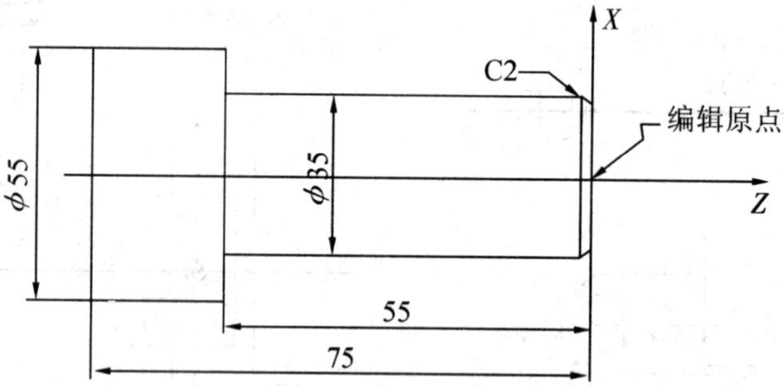

图 1－10　确定工件原点

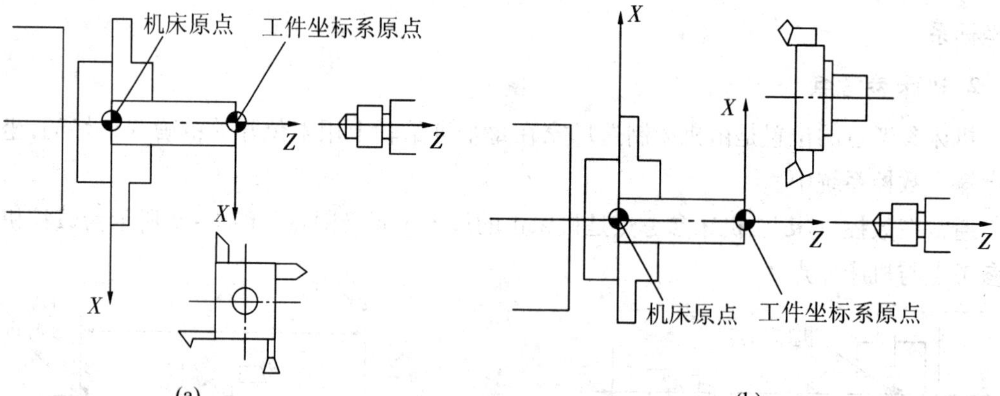

图 1－11　数控机床工件坐标系的建立

(a)刀架前置的工件坐标系;(b)刀架后置的工件坐标系

4. 对刀

(1)对刀是指零件被装夹到机床上之后,用某种方法获得编程原点在机床坐标系中的位置的过程(即编程原点的车床坐标值)。

(2)编程人员在编制程序时,只要根据零件图样就可以选定编程原点、建立编程坐标系、计算坐标数值,而不必考虑工件毛坯装夹的实际位置。

(3)对于加工人员来说,则应在装夹工件、调试程序时,将编程原点转换为加工原点,并确定加工原点的位置，在数控系统中给予设定（即给出原点设定值），然后就可以自动加工了。

（4）对刀的实质是建立工件坐标系与机床坐标系的关系。

四、数控程序的编制

1. 数控编程的方法

数控编程方法分为手工编程和自动编程两种。

（1）手工编程。

从零件图样分析、工艺处理、数值计算、编写程序单、程序输入至程序校验等各步骤均由人工完成，称为手工编程。对于加工形状简单的零件，计算比较简单，程序不多，采用手工编程较容易完成，而且经济、及时，因此在点定位加工及由直线与圆弧组成的轮廓加工中，手工编程仍应用广泛。但对于形状复杂的零件，特别是具有非圆曲线、列表曲线及曲面的零件，用手工编程就有一定的困难，出错的机率增大，有的甚至无法编出程序，必须采用自动编程的方法编制程序。

（2）自动编程。

自动编程是利用计算机专用软件编制数控加工程序的过程。它包括数控语言编程和图形交互式编程。

1）数控语言编程，编程人员只需根据图样的要求，使用数控语言编写出零件加工源程序，送入计算机，由计算机自动地进行编译、数值计算、后置处理，编写出零件加工程序单，直至自动穿出数控加工纸带，或将加工程序通过直接通信的方式送入数控机床，指挥机床工作。数控语言编程为解决多坐标数控机床加工曲面、曲线提供了有效方法，但这种编程方法直观性差，编程过程比较复杂不易掌握，并且不便于进行阶段性检查。随着计算机技术的发展，计算机图形处理功能已有了极大的增强，“图形交互式自动编程”也应运而生。

2）图形交互式自动编程。图形交互式自动编程是利用计算机辅助设计（CAD）软件的图形编程功能，将零件的几何图形绘制到计算机上，形成零件的图形文件，或者直接调用由CAD系统完成的产品设计文件中的零件图形文件，然后再直接调用计算机内相应的数控编程模块，进行刀具轨迹处理，由计算机自动对零件加工轨迹的每一个节点进行运算和数学处理，从而生成刀位文件。之后，再经相应的后置处理，自动生成数控加工程序，并同时在计算机上动态地显示其刀具的加工轨迹图形。图形交互式自动编程极大地提高了数控编程效率，使得从设计到编程的信息流连续而不中断，可实现CAD/CAM集成，实现了计算机辅助设计（CAD）和计算机辅助制造（CAM）一体化。

2. 数控编程的内容

（1）分析零件图样，确定加工工艺过程。

（2）确定走刀轨迹，计算刀位数据。

（3）编写零件加工程序。

（4）制作控制介质。

（5）校对程序及首件试加工。

3. 数控编程的步骤

数控编程的步骤，如图 1－12 所示。

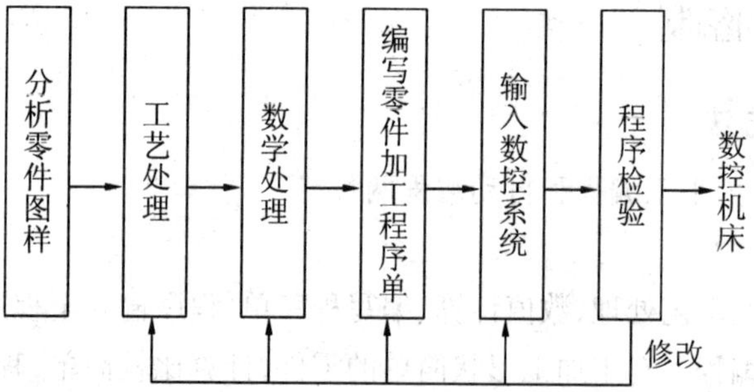

图 1－12　数控编程过程

(1)分析零件图样和工艺处理。

这一步骤的内容包括对零件图样进行分析以明确加工的内容及要求，选择加工方案，确定加工顺序、走刀路线，选择合适的数控机床，设计夹具，选择刀具，确定合理的切削用量等。

(2)数学处理。

在完成工艺处理的工作以后，要根据零件的几何形状、尺寸、走刀路线及设定的坐标系，计算粗、精加工各运动轨迹，得到刀位数据。一般的数控系统均具有直线插补与圆弧插补功能。对于由圆弧与直线组成的较简单的零件轮廓加工，需要计算出零件轮廓线上各几何元素的起点、终点、圆弧的圆心坐标、两几何元素的交点或切点的坐标值；当零件图样所标尺寸的坐标系与所编程序的坐标系不一致时，需要进行相应的换算；对于形状比较复杂的非圆曲线（如渐开线、双曲线等）的加工，需要用小直线段或圆弧段逼近，按精度要求计算出其节点坐标值；自由曲线、曲面及组合曲面的数学处理更为复杂，需利用计算机进行辅助设计计算。

(3)编写零件加工程序单。

在加工顺序、工艺参数以及刀位数据确定后，就可按数控系统的指令代码和程序段格式，逐段编写零件加工程序单。编程人员应熟悉数控机床的性能、指令功能、代码书写格式等，才能编写出正确的零件加工程序。对于形状复杂（如空间自由曲线、曲面）、工序很长、计算烦琐的零件，采用计算机辅助数控编程。

(4)输入数控系统。

程序编写好，通过键盘直接将程序输入数控系统。

(5)程序检验和首件试加工。

程序送入数控机床后，还需经过试运行和试加工两步检验后，才能进行正式加工。通过试运行，检验程序语法是否有错，加工轨迹是否正确；通过试加工可以检验其加工工艺及有关切削参数指定得是否合理，加工精度能否满足零件图样要求，加工工效如何，以便进一步改进。

试运行方法对带有刀具轨迹动态模拟显示功能的数控机床，可进行数控模拟加工，检查刀具轨迹是否正确，如果程序存在语法或计算错误，运行中会自动显示编程出错报警，根据报警号内容，编程员可对相应出错程序段进行检查、修改。对无此功能的数控机床可进行空运转检验。

试加工采用逐段运行加工的方法进行，即每按一次自动循环键，系统只执行一段程序，执行完一段停一下，通过一段一段地运行来检查机床的每次动作。要注意：当执行某些程序段，比如螺纹切削时，如果每一段螺纹切削程序中本身不带退刀功能，螺纹刀尖在该段程序结束时会停在工件中，应避免由此损坏刀具等。对于较复杂的零件，也先可采用石蜡、塑料或铝等易切削材料进行试切。

4. 程序的结构

程序结构：一个完整的程序由程序名、程序内容和程序结束三部分组成。

(1)程序名

在程序的开头要有程序名，以便进行程序检索。程序名就是给零件加工程序一个编号，并说明该零件加工程序开始。如 FUNUC 数控系统中，采用英文字母 O 及其后 4 位十进制数表示(数中若首位为 0，则可以省略，如"O0101"等效于"O101")。而其他系统有时也采用符号"%"或"P"及其后 4 位十进制数表示程序名。

(2)程序内容。

程序内容是整个程序的核心，它有许多程序段组成，每个程序段由一个或多个指令构成，它表示数控机床要完成的全部动作。

(3)程序结束。

程序结束是以程序结束指令 M02、M30 或 M99(子程序结束)，作为程序结束的符号，用来结束零件加工。

例如：

```
O0001;                              程序名
N10 G92 X40 Y30;
N20 G90 G00 X28 T01 S800 M03;     }
N30 G01 X-8 Y8 F200;              } 程序内容
N40 X0 Y0;                        }
N50 X28 Y30;
N60 G00 X40;
N70 M30。                            程序结束
```

5. 程序段格式

零件的加工程序是由许多程序段组成的，每个程序段由程序段号、若干个数据字和程序段结束字符组成，每个数据字是控制系统的具体指令，它是由地址符、特殊文字和数字集合而成，它代表机床的一个位置或一个动作。

程序段格式是指一个程序段中字、字符和数据的书写规则。目前，国内外广泛采用字－地址可变程序段格式。

字－地址可变程序段格式，在一个程序段内数据字的数目以及字的长度(位数)都是可以变化的格式。不需要的字以及与上一程序段相同的续效字可以不写。一般的书写顺序按表 1－1 所示从左往右进行书写，对其中不用的功能应省略。

该格式的优点是程序简短、直观以及容易检验、修改。

表 1-1　程序段书写顺序格式

1	2	3	4	5	6	7	8	9	10	11
N-	G-	X- U- P- A- D-	Y- V- Q- B- E-	Z- W- R- C-	I- J- K- R-	F-	S-	T-	M-	LF (或 CR)
程序段序号	准备功能	坐标字				进给功能	主轴功能	刀具功能	辅助功能	结束符号
	数据字									

例如:N20 G01 X25 Z-36 F100 S300 T02 M03;

程序段内各字的说明:

(1)程序段序号(简称顺序号)。

它是用以识别程序段的编号,用地址码 N 和后面的若干位数字来表示,如 N20 表示该语句的语句号为 20。

(2)准备功能 G 指令。

它是使数控机床做某种动作的指令,由地址 G 和两位数字所组成,从 G00~G99 共 100 种。G 功能的代号已标准化。G 代码为准备功能代码,它可以用于确定机床的运行状态、动作方式等功能,部分代码及功能见表 1-2。

表 1-2　G 指令介绍

G 指令	组别	功　能	G 指令	组别	功　能
G00	01	定位(快速移动)	G51	20	多边形车削
G01	01	直线插补(切削进给)	G52	00	局部坐标系设置
G02	01	顺圆插补/顺螺旋插补	G53	00	机床坐标系设置
G03	01	逆圆插补/逆螺旋插补	G54#	14	选择工件坐标系 1
G04	00	暂停	G55	14	选择工件坐标系 2
G05	00	高速循环切削	G56	14	选择工件坐标系 3
G07	00	假想轴插补	G57	14	选择工件坐标系 4
G07	00	圆柱插补	G58	14	选择工件坐标系 5
G10#	00	可编程数据输入	G59	14	选择工件坐标系 6
G11	00	可编程数据输入取消	G65	00	宏调用
G12	21	极坐标插补模式	G66	12	宏模式调用
G13	21	极坐标插补模式取消	G67#	12	宏模式调用取消
G17	16	XY 平面选择	G68	04	双刀塔镜像开或平衡切削模式
G18	16	ZX 平面选择	G69#	04	双刀塔镜像关或平衡切削模式取消
G19	16	YZ 平面选择	G70	00	精加工循环
G20	06	英制输入	G71	00	外圆粗加工循环

续 表

G 指令	组别	功 能	G 指令	组别	功 能
G21	06	公制输入	G72	00	端面粗加工循环
G22#	09	已存行程检查功能开	G73	00	固定形状循环
G23	09	已存行程检查功能关	G74	00	端面间歇钻孔循环
G25#	08	主轴转速波动检查关	G75	00	外圆/内孔钻削循环
G26	08	主轴转速波动检查开 0	G76	00	多重螺纹切削循环
G27	00	回参考点检查	G80#	10	“钻削”循环取消
G28	00	返回参考点	G83	10	端面钻孔循环
G30	00	返回第二、三、四参考点	G84	10	端面攻丝循环
G31	00	跳跃功能	G86	10	端面镗孔循环
G32	01	螺纹切削	G87	10	侧面钻孔循环
G34	01	可变导程螺纹切削	G88	10	侧面攻丝循环
G36	00	X 轴自动刀具补偿	G89	10	侧面镗孔循环
G37	00	Z 轴自动刀具补偿	G90	01	外圆/内孔切削循环
G40#	07	取消刀尖半径补偿	G92	01	螺纹切削循环
G41	07	左边刀尖半径补偿	G94	01	端面车削循环
G42	07	右边刀尖半径补偿	G96	02	主轴恒线速度控制
G50	00	坐标系或最高主轴转速设置	G97#	02	取消主轴恒线速度控制
G50.3	00	预设工件坐标系	G98	05	每分钟进给量
G50.2	20	多边形车削取消	G99#	05	每转进给量

(3)坐标字。

由坐标地址符(如 X、Y 等),+,-符号及绝对值(或增量)的数值组成,且按一定的顺序进行排列。坐标字的“+”可省略。

其中坐标字的地址符含义见表 1-3。

表 1-3 地址符含义

地 址 码	意 义
X- Y- Z-	基本直线坐标轴尺寸
U- V- W-	第一组附加直线坐标轴尺寸
P- Q- R-	第二组附加直线坐标轴尺寸
A- B- C-	绕 X,Y,Z 旋转坐标轴尺寸
I- J- K-	圆弧圆心的坐标尺寸
D- E-	附加旋转坐标轴尺寸
R-	圆弧半径值

各坐标轴的地址符按下列顺序排列:

X,Y,Z,U,V,W,P,Q,R,A,B,C,I,J,K,D,E

(4)进给功能 F 指令。

该指令用来指定各运动坐标轴及其任意组合的进给量或螺纹导程。它是续效代码,有下述两种表示方法。

1）代码法。即F后面跟两位数字，这些数字不直接表示进给速度的大小，而是机床进给速度数列的序号，进给速度数列可以是算术级数，也可以是几何级数。从F00～F99共100个等级。

2）直接指定法。即F后面跟的数字就是进给速度的大小。按数控机床的进给功能，它也有两种速度表示法。一是以每分钟进给距离的形式指定刀具切削进给速度（每分钟进给量），用F字母和它后面的数值表示，单位为“mm/min”。二是以主轴每转进给量规定的速度（每转进给量）表示，单位为“mm/r”。直接指定方法较为直观，因此现在大多数机床均采用这一指定方法。

（5）主轴转速功能字S指令。

该指令用来指定主轴的转速，由地址码S和在其后的若干位数字组成，它有恒转速（单位：r/min）和表面恒线速（单位：m/min）两种表示方式。如S800表示主轴转速为800r/min；对于有恒线速度控制功能的机床，还要用G96或G97指令配合S代码来指定主轴的速度。如G96S200表示切削速度为200m/min，G96为恒线速度控制指令。

（6）刀具功能字T指令。

该指令主要用来选择刀具，也可用来选择刀具偏置和补偿，由地址码T和若干位数字组成。如T18表示换刀时选择18号刀具，如用作刀具补偿时，T18是指按18号刀具事先所设定的数据进行补偿。若用四位数码指令时，例如T0102，则前两位数字表示刀号，后两位数字表示刀补号。由于不同的数控系统有不同的指定方法和含义，具体应用时应参照所用数控机床说明书中的有关规定进行。

（7）辅助功能字M指令。

辅助功能表示一些机床辅助动作及状态的指令。由地址码M和后面的两位数字表示。从M00～M99共100种，部分代码功能见表1-4。

表1-4　辅助功能代码指令

M代码	功　能	M代码	功　能
M00	程序停止	M19	主轴定位
M01	选择性程序停止	M20	主轴定位解除
M02	程序结束	M30	程序结束及返回
M03	主轴正转	M48	切削进给率调整有效
M04	主轴反转	M49	切削进给率调整无效
M05	主轴停止	M50	钻头中心切削液ON
M06	自动换刀	M54	高压力切削液ON
M08	切削液ON	M56	高压力切削液OFF
M09	切削液OFF	M70	作业结束灯
M13	主轴正转，切削液ON	M98	调子程序
M14	主轴反转，切削液ON	M99	子程序返回

(8)程序段结束。

该指令写在每个程序段之后,表示程序结束。当用 EIA 标准代码时,结束符为“CR”,当用 ISO 标准代码时,结束符为“NL”或“LF”。有的用符号“;”或“ * ”表示。

6. 编程原则

(1)小数点编程。

当进行数控编程时,数字单位以公制为例,分为两种:一种是以毫米为单位,另一种是以脉冲当量即机床的最小输入单位为单位。现在大多数机床常用的脉冲当量为 0.001 mm。

对于数字的输入,有些系统可省略小数点,有些系统则可以通过系统参数来设定是否可以省略小数点,而大部分系统小数点则不可省略。对于不可省略小数点编程的系统,当使用小数点进行编程时,数字以毫米(英制为英寸)、角度以度为输入单位,而当不用小数点编程时,则以机床的最小输入单位作为输入单位。

在应用小数点编程时,数字后面可以写“.0”,如 X50.0;也可以直接写“.”,如 X50.。

(2)公、英制编程(G21/G20)。

坐标功能字是使用公制还是英制,多数系统用准备功能字来选择,FANUC 系统采用 G21/G20 来进行公、英制的切换,其中,G21 表示公制,而 G20 则表示英制。

(3)平面选择指令(G17/G18/G19)。

当机床坐标系及工件坐标系确定后,对应地就确定了 3 个坐标平面,即 *XY* 平面、*ZX* 平面、*YZ* 平面,可分别用 G 代码 G17(*XY* 平面)、G18(*ZX* 平面)和 G19(*YZ* 平面)表示这 3 个平面。

(4)绝对坐标与增量坐标。

在 FANUC 车床系统及部分国产系统中,直接以地址符 X,Z 组成的坐标功能字表示绝对坐标,用地址符 U,W 组成的坐标功能字表示增量坐标。绝对坐标地址符 X,Z 后的数值表示工件原点至该点间的矢量值,增量坐标地址符 U,W 后的数值表示轮廓上前一点到该点的矢量值。

(5)直径编程与半径编程。

当用直径值编程时,称为直径编程法。车床出厂时设定为直径编程,因此,在编制与 X 轴有关的各项尺寸时,一定要用直径值编程。

当用半径值编程时,称为半径编程法。如需用半径编程,则要改变系统中相关的参数。

五、指令介绍

1. 准备功能

地址“G”和数字组成的字表示准备功能,也称为 G 功能。G 功能根据其功能分为若干个组,在同一条程序段中,如果出现多个同组的 G 功能,那么取最后一个有效。

G 指令中数字为两位整数(包括 00)。G 功能分为模态与非模态两类。一个模态 G 功能被指令后,直到同组的另一个 G 功能被指令才无效;而非模态的 G 功能仅在其被指令的程序段中有效。

(1)快速点定位指令(G00)。

1)格式:G00 X_ Z_;

2)功能:把刀具从当前位置移动到命令指定的位置(在绝对坐标方式下),或者移动到某个距离处（在增量坐标方式下),如图 1－13 所示。G00 的速度由机床参数决定。

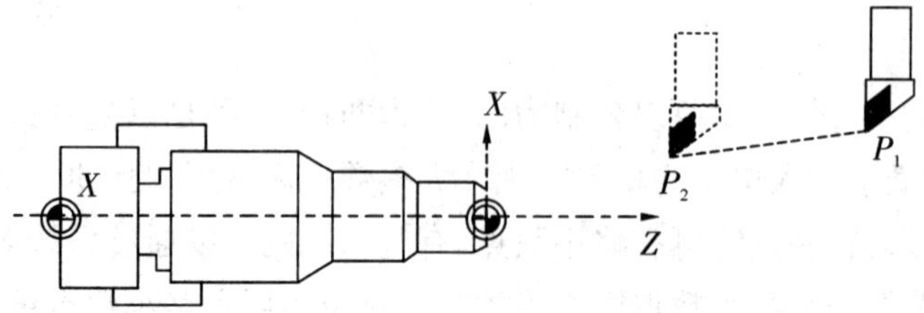

图 1－13　刀具快速点定位

例题 1.1,如图 1－14 所示,要求刀尖从 A 点移动到 B 点,再从 B 点移动到 F 点。

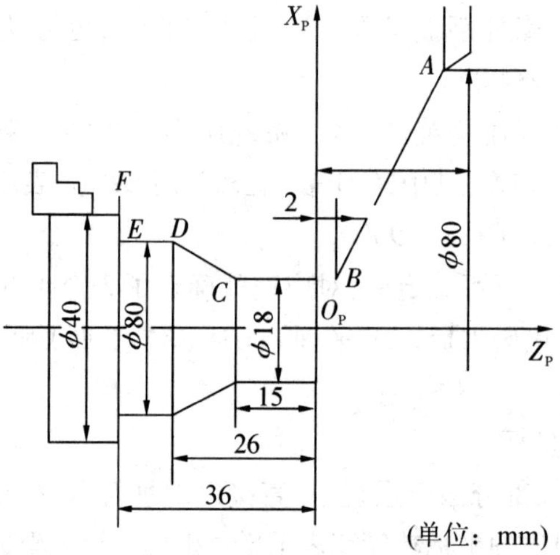

图 1－14　刀具移动

①绝对坐标方式程序。X,Z 后面的数值是目标位置在工件坐标系的坐标。

```
G00    X80    Z60;
       X18    Z2;
       X42    Z-36;
```

②相对坐标方式程序。U,W 后面的数值则是现在点与目标点之间的距离与方向 。

```
G00    X80    Z60;
       U42    W-58;
       U24    W-38;
```

③混合编程程序。

```
G00    X80    Z60;
       U42    W-58;
       X42    Z-36;
```

因为 X 轴和 Z 轴的进给速率不同,机床执行快速运动指令时两轴的合成运动轨迹不一定是直线,在使用 G00 指令时,要注意避免刀具和工件及夹具发生碰撞。

(2)直线插补指令(G01)。

1)格式:G01 X(U)_ Z(W)_ F_ ;

2)功能:直线插补指令以直线方式和命令给定的移动速率从当前位置移动到命令位置,如图 1-15 所示。

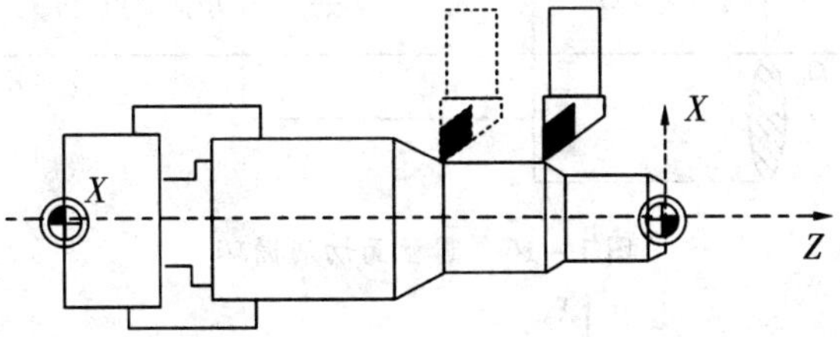

图 1-15 刀具直线插补

指令说明:X,Z 表示要求移动到的位置的绝对坐标值。

U,W 表示要求移动到的位置的增量坐标值。

F_表示进给速度,每分钟进给或每转进给。

例题 1.2,如图 1-14 所示,要求刀尖从 B 点移动到 C 点,再从 C 点移动到 D 点。

①绝对坐标方式程序。

G00 X18 Z2;

G01 X18 Z-15 F0.35;

X30 Z-26;

②相对坐标方式程序。

G00 X18 Z2;

G01 U0 W-17 F0.35;

U12 W-11;

③混合编程程序。

G00 X18 Z2;

G01 U0 W-17 F0.35;

X30 Z-26;

(3)外圆切削循环指令(G90)。

1)格式: G90 X(U)_ Z(W)_ R_ F_;

2)功能:实现外圆切削循环和锥面切削循环,刀具从循环起点按图 1-16 与图 1-17 所示走刀路线,最后返回到循环起点,图中虚线表示按 R 快速移动,实线表示按 F 指定的工件进给速度移动。

指令说明:X,Z 表示切削终点坐标值;

U,W 表示切削终点相对循环起点的坐标分量;

R 表示切削始点与切削终点在 X 轴方向的坐标增量(半径值),外圆切削循环时 R 为零,可省略;

F 表示进给速度。

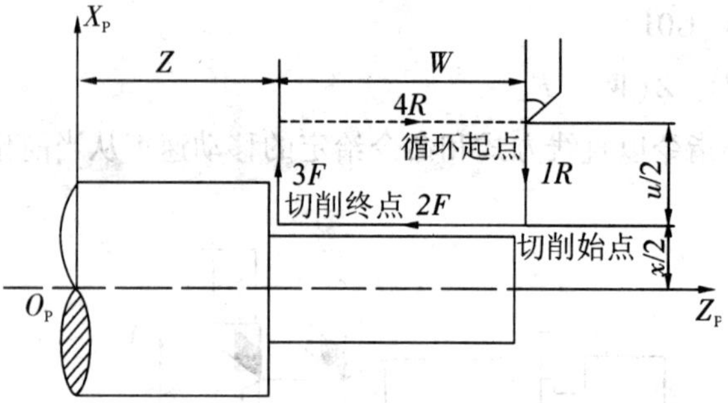

图 1－16　圆柱面切削循环

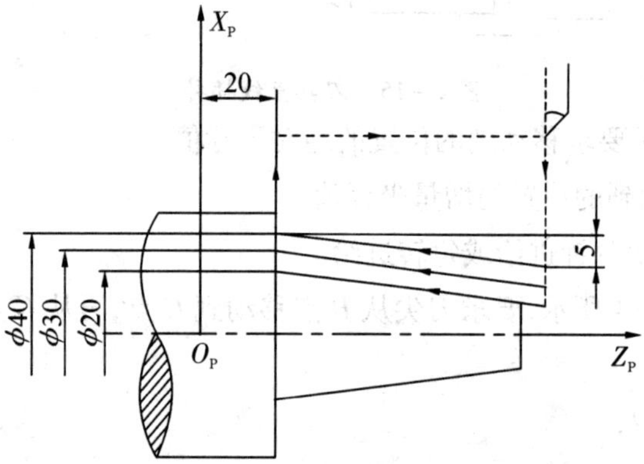

(单位：mm)

图 1－17　圆锥面切削循环

例题 1.3，如图 1－18 所示，运用外圆切削循环指令编程。

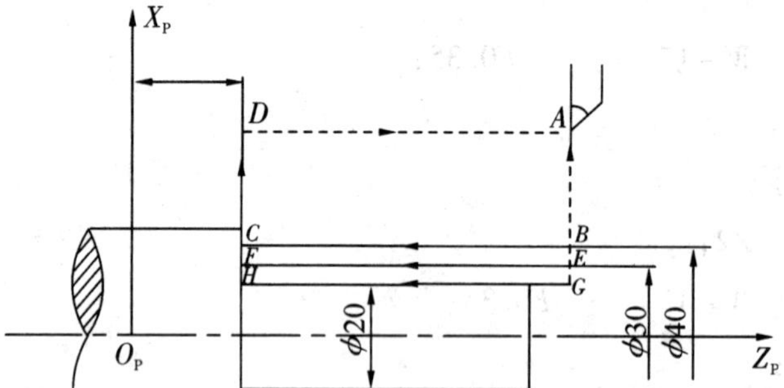

(单位：mm)

图 1－18　外圆切削循环应用

程序：

G90 X40 Z20 F30;　　　　$A-B-C-D-A$

X30;　　　　$A-E-F-D-A$

X20;　　　　$A-G-H-D-A$

例题 1.4，如图 1－19 所示，运用锥面切削循环指令编程。

程序：

G90 X40 Z20 R－5 F30;

X30;

X20;

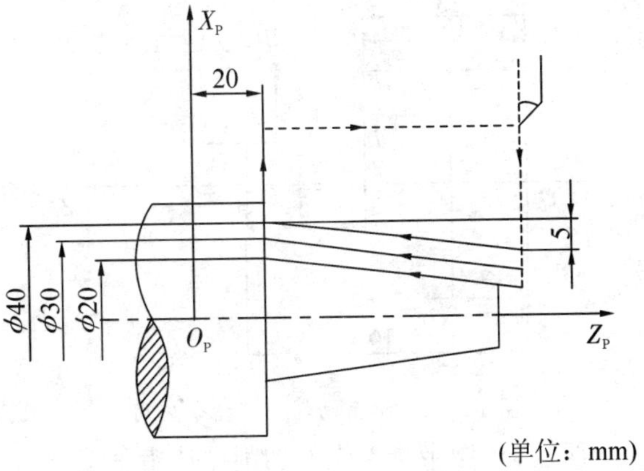

图 1－19 锥面切削循环应用

(4)端面切削循环指令(G94)。

1)格式：G94 X(U)_ Z(W)_ R_ F_;

2)功能：实现端面切削循环和带锥度的端面切削循环，刀具从循环起点，按图1－20与图1－21所示走刀路线，最后返回到循环起点。

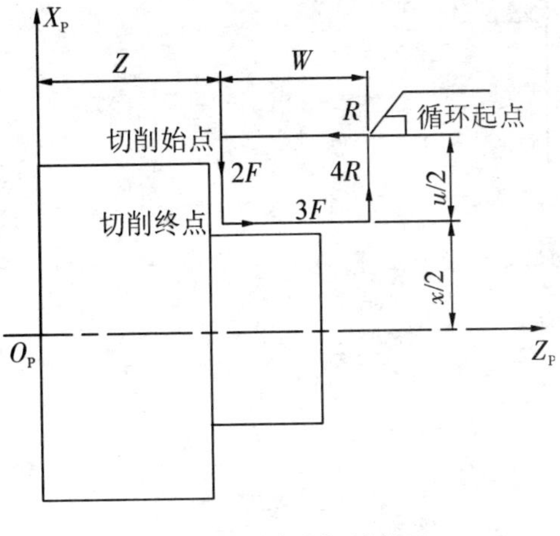

图 1－20 端面切削循环

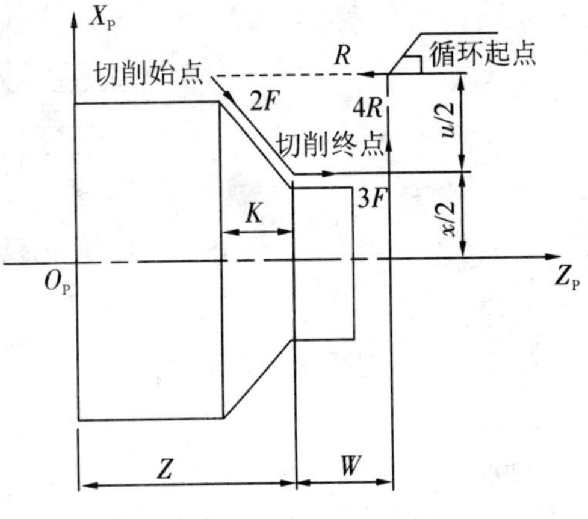

图 1－21 带锥度的端面切削循环

指令说明：*X*,*Z* 表示端平面切削终标值；

U,*W* 表示端面切削终点相对循环起点的坐标分量；

R 表示端面切削始点至切削终点位移在 *Z* 轴方向的坐标增量，当端面切削循环时 *R* 为零，可省略；

F 表示进给速度。

例题 1.5，如图 1－22 所示，运用端面切削循环指令编程。

程序：

G94 X20 Z16 F30;　　　　*A*－*B*－*C*－*D*－*A*

Z13;　　　　*A*－*E*－*F*－*D*－*A*

Z10;　　　　　　　　　　A－G－H－D－A

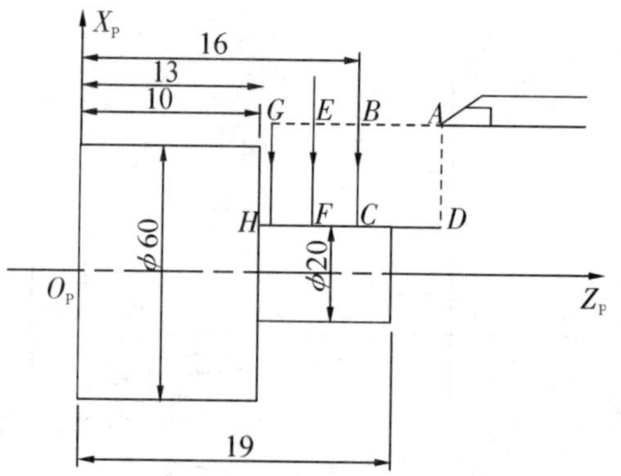

图 1－22　端面切削循环指令应用

例题 1.6,如图 1－23 所示,运用带锥度端面切削循环指令编程。

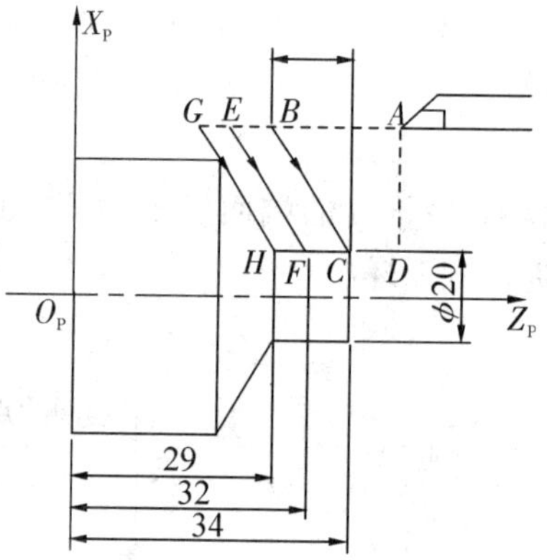

图 1－23　带锥度的端面切削循环指令应用

程序:

G94　X20　Z34　R－4　F30;　　　　A－B－C－D－A

Z32;　　　　　　　　　　　　　　A－E－F－D－A

Z29;　　　　　　　　　　　　　　A－G－H－D－A

(5)主轴最高速度限定指令(G50)。

1)格式:G50 S_;

2)功能:G50 除有坐标系设定功能外,还有主轴最高转速设定功能,即用 S 指定的数值设定主轴每分钟的最高转速。

例题 1.7,G50 S2500;设定主轴最高转速为 2500 r/min

(6)恒线速取消指令(G97)。

1)格式:G97 S_;

2)功能:该指令用于车削螺纹或工件直径变化较小的场合。采用此功能,可设定主轴转速并取消恒线速度控制。

例题 1.8,设定主轴速度

G96 S150;设定线速度恒定,切削速度150m/min。

┆

┆

G97 S300; 取消线速度恒定功能,主轴转速为300r/min。

2. 辅助功能

(1)M功能。常用的M功能如下:

1) 程序停止指令(M00)。

程序中若使用M00指令,则执行至M00指令时,程序停止执行,且主轴停止、切削液关闭。若继续执行下一程序段,只要按下“循环启动”(CYCLE START)键即可。

2)选择停止指令(M01)。

M01指令必须配合操作面板上的“选择性停止功能”(OPT STOP)键一起使用,若此键“灯亮”,表示“ON”,则执行至M00时,功能与M00相同;若此键“灯熄”,表示“OFF”,则执行至M00时,程序不会停止,继续往下执行。

3)程序结束指令(M02)。

此指令应置于程序最后,表示程序执行到此结束。此指令会自动将主轴停止(M05)并关闭冷却液(M09),但程序执行指针不会自动回到程序的开头。

4)主轴正转指令(M03)。

当程序执行至M03时,主轴正方向旋转(由尾座向主轴看,顺时针旋转)。一般的转塔式刀座大多采用到顶面朝下装置车刀,故应使用M03指令。

5)主轴反转指令(M04)。

当程序执行至M04时,主轴反方向旋转(由尾座向主轴看,逆时针旋转)。

6)主轴停止指令(M05)。

当程序执行至M05时,主轴瞬时停止,此指令可用于下列情况:

①程序结束前(但常可省略,因为M02,M03指令皆包含M05)。

②若数控车床有主轴高速档(M42)、主轴低速档(M41)指令时,主轴高速档(M42),在换档之前必须使用M05使主轴停止,然后再换档,以免损坏低档机构。

主轴正、反转之间的转换,也须加入此命令,使主轴停止后再变换转向指令,以免伺服电动机受损。

7)切削液开指令(M08)。

当程序执行至M08时,启动润滑油泵,但必须按操作面板上的CLNT AUTO键,使其处于“ON”(灯亮)状态。否则无效。

8)切削液关指令(M09)。

该指令用于程序执行完毕之前,将润滑油关闭,并停止喷切削液。该指令常可省略,因为M02、M30指令皆包含M09。

9)程序结束并返回指令(M30)。

该指令应置于程序最后，表示程序执行到此结束，此时指令会自动将主轴停止（M05）并关闭冷却液（M09），但程序执行指针会自动回到程序的开头，以方便此程序再次被执行。这就是 M30 指令与 M02 指令不同之处，故程序结束时大都使用 M30。

（2）进给功能。

进给功能用字母 F 表示，又称 F 功能或 F 指令，它的功能是指定切削的进给速度。它有每转进给和每分钟进给两种指令模式。

1）每转进给模式指令（G99）。

①格式：G99F__；

②功能：该指令在 F 后面直接指定主轴转一转时刀具的进给量。G99 为模态指令，在程序中指定后，直到 G98 被指定前一直有效。车床通电后，该指令为系统默认状态。在数控车床上，这种进给量指令方法应用较多。

2）每分钟进给模式指令（G98）。

①格式：G98__；

②功能：该指令在 F 后面直接指定刀具每分钟进给量。G98 为模态指令，在程序中指定后直到 G99 被指定前一直有效。

（3）刀具功能。刀具功能字用 T 表示，又称 T 功能或 T 指令，它的功能主要是用来指定加工时使用的刀具号。

格式：T_ _；

指令 T 后的前两位表示刀具号，后两位为刀具补偿号。例如："T0202；"表示选择 2 号刀具，用 2 号刀具补偿。

刀具补偿包括刀具长度补偿和刀尖圆弧半径补偿。

例题 1.9，如图 1－24 所示工件，毛坯为 ϕ 20 mm×60 mm 的 45[#]钢棒料，采用外圆切削循环指令 G90 编写其加工程序。

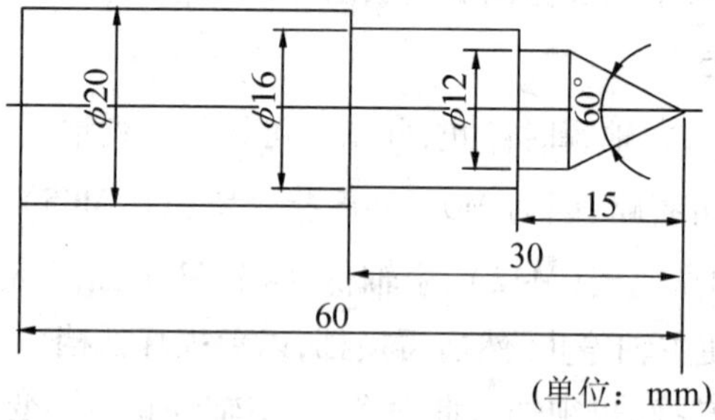

图 1－24 圆锥类零件编程实例

程序：

O0001；	主程序名
G50 S2000；	限定主轴最高转速为 2 000 r/min
G96 G99 G21 G40 T0101；	程序初始化
G00 X200. Z200.；	快速定位至换刀参考点（人工设定）
T0101；	换 1 号刀，选择 1 号刀补
S100 M03；	主轴正转，线速度为 100 m/min

G00 X100. Z100. M08;	刀具到目测安全位置,冷却液打开
G41 G00 X16. Z0;	定位至固定循环起始点,建立左刀补
G90 X6. Z-5.196 R-3. F0.15;	调用固定循环粗加工 60°顶尖表面
X6. Z-9.526 R-5.5;	固定循环模态调用
G01 X0 Z0;	定位至精加工起始点
G01 X6. Z-10.392 F0.1;	精加工 60°顶尖表面
X20.;	
G97 S800;	
G40 G00 X100. Z100. M09;	程序结束部分
M30;	程序结束并返回

六、FANUC 系统数控车床控制面板与操作

主界面如图 1-25 所示:界面上的部件分为 4 个区域,分别是数控机床电源、屏幕显示、屏幕字符输入键区、控制按钮和旋钮区。

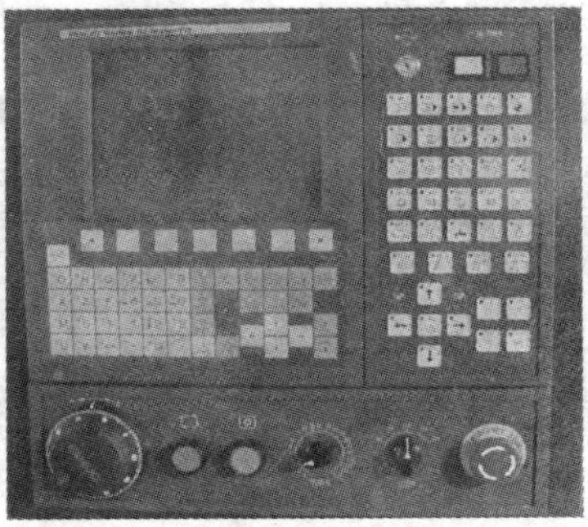

图 1-25 FANUC 系统数控车床控制面板

1. 数控机床电源

为电源开关和电源指示灯,"ON"按钮表示开电源,"OFF"按钮表示关电源。右侧的是一个指示灯,当启动电源时,指示灯变成红色;当关闭电源时,指示灯恢复原来的颜色。

2. 屏幕显示

屏幕显示如图 1-26 所示。

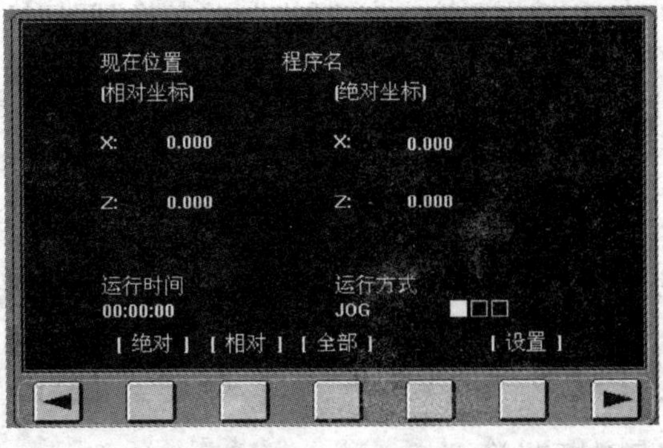

图 1-26 屏幕显示

屏幕主显示区：主要显示当前的加工状态，如当前机床系和工件系的 X，Z 坐标值，主轴转速，进给速度，以及输入各种参数的值，当系统读入加工文件后，此区域还可以显示加工的 G 代码。

屏幕下方显示菜单，菜单的选择依靠下方的菜单软键，菜单有嵌套，一个菜单下可能有若干个子菜单，通过菜单，能访问到系统所有的功能和设置。操作菜单依靠下面介绍的菜单功能键。

屏幕的最下面是菜单功能区，即软键，各软键的具体名称随按下的功能键而改变。

菜单功能键区：

中间的 5 个按钮对应着屏幕中的 5 个菜单，按下菜单软键即选择了相对应的菜单命令。左边第一个按钮  的功能是向左滚动菜单。 按钮的功能是向右滚动菜单。

3. 屏幕字符输入键区

屏幕字符输入键区如图 1－27 所示。

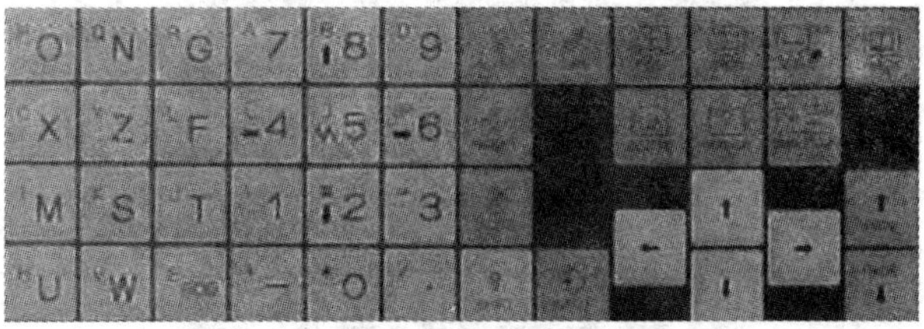

图 1－27　屏幕字符输入键区

屏幕字符键主要在撰写和修改程序时用到：

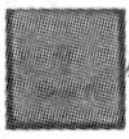 键为上档键，当按下此键后，在屏幕中将显示为 ，表示现在处于上档 2 状态。再按下此键后，在屏幕中将显示为  显示，表示现在处于上档 3 状态。对于按钮 KJI 来说，当上档键没有按下时，输入屏幕的将是“K”字符，而当上档键按下一次时，输入则为“J”，而当上档键按下两次时，输入则为“I”。CAN 键为退格键，用于删除前一字符，相当于键盘上的 BackSpace 键。INSRT 键用于输入在“插入”和“替换”间切换。DELET 键用于删除当前文本。← → 键用于光标向前和光标向后定位。↑ ↓ 键则是向上翻页和向下翻页。— S 键用于输入空格。 键是回车键，相当于键盘上的 Enter 键。 键在程序编辑状态下用于输出当前编辑的文件。 键用于显示当前绝对坐标和相对坐标屏幕。 键用于显示程序编辑屏幕。OFSET 键用于显示坐标偏置的设置屏幕。TOOL PARAM 键用于显示刀具参数的设置屏幕。MENU 键用于显示选项菜单。

各功能键的作用如下。

(1)位置功能键(POS)。

按功能键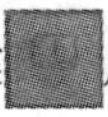后,按对应的软键可以显示以下内容,如图 1-28 所示。

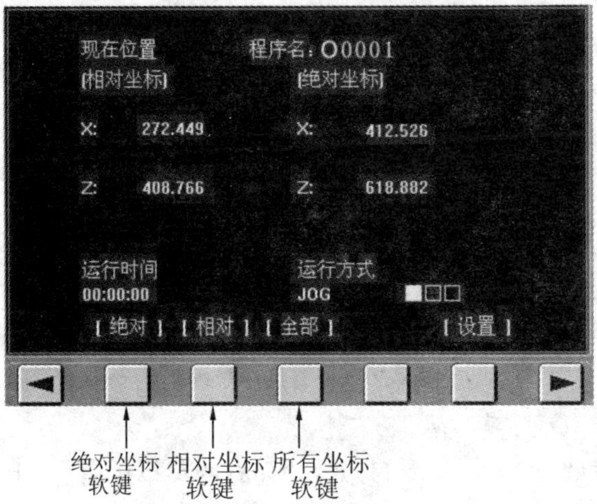

图 1-28　按下功能键后显示画面

1)全部坐标:按软键“全部”后会显示如图 1-28 所示的全部坐标显示画面。该画面中的 *X*,*Z* 是刀具在工件坐标系中当前位置的相对坐标和绝对坐标。这些坐标值随刀具的移动而改变。在该画面中还显示下列的内容:

①当前位置指示;

②当前程序名称;

③各个软键名称;

④当前运行方式;

⑤当前运行时间。

2)绝对坐标:在按软键“绝对”后,会显示绝对坐标显示画面,如图 1-29 所示。

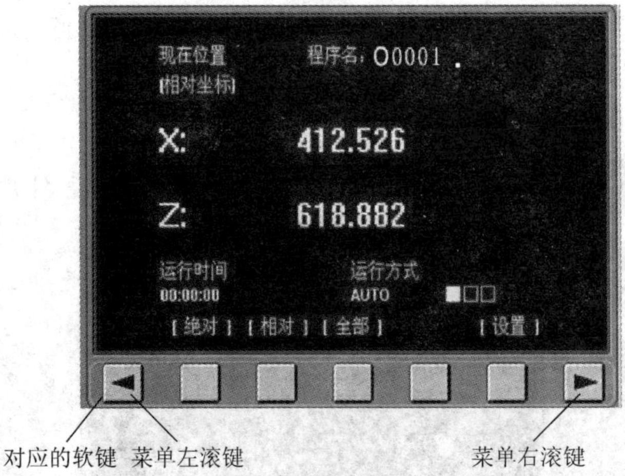

图 1-29　绝对坐标显示画面

3)相对坐标:当按下软键“相对”后,所显示的内容除坐标为相对坐标值外,其余与绝对位置显示画面相同。

(2)程序功能键(PRGRM)。

按功能键后,出现如图 1－30 所示的当前执行程序画面。

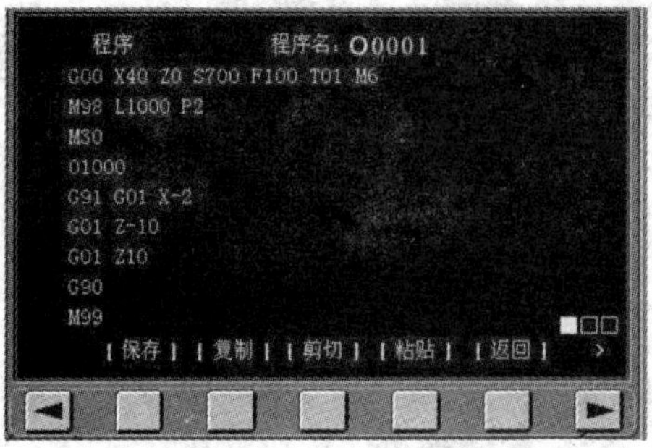

图 1－30　当前执行程序画面

按对应的软键:

1)软键菜单左滚键“ < ”	显示左边还有的菜单按钮。(上面的显示已经包括最左的菜单软键了。)
2)软键【保存】	保存目前的程序。
3)软键【复制】	复制选中的程序指令。
4)软键【剪切】	剪切选中的程序指令。
5)软键【粘贴】	粘贴选中的程序指令。
6)软键【返回】	返回到主菜单屏幕。
7)软键菜单右滚键“ > ”	显示右边还有的菜单按钮。按下以后显示如下:
8)软键【删除】	删除选中的程序指令。
9)软键【程序】	显示当前执行程序文件的属性。

再按键就又回到前面的程序显示状态。

10)软键【当前】　　显示当前的加工代码,并把当前的加工代码行高度变亮显示。

(3)零点设置(OFSET)。

按功能键以后可以进行工件坐标系设置和显示,如图 1－31 所示。

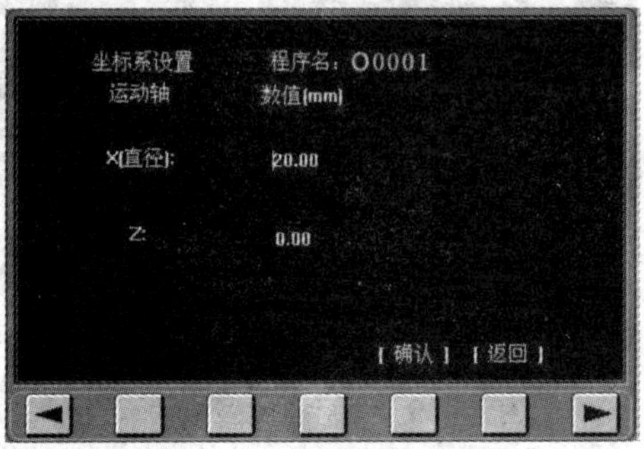

图 1－31　工件坐标系设置和显示画面

如图 1－32 所示：当把刀具地刀位点移动到工件的最外圆一点时，输入刀位点的坐标数值，按下软键【确定】就确定了工件坐标系。

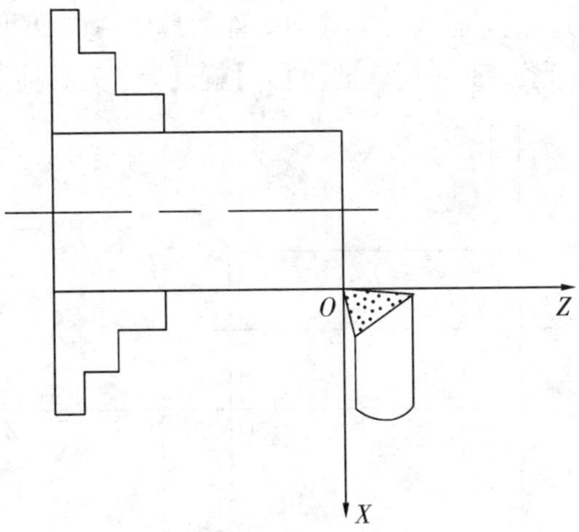

图 1－32　确定工件坐标系

(4) 刀具参数设置键（TOOL PARAM）。

按下功能键 后可以进行刀具补偿值的设置和显示，即进行对刀操作，如图 1－33 所示。

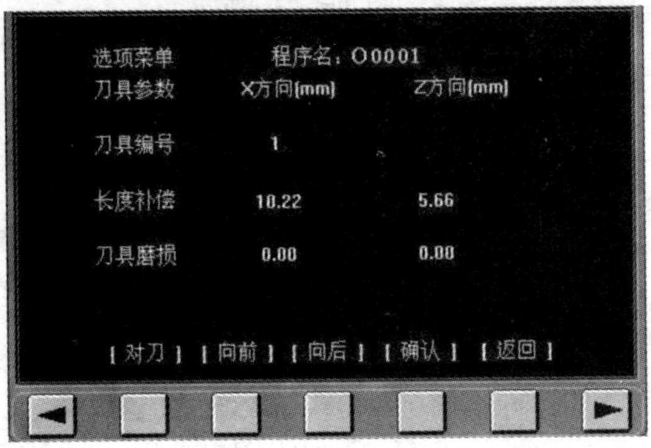

图 1－33　刀具补偿值的设置与显示画面

按对应的软键：

1) 软键【对刀】　　当刀具的刀位点移动到对刀参考点以后，按下这个软键就会自动地在屏幕上显示出刀具的长度补偿值。

2) 软键【向前】　　显示前一把刀具的参数设置屏幕。

3) 软键【向后】　　显示后一把刀具的参数设置屏幕。

4) 软键【确认】　　确认输入的刀具的参数设置。

5) 软键【返回】　　返回到主菜单屏幕。

对刀，就是车刀与一把设定的基准刀在 X 轴和 Z 轴方向上的距离，也是求刀补。刀具正确安装后，接着要进行对刀。下面介绍的对刀法，优点是无需特殊对刀工具，简便快速，有时 1～2 min 就能对出一把刀，而且较为正确有效。

通常设定第 1 把进行车削的刀具为基准刀。一般情况下，钻头、中心钻及复杂刀具不作基准刀,在安排工步时应予考虑。例中认定外圆刀(1号刀)为基准刀。

例题1.10,将一根直径20～30mm的棒料夹在三爪自定心卡盘上,手动进给,先试切毛坯,把端面和外圆光一刀。把刀具的刀尖移到工件的最外一点O(见图1-34),这样子就建立了如图所示的直角坐标系。此时按软键【对刀】就设置了刀具补偿,完成了对刀。

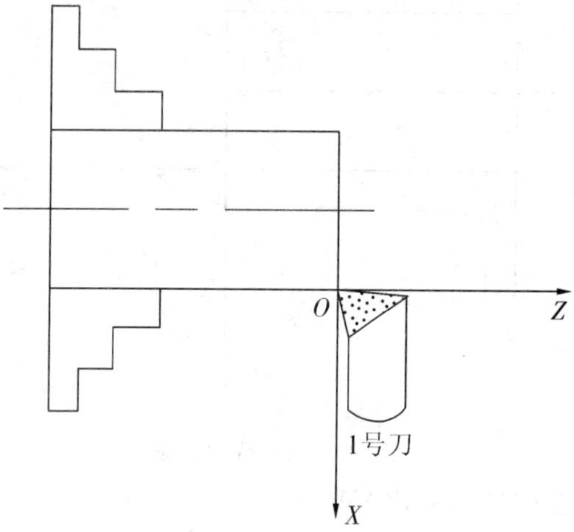

图1-34　刀尖移动

如果2号刀是外螺纹刀,通过慢速点动,小心翼翼地将外螺纹刀刀尖刚刚接触上棒料地外圆最外一点,并最终使刀具处于图1-35所示位置。

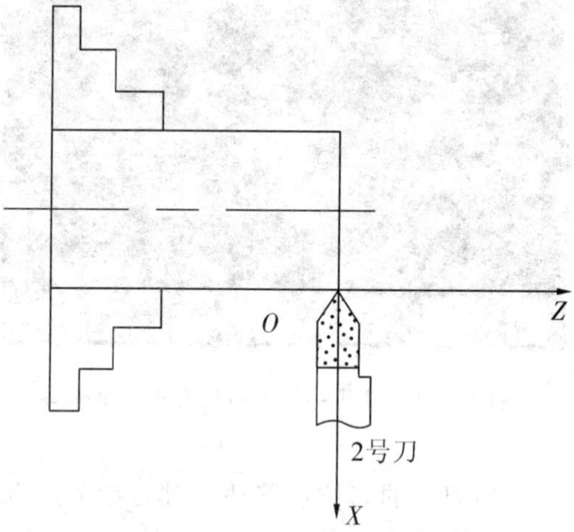

图1-35　刀具位置移动

这样子第二把刀就对好了,其他的刀具以此类推。

(5)设置键。

按下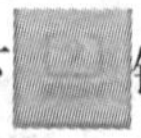键,将出现选项菜单设置屏幕,如图1-36所示。

默认显示的是【参数】子菜单屏幕,此时可以修改的系统参数有:

1)进给率。

进给率默认为400 mm/min,进给速度最低为零,最大值由具体的机床决定。

2)主轴转速范围。

主轴转速范围默认为 1000 rpm。范围由具体的机床决定。

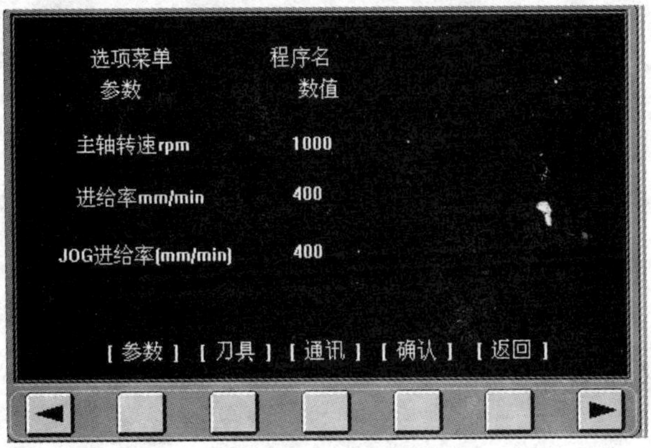

图 1－36　菜单设置显示画面

3) JOG 进给率。

JOG 进给率默认为 400 mm/min。范围由具体的机床决定。

加工前可能还要设置这些加工参数。修改了参数后要记得按下【确认】键，使修改生效，否则修改将不起作用。

4. 控制按钮和旋钮区

控制按钮和旋钮区如图 1－37 所示。

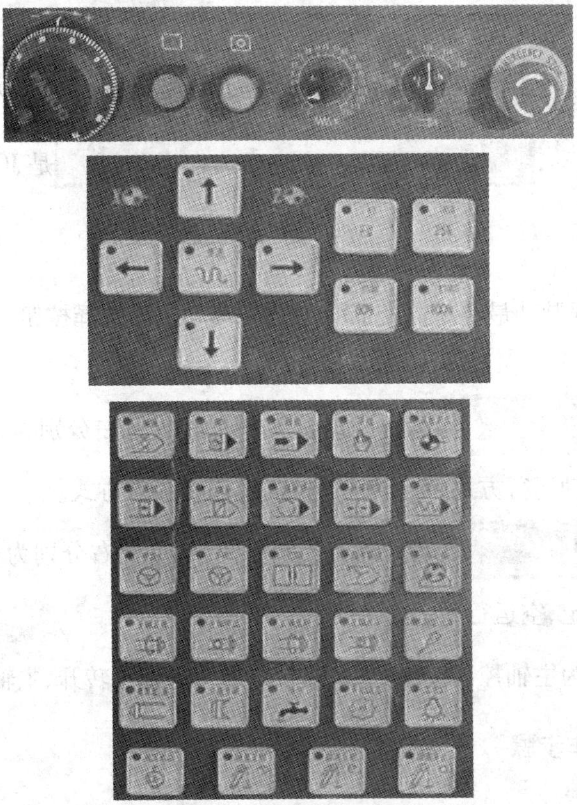

图 1－37　控制按钮和旋钮区

下面分别介绍各按钮和旋钮功能：

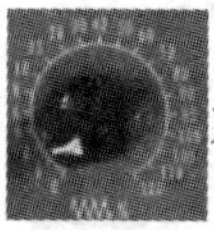为进给速度倍率选择旋钮，按照刻度，从 0% ~200% 可调。

为主轴速度倍率选择旋钮。其分 7 段速度，用目前的速度乘上倍率得到实际的速度。

为紧急停止按钮。

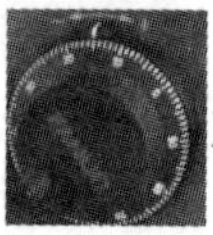为手摇脉冲发生器。

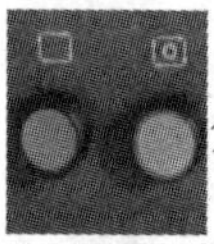分别为循环启动指示灯和进给保持指示灯。

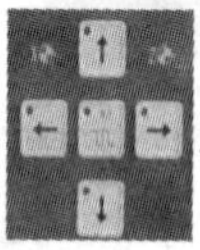为回零选择按钮和 JOG 运动轴选择按钮。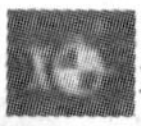是 X 轴回零，是 Z 轴回零。是 JOG 运动时沿 +X 方向运动，是 JOG 运动时沿 -X 方向运动，是 JOG 运动时沿 +Z 方向运动，是 JOG 运动时沿 -Z 方向运动，是 JOG 运动的快速运动进给，即加快进给速度。

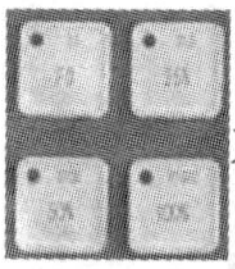为手摇脉冲最小单位及 JOG 方式下移动倍率选择按钮。

为运行模式选择按钮，从左到右分别为编辑方式、手动数据输入方式、存储程序自动运行方式、手动进给方式、返回参考点方式。

为程序运行控制按钮，从左到右分别为单段运行方式、跳步、选择停、辅助功能锁定、空运行。

为主轴控制按钮，从左到右分别为主轴正转开、主轴停止、主轴反转开。

5. 数控车床操作步骤

(1)开启电源。

在进行加工前，要先开启电源，即让电机运行并初始化，然后处于等待命令的状态。开启的方法是按下键，当旁边指示灯的红灯亮时，说明现在机床的电源开启，可以进行运动和加工。按下键，机床将切断电源，同时红色电源灯熄灭。

选择主菜单的“设置”项，将出现系统设置对话框，如图 1 – 38 所示。

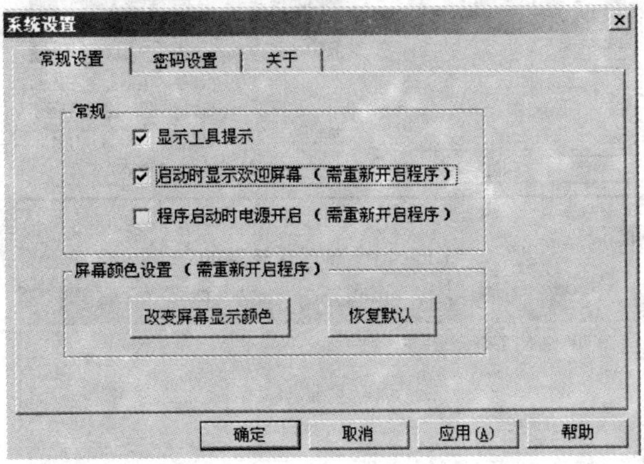

图 1 – 38　系统设置对话框

系统设置对话框显示和整个程序相关的一些选项：

1)“启动时显示欢迎屏幕”。

该选项决定本程序启动时是否显示欢迎屏幕，如去掉前面的勾，则启动时将不显示欢迎屏幕。

2)“显示工具提示”。

该选项决定程序运行时是否显示按钮的工具提示。按钮的工具提示会告诉用户按钮的功能和作用。开启工具提示后，只要把鼠标放置在按钮上一会儿，将出现相应的工具提示，如图1 – 39所示。

图 1 – 39　工具提示

3)“程序启动时电源开启”决定程序启动后电源是否处于已经开启状态。

4)“屏幕颜色设置”可以改变屏幕显示的字体的颜色，“恢复默认”按钮可以恢复默认的屏幕字体颜色。颜色设置界面如图 1 – 40 所示。

5)打开“密码设置”选项卡，显示密码设置界面，可以更改锁定 NC 机床的密码(见图 1 – 41)。

(2)对刀和参数设置。

启动电源和最基本的环境设置以后，接着进行对刀和参数设置。

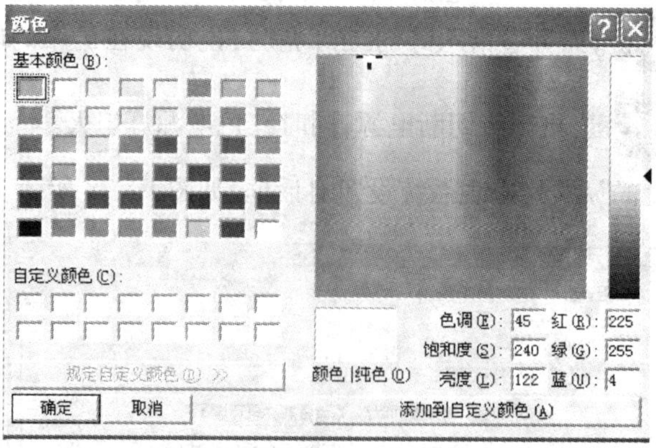

图 1－40　颜色设置界面

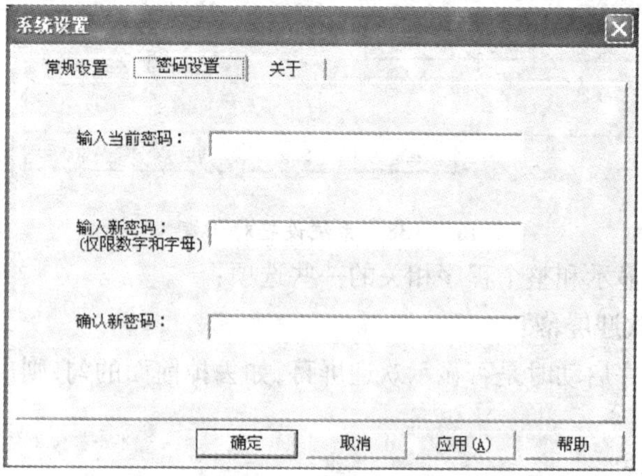

图 1－41　密码设置界面

1)回零操作。

把运行模式选择为“zero return”模式,然后点击按钮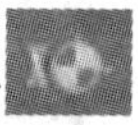,就回到 X 轴方向的零点,再点击按钮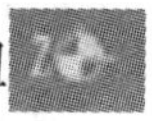,回到 Z 轴方向的零点。

2)参数设置。

按下设置按钮,将出现选项菜单设置界面,如图 1－42 所示。

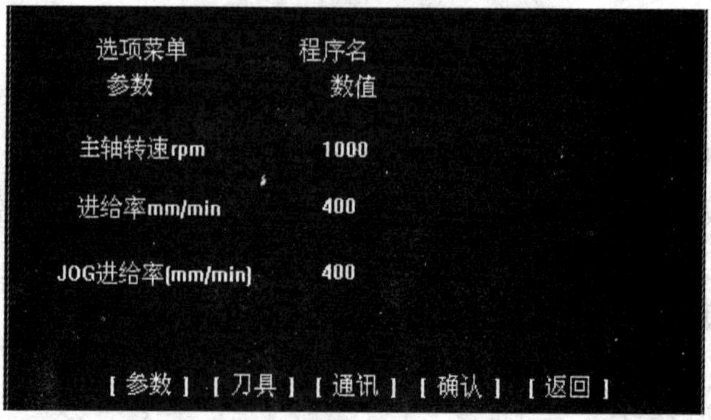

图 1－42　选项菜单设置界面

默认显示的是【参数】子菜单屏幕，此时可以修改的系统参数有

①进给率。

进给率默认为 400 mm/min，进给速度最低为零，最大值由具体的机床决定。

②主轴转速范围。

主轴转速范围默认为 1000 r/m。范围由具体的机床决定。

③JOG 进给率。

JOG 进给率默认为 400 mm/min。范围由具体的机床决定。

加工前可能还要设置这些加工参数。修改了参数后要记得按下【确认】键，使修改生效，否则修改将不起作用。

3）对刀和刀具参数设置。

按下钮，将出现坐标系设置界面，如图 1－43 所示。

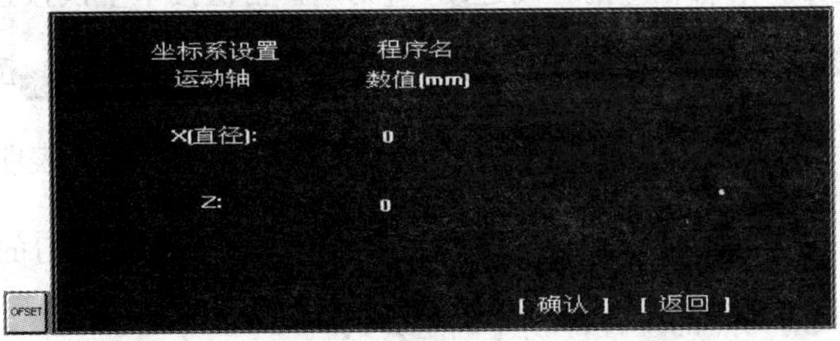

图 1－43　坐标系设置界面

输入当前对刀点的位置，按下【确认】键后，程序便记住了输入的坐标值，从而确定了工件坐标系。

当选择了菜单中的【刀具】子菜单，或者按字符键中的

将出现刀具设置界面，如图 1－44 所示。

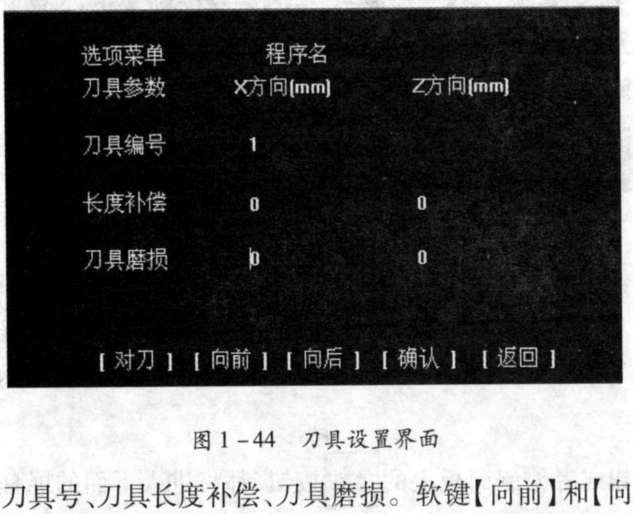

图 1－44　刀具设置界面

刀具参数包括刀具号、刀具长度补偿、刀具磨损。软键【向前】和【向后】分别选择前一把刀具和后一把刀具。按软键【确认】将保存用户填入的刀具参数值，否则无效。对刀时有两种方式：

①移动刀具，使其与工件相接触，直接按【对刀】后，就会自动显示出刀具补偿值。

②移动刀具，使其与工件相接触，手动输入刀具参数值。

按【确认】将保存输入的刀具参数值，否则无效。

对刀时可以使用增量点动和连续点动。

选择运行模式 0.1 ~ 50JOG，使当前的进刀方式是增量点动。点动的增量值将从0.1 mm到 50 mm。选择了适合的点动增量后，按下相应的按钮，机床将沿着相应的方向运动，运动的距离为选择的点动增量。例如按下按钮，机床将沿着 *X* 轴的正方向运动。选择运行模式 JOG 时为连续进给。增量点动的时候还可以选择运行的进给率，转动 JOG 的进给率旋钮到所需要的进给速度。

当把运行模式按钮打到“JOG”档，就选择了连续的进刀方式。选择连续的进刀方式后，按下相应的按钮，机床将沿着相应的方向运动，直到用户再次按下上次按过的按钮。例如按下等按钮，机床将沿相应的方向不断地运动，直到用户再次按下按钮才停止。连续点动还可以采用不同的速度，默认的为低速，如果按下了按钮后，表明现在处于快速进刀中。再次按下按钮，速度又恢复为默认速度。当走到了需要下刀的位置后，进入“坐标系设置”菜单，输入对刀点的位置，按下【确定】按钮。

(3)读入程序或撰写程序。

当选择了菜单中的【通讯】子菜单，将出现如图 1 - 45 所示界面。

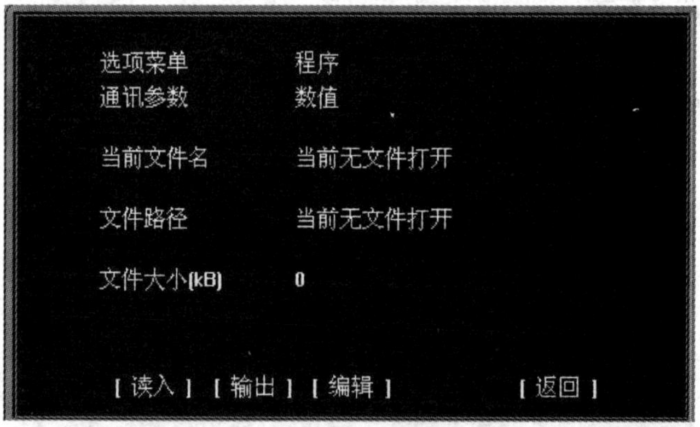

图 1 - 45　屏幕显示

点击【读入】按钮会弹出“打开文件”对话框，其用于程序读入已经编制好的加工代码文件。“输出”按钮用于将修改好的加工文件重新保存。“编辑”按钮显示程序编辑屏幕，显示当前读入的程序文件内容。如果输入文件成功，则在“通讯”屏幕上将显示文件名，文件大小和文件的路径。

点击【编辑】按钮或者控制面板上的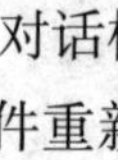

按钮，都将进入下面的屏幕显示，如图 1 - 46 所示。

在这种情况下，可以进行所需要的操作。

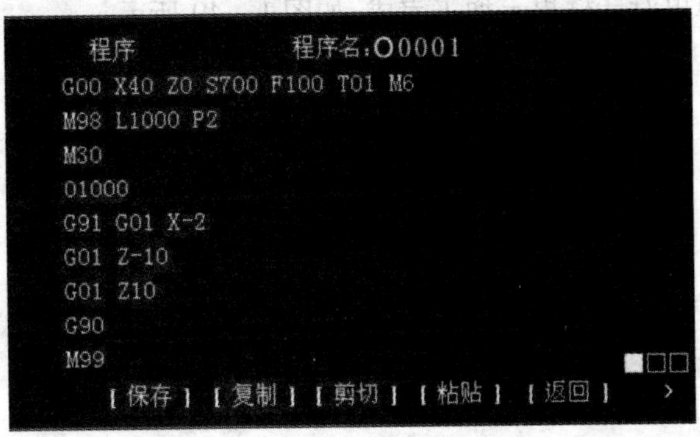

图 1－46　程序编辑界面

(4)选择加工方式。

用户可以根据需要来选择加工方式。自动加工使用最为普遍，将“运行模式”旋钮打到“AUTO”启用自动加工模式。系统从输入的加工文件中读取代码自动进行加工。将“运行模式”旋钮打到“STEP”启用单段加工，此种加工方式一般用于程序的调试，每次启动只加工一行代码。手动加工方式和自动方式类似，用户在撰写好加工文件并保存后，可以选择手动方式进行加工。

(5)进行加工。

准备工作完成后，就可以进行加工了。确认当前的加工方式已经选为“自动加工”“单段加工”“手动加工”中的一种后，单击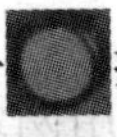按钮启动加工过程。加工开始后，面板下方将出现进度条，提示用户当前的加工完成情况，如图 1－47 所示。

图 1－47　机床按钮

在加工过程中可以暂停，按下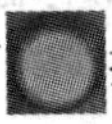按钮，可以暂停当前加工过程。如要继续加工，可以再次按下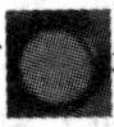按钮，恢复加工过程。如果在加工过程中出现了问题或者其他问题需要停止加工，可以按下按钮，系统将弹出对话框，如图 1－48 所示。

图 1－48　加工中断提示对话框

该对话框提示加工过程已经被中断。停止加工后程序将复位，如要继续加工必须重新开始。

加工完成后，将弹出对话框提示加工完成，如图 1－49 所示。

图 1－49　加工完成提示对话框

任务实施

1. 工作任务分析

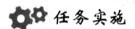

分析图样是工艺准备中的首要工作，直接影响零件加工程序的编制及加工结果。

1）材料为 45#钢，总长为 120 mm，直径有 ϕ35 mm，ϕ33 mm，ϕ29 mm。图样中构成轮廓的几何元素完整、充分，所有加工内容明确无误，尺寸标注完整。

2）长度尺寸为 120 mm，表面粗糙度为 Ra 为 3.2μm，为中等精度要求。

审查与分析零件图样中构成轮廓的几何元素是否充分，在审查与分析零件图样时，要仔细认真，对该项目图样分析，图样中构成几何元素完整、充分，所有加工内容正确无误，尺寸标注清楚，给定的几何条件合理。

2. 安装与定位方式分析

（1）主动轴径向设计。

基准是中心线，是理想要素，轴类零件通常选用两端中心孔作为理想中心孔的替代，本项目零件本身无中心孔，而中心孔的增加不影响轴的正常使用，可直接打中心孔并保留；在数控加工中，本着工序集中原则，该轴应尽量减少装夹次数，尽可能在一次装夹后，加工出全部待加工面，减少工件安装找正工件。本任务零件是阶梯轴，且为批量生产，一次装夹完成一端加工，采用一夹一顶的装夹方式。

（2）零件加工坐标系的确定。

任务属于批量生产，编程原点应选在左端面上，以左端面或台阶作 Z 向零点。

3. 确定加工顺序及进给路线

（1）加工顺序。

数控车加工顺序根据由粗到精，进给路线由近到远的原则确定。先从右到左进行粗车（留一定的半精车和精车余量），然后从右到左进行半精车和精车，再加工键槽，使之达到所要求的尺寸精度。

（2）该轴的加工过程。

下料→粗车（一、二）余量→热处理（调质）→精车（一、二）→加工键槽与倒角→清理、检验→交货等。

4. 零件图分析

零件形状简单，结构尺寸变化不大。该零件有 3 个台阶面、两处直槽，前、后两端台阶同轴度误差为 0.02 mm，中段轴颈有圆柱度要求，其允差为 0.04 mm。径向尺寸中，ϕ 35 mm，ϕ 29 mm，ϕ 33 mm，精度要求较高。轴向尺寸中 ϕ33 mm，外圆段有长度公差要求，表面粗糙度 Ra 不大于3.2 μm。

5. 确定装夹方案

当加工 ϕ35 mm,圆柱面时,要先加工好中心孔,采取两顶尖定位装夹好三爪卡盘辅助夹紧的方法来保证该圆柱面的轴线对基准 A 的同轴度要求。

6. 确定加工顺序及走刀路线

工序一:第一次安装,夹毛坯外圆,车削零件右轮廓至尺寸要求。

工步一:车右端面;

工步二:打中心孔,装顶尖;

工步三:粗、精加工、外圆 ϕ29 mm,ϕ33 mm,圆柱面至尺寸要求,倒角;

工步四:车宽 3 mm 的沟槽。

工序二:第二次装夹,软爪夹 ϕ33 mm,外圆柱面,数控车削零件左端轮廓至尺寸要求。

工步一:车左端面,保证工件长度;

停车,测量 ϕ35 mm,外圆柱面的实际长度 L;Z 向对刀,输入刀具偏移量($L-40$)。

工步二:打中心孔,装顶尖;

工步三:粗、精加工 ϕ35 mm,轮廓至尺寸要求,倒角。

7. 编制加工程序

```
O0001;
G97 M03 S800;                第一次安装,加工右端
T0101;
G00 X45.0  Z2.0;
G90 X33.2 Z-80.0 F0.25;
X29.2  Z-30.0;
S1500;
G00 X35.0 Z2.0;
G01 Z0. F0.1;
X27.0;
X29.0 Z-1.0;
Z-30.0;
W-50.0;
X40.0;
G00 X100.0;
Z100.0;
T0202;
S600;
G00 X45.0 Z-30.0;
G01 X27.0 F0.05;
G04 X1.0;
G01 X45.0 F0.3;
W-50.0;
G01 X31.0 F0.1;
```

```
G04 X1.0;
X45.0 F0.3;
G00 X80.0;
Z80.0;
M05;
M30;
G97 M03 S800;                       第二次安装,加工左端
T0101;
G00 X45.0  Z0.0;
G01 X0.0 F0.25;
X35.5;
Z-40.0;
X45.0;
S1500;
G00 Z2.0 ;
X33.0;
G01 Z0. F0.1;
X35.0 Z-1.0 ;
Z-40.0 ;
G00 X100.0;
Z100.0 ;
M02 ;
M30 ;
```

请沿此线剪下

资讯单

学习领域	数控机床的编程与操作		
学习情境一	轴类零件的数控车削加工	学 时	22
资讯方式	学生分组查询资料,找出问题的答案		
资讯问题	1. 请简述数控车床的结构。 2. 机床坐标系该如何确定,并解释机床原点、机床参考点、刀架相关点、工件坐标系原点。 3. 普通车床加工与数控车床加工的特点及区别有哪些? 4. 数控程序编程的步骤是什么? 5. 数控程序的编程格式是怎样的? 6. 圆柱零件的进给路线该如何确定? 7. 轴类零件加工的编程方法与习惯格式是什么? 8. 刀尖圆弧半径如何补偿? 9. 圆锥零件加工程序的编制方法有哪些? 10. 请简述终点编程与角度编程的用法。 11. 圆柱零件与圆锥零件在编程与加工时有哪些不同? 12. 圆弧加工时有哪些常见的方法? 13. 粗加工循环指令的编程格式是怎样的? 14. 轴类零件进给路线该如何确定? 15. 归纳 G71,G72,G73,G70 指令的用法。 16. 归纳轴类零件车削所用刀具。		
资讯引导	以上资讯问题请查阅以下书籍: 《数控机床的编程与操作》,主编:杨清德,中国邮电出版社。 《数控车削技术》,主编:孙梅,清华大学出版社。 《数控车削工艺与编程操作》,主编:唐萍,机械工业出版社。		

请沿此线剪下

请沿此线剪下

请沿此线剪下

请沿此线剪下

请沿此线剪下

决 策 单

学习领域	数控机床的编程与操作						
学习情境一	轴类零件的数控车削加工				学　时	22	
方案讨论							
方案对比	组号	工作流程的正确性	知识运用的科学性	内容的完整性	方案的可行性	人员安排的合理性	综合评价
	1						
	2						
	3						
	4						
	5						
方案评价	评语：						
班级		组长签字		教师签字		月　　日	

请沿此线剪下

计划单

<table>
<tr><td>学习领域</td><td colspan="6">数控机床的编程与操作</td></tr>
<tr><td>学习情境一</td><td colspan="3">轴类零件的数控车削加工</td><td>学 时</td><td colspan="2">22</td></tr>
<tr><td>计划方式</td><td colspan="6">分组讨论，制订各组的实施操作计划和方案</td></tr>
<tr><td>序 号</td><td colspan="5">实施步骤</td><td>使用资源</td></tr>
<tr><td>1</td><td colspan="5"></td><td></td></tr>
<tr><td>2</td><td colspan="5"></td><td></td></tr>
<tr><td>3</td><td colspan="5"></td><td></td></tr>
<tr><td>4</td><td colspan="5"></td><td></td></tr>
<tr><td>5</td><td colspan="5"></td><td></td></tr>
<tr><td>制订计划说明</td><td colspan="6"></td></tr>
<tr><td rowspan="3">计划评价</td><td>班 级</td><td></td><td>第 组</td><td colspan="2">组长签字</td><td></td></tr>
<tr><td>教师签字</td><td colspan="2"></td><td colspan="2">日 期</td><td></td></tr>
<tr><td colspan="6">评语：</td></tr>
</table>

请沿此线剪下

请沿此线剪下

请沿此线剪下

实施单

学习领域	数控机床的编程与操作		
学习情境一	轴类零件的数控车削加工	学 时	22
实施方式	分组实施,按实际的实施情况填写此单		
序号	实施步骤	使用资源	
1			
2			
3			
4			
5			
6			
7			
8			
9			
10			
实施说明:			

班 级		第 组	组长签字	
教师签字		日 期		

请沿此线剪下

请沿此线剪下

请沿此线剪下

作业单

学习领域	数控机床的编程与操作		
学习情境一	轴类零件的数控车削加工	学 时	22
作业方式	课余时间独立完成		
1	数控车削工艺有什么特点?		
作业解答:			
2	简述 G70,G71,G72,G73 指令用法的不同。		
作业解答:			

作业评价	班　级		第　组	组长签字	
	学　号		姓　名		
	教师签字			日　期	
	评语:				

请沿此线剪下

请沿此线剪下

请沿此线剪下

检查单

学习领域	数控机床的编程与操作			
学习情境一	轴类零件的数控车削加工		学 时	22
序号	检查项目	检查标准	学生自检	教师检查
1	目标认知	工作目标明确，工作计划具体结合实际，具有可操作性		
2	理论知识	掌握数控车削的基本理论知识，会进行一般轴类零件的编程		
3	基本技能	能够运用知识进行完整的工艺设计、编程，并顺利完成加工任务		
4	学习能力	能在教师的指导下自主学习，全面掌握数控加工的相关知识和技能		
5	工作态度	在完成任务过程中的参与程度，积极主动地完成任务		
6	团队合作	积极与他人合作，共同完成工作任务		
7	工具运用	熟练利用资料单进行自学，利用网络进行查询		
8	任务完成	保质保量，圆满完成工作任务		
9	演示情况	能够按要求进行演示，效果好		
检查评价	班　　级		组长签字	
	教师签字		日　　期	
	评语：			

评 价 单

<table>
<tr><td>学习领域</td><td colspan="5">数控机床的编程与操作</td></tr>
<tr><td>学习情境一</td><td colspan="3">轴类零件的数控车削加工</td><td>学 时</td><td>22</td></tr>
<tr><td>评价类别</td><td>项目</td><td>子项目</td><td>个人评价</td><td>组内互评</td><td>教师评价</td></tr>
<tr><td rowspan="14">专业能力
（60%）</td><td rowspan="2">资讯
（10%）</td><td>搜集信息（5%）</td><td></td><td></td><td></td></tr>
<tr><td>引导问题回答（5%）</td><td></td><td></td><td></td></tr>
<tr><td rowspan="3">计划
（10%）</td><td>计划可执行度（3%）</td><td></td><td></td><td></td></tr>
<tr><td>数控加工工艺的安排（4%）</td><td></td><td></td><td></td></tr>
<tr><td>数控加工方法的选择（3%）</td><td></td><td></td><td></td></tr>
<tr><td rowspan="3">实施
（15%）</td><td>遵守安全操作规程（5%）</td><td></td><td></td><td></td></tr>
<tr><td>程序编写（8%）</td><td></td><td></td><td></td></tr>
<tr><td>所用时间（2%）</td><td></td><td></td><td></td></tr>
<tr><td rowspan="2">检查
（10%）</td><td>编写工艺正确（5%）</td><td></td><td></td><td></td></tr>
<tr><td>编写程序正确（5%）</td><td></td><td></td><td></td></tr>
<tr><td rowspan="3">过程
（5%）</td><td>输入程序（2%）</td><td></td><td></td><td></td></tr>
<tr><td>机床操作（2%）</td><td></td><td></td><td></td></tr>
<tr><td>安全规范（1%）</td><td></td><td></td><td></td></tr>
<tr><td>结果（10%）</td><td>加工出零件（10%）</td><td></td><td></td><td></td></tr>
<tr><td rowspan="4">社会能力
（20%）</td><td rowspan="2">团结协作
（10%）</td><td>小组成员合作良好（5%）</td><td></td><td></td><td></td></tr>
<tr><td>对小组的贡献（5%）</td><td></td><td></td><td></td></tr>
<tr><td rowspan="2">敬业精神
（10%）</td><td>学习纪律性（5%）</td><td></td><td></td><td></td></tr>
<tr><td>爱岗敬业、吃苦耐劳精神（5%）</td><td></td><td></td><td></td></tr>
<tr><td rowspan="2">方法能力
（20%）</td><td>计划能力
（10%）</td><td>考虑全面、细致有序（10%）</td><td></td><td></td><td></td></tr>
<tr><td>决策能力
（10%）</td><td>决策果断、选择合理（10%）</td><td></td><td></td><td></td></tr>
<tr><td rowspan="3">检查评价</td><td>班 级</td><td>姓 名</td><td>学 号</td><td>教师签字</td><td>日 期</td></tr>
<tr><td></td><td></td><td></td><td></td><td></td></tr>
<tr><td colspan="5"></td></tr>
</table>

请沿此线剪下

教学反馈单

学习领域	数控机床的编程与操作			
学习情境一	轴类零件的数控车削加工	学 时		22
序号	调查内容	是	否	理由陈述
1	你是否完成了本学习情境的学习任务?			
2	你对数控车床加工轴类零件工艺是否熟悉?			
3	你是否知道对刀的步骤?			
4	你对数控车床加工轴类零件编程程序是否熟悉?			
5	你是否喜欢这种上课方式?			

你的意见对改进教学非常重要,请写出你的建议和意见。

被调查人签名		调查时间	

请沿此线剪下

请沿此线剪下

知识拓展

一、数控车床定位基准,选择原则

1. 基准重合原则

为避免基准不重合误差,方便编程,应选用工序基准(设计基准)作为定位基准,并使工序基准、定位基准、编程原点三者统一,这是最优先考虑的方案。因为当加工面的工序基准与定位基准不重合,且加工面与工序基准不在一次安装中同时加工出来的情况下,会产生基准不重合误差。

2. 基准统一原则

在多工序或多次安装中,选用相同的定位基准,这对数控加工保证零件位置精度非常重要。

3. 便于装夹原则

所选择的定位基准应能保证定位准确、可靠,定位、夹紧机构简单,散开性好,操作方便,能加工尽可能多的内容。

4. 便于对刀原则

批量加工时,在工件坐标系确定的情况下,采用不同的定位基准为对刀基准建立工件坐标系,会使对刀方便性不同,有时甚至无法对刀,这时就要分析此种定位方案是否能满足对刀操作的要求,否则原设工件坐标系须重新设定。

二、数控车床常用装夹方式

1. 在三爪自定心卡盘上装夹

三爪自定心卡盘的三个卡爪是同步运动的,能自动定心,一般不需找正。在三爪自定心卡盘装夹工件方便、省时,自动定心好,但夹紧力较小,所以用于装夹外形规则的中、小型工件。三爪自定心卡盘可装成正爪或反爪两种形式,反爪用来装夹直径较大的工件。用三爪自定心卡盘装夹精加工过的表面时,被夹住的工件表面应包一层铜皮,以免夹伤工件表面。数控车床多采用三爪自定心卡盘夹持工件,轴类工件还可使用尾座顶尖支持件。数控车床主轴转速较高,为便于工件夹紧,多采用液压高速动力卡盘。这种卡盘在生产厂已通过了严格平衡检验,具有高转速(极限转速可达 8 000 r/min 以上)、高夹紧力(最大推拉力为 2 000 ~ 8 000 N)、高精度、调爪方便、通孔、使用寿命长等优点。通过调整油缸的压力,可改变卡盘的夹紧力、以满足夹持各种薄壁和易变形工件的特殊需要。数控车床还可使用软爪夹持工件,软爪弧面由操作者随机,可获得理想的夹持精度。为减少细长轴加工时的受力变形,提高加工精度,以及在加工孔轴类工件内孔时,可采用液压自动定心中心架,其定心精度可达0.03 mm。

2. 在两顶尖之间装夹

对于长度尺寸较大或加工工序较多的轴类工件，为保证每次装夹时的装夹精度，可用两顶尖装夹。两顶尖装夹工件方便，不需找正，装夹精度高，但必须先在工件的两端面钻出中心孔。该装夹方式适用于多工序加工或精加工。

用两顶尖装夹工件时须注意的事项：

(1)前、后顶尖的连线应与车床主轴轴线同轴，否则车出的工件会产生锥度误差。

(2)尾座套筒在不影响车刀切削的前提下，应尽量伸出得短些，以增加刚性，减少振动。

(3)中心孔应形状正确，表面粗糙度值小。轴向精确定位时，中心孔倒角可加工成准确的圆弧形倒角，并以该圆弧形倒角与顶尖锋面的切线为轴向定位基准定位。

(4)两顶尖与中心孔的配合应松紧合适。

3. 用卡盘和顶尖装夹

用两顶尖装夹工件精度高，刚性较差。因此，车削质量较大工件时要一端用卡盘夹住，另一端用后顶尖支撑。为了防止工件由于切削力的作用而产生轴向位移，必须在卡盘内装一限位支承，或利用工件的台阶面限位(见图 1-50)。这种方法比较安全，能承受较大的轴向切削力，安装刚性好，轴向定位准确，所以应用比较广泛。

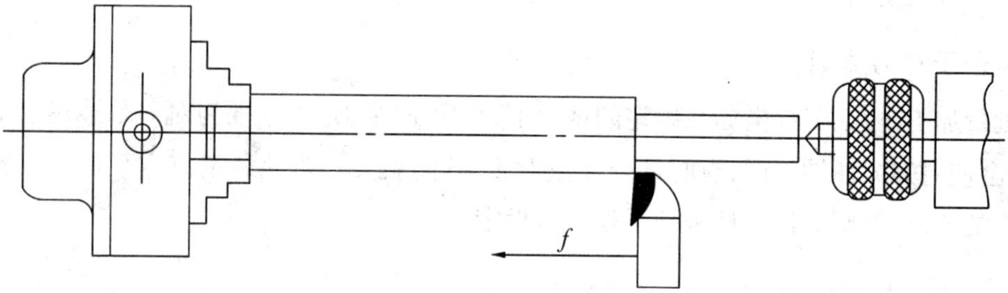

图 1-50　用工件的台阶面限位

4. 用双三爪自定心卡盘装夹

对于精度要求高、变形要求小的细长轴类零件可采用双主轴驱动式数控车床加工，车床两主轴轴线同轴、转动同步，零件两端同时分别由三爪自定心卡盘装夹并带动旋转，这样可以减小切削加工时切削力矩引起的工件扭转变形。

5. 用找正方式装夹

(1)找正要求。

找正装夹时，必须将工件的加工表面回转轴线(同时也是工件坐标系 Z 轴)找正到与车床主轴回转中心重合。

(2)找正方法。

与普通车床上找正工件相同，一般为打表找正。通过调整卡爪，使工件坐标系 Z 轴与车床主轴的回转中心重合，如图 1-51 所示。

单件生产工件偏心安装时，常采用找正装夹，用三爪自定心卡盘装夹较长的工件时，工件离卡盘夹持部分较远处的旋转中心不一定与车床主轴旋转中心重合，这时必须找正；又当三爪自定心卡盘使用时间较长，已失去应有精度，而工件的加工精度要求又较高时，也需要找正。

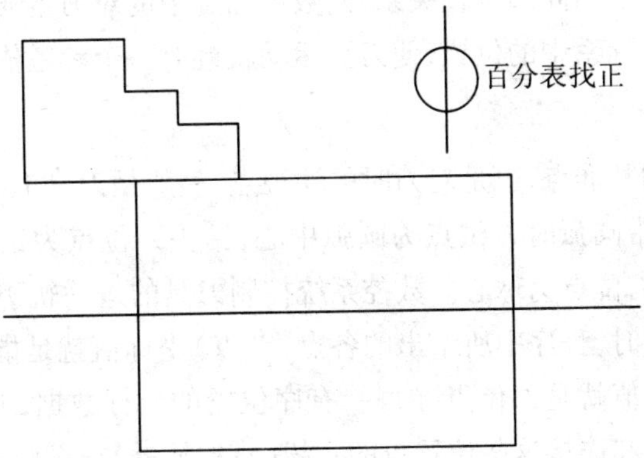

图 1－51 工件装夹找正方法

(3) 装夹方式一般采用四爪单动卡盘装夹。

四爪单动卡盘的 4 个卡爪是各自独立运动的，可以调整工件夹持部位在主轴上的位置，使工件加工面的回转中心与车床主轴的回转中心重合，但四爪单动卡盘找正比较费时，只能用于单件小批生产。四爪单动卡盘夹紧力大，适用于大型或形状不规则的工件。四爪单动卡盘也可装成正爪或反爪两种形式。

(4) 其他类型的数控车床夹具。

为了充分发挥数控车床的高速度、高精度和自动化的效能，必须有相应的数控夹具与之配合。数控车床夹具除了使用通用三爪自定心卡盘、四爪卡盘、顶尖和大批量生产中使用便于自动控制的液压、电动及气动卡盘、顶尖外，还有其他类型的夹具，它们主要分为两大类：即用于轴类工件的夹具和用于盘类工件的夹具。

1) 用于轴类工件的夹具。

数控车床加工一些特殊形状的轴类工件（如异形杠杆）时，坯件可装卡在专用车床夹具上，夹具随同主轴一同旋转。用于轴类工件的夹具还有自动夹紧拨动卡盘、三爪拨动卡盘和快速可调万能卡盘等。图 1－52 所示为加工实心轴所用的拨齿顶尖夹具，其特点是在粗车时可以传递足够大的转矩，以适应主轴高速旋转车削要求。

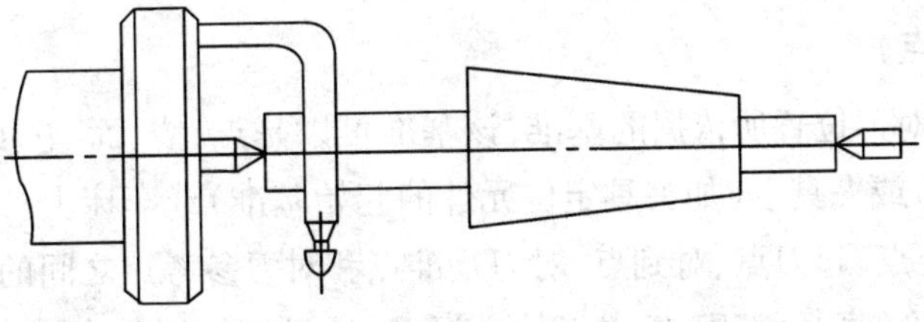

图 1－52 实心轴加工所用的拨齿顶尖夹具

2) 用于盘类工件的夹具。这类夹具适用在无尾座的卡盘式数控车床上。主要有可调卡爪式卡盘和快速可调卡盘。

3) 选用刀具：95°粗、精车右偏外圆车刀。

三、数控车削加工中对刀

数控加工中的对刀与普通车床或专用车床的对刀有所不同，普通车床或专业车床中的对刀只是找正刀具与加工面间的位置关系，而数控加工中的对刀本质是建立工件坐标系，确定工件坐标系在车床坐标系中的位置，使刀具运动轨迹有一个参考依据。

1. 刀位点

刀位点代表刀具的基准点，也是对刀时的注视点，一般是刀具上的一点。尖形车刀刀位点为假想刀尖点，刀尖带圆弧时刀位点为圆弧中心；钻头刀位点为钻尖；平底立铣刀刀位点为端面中心；球头铣刀刀位点为球心。数控系统控制刀具的运动轨迹，准确说是控制刀位点的运动轨迹。手工编程时，程序中所给出的各点（节点）坐标值就是指刀位点的坐标值；自动编程时程序输出的坐标值就是刀位点在每一有序位置的坐标数据，刀具轨迹就是由一系列有序的刀位点的位置点和连接这些位置点的直线（直线插补）或圆弧（圆弧插补）组成的。

2. 起刀点

起刀点是刀具相对零件运动的起点，即零件加工程序开始时刀位点的起始位置，而且往往还是程序运行的终点。有时也指一段循环程序的起点。

3. 对刀点与对刀

对刀点是用来确定刀具与工件的相对位置关系的点，也是确定工件坐标系与车床坐标系的关系的点。对刀就是将刀具的刀位点置于对刀点上，以便于建立工件坐标系。当采用 G92 $X\alpha$ $Z\beta$ 指令建立工件坐标系时，对刀点就是程序开始时，刀位点在工件坐标系的起点（此时对刀点与起刀点重合），其对刀过程就是程序开始前，将刀位点置于 G92 $X\alpha$ $Z\beta$ 指令要求的工件坐标系内的 $X\alpha$ $Z\beta$ 坐标位置上，也就是说，工件坐标系原点。是根据起刀点的位置来决定；当采用 G54 ~ G59 指令建立工件坐标系时，对刀点就是工件坐标系原点。其对刀过程就是确定出刀点与工件坐标系原点重合时车床坐标系的坐标值，并将此值输入到 CNC 系统的零点偏置寄存器对应位置中，从而确定工件坐标系在车床坐标系内的位置。以此方式建立工件坐标系与刀具的当前位置无关，若采用绝对坐标编程，程序开始运行时，刀具的起始位置不一定非得在某一固定位置，工件坐标系原点并不是根据起刀点来确定的，此时对刀点与起刀点可不重合，因此对刀点与起刀点是两个不同的概念，尽管在编程中它们常常选在同一点，但有时对刀点是不能作为起刀点的。

4. 对刀基准(点)

对刀时为确定对刀位置所依据的基准，该基准可以是点、线、面，它可设在工件上（如定位基准或测量基准）或夹具上（如夹具定位元件的起始基准）或车床上。图 1－53 所示为工件坐标系原点、刀位点、起刀点、对到点、对刀基准点和对刀参考点之间的关系与区别。该件采用 G92 X100 Z150（直径编程）建立工件坐标系，通过试切工件右端面、外圆确定对刀位置。试切时一方面保证 OO_1 间 Z 向距离为 100 mm，同时测量外圆直径，另一方面根据测出的外圆直径，以 O_1 基准将刀尖沿 Z 轴正方向移 50 mm，X 轴正方向移 50 mm，使刀位点与对刀点重合并位于起刀点上。所以 O_1 为对刀基准点；O 为工件坐标系原点；A 为对刀点，也是起刀点和此时的刀位点。工件采用夹具定位时一般以定位元件的起始基准为基准对刀，因此定位元件的起始基准为对刀基准。也可以将工件坐标系原点（如 G54 ~ G59 指令时）直径设为对刀基准（点）。

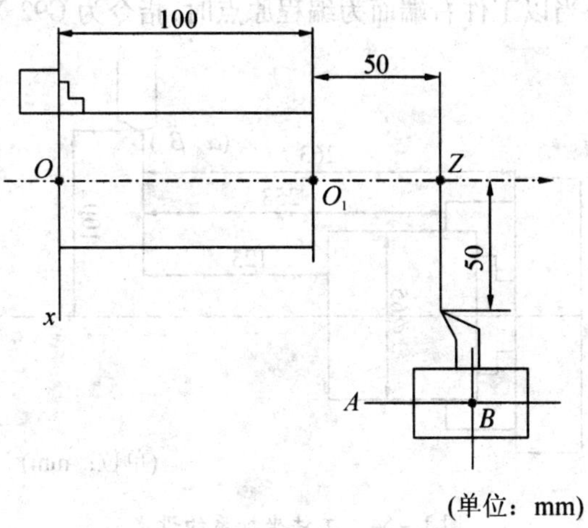

图 1－53 有关对刀各点的关系

5. 对刀参考点

对刀参考点是用来代替刀架、刀台或刀盘在车床坐标系内的位置的参考点，即 CRT 上显示的车床坐标系下的坐标值表示的点，也称刀架中心或刀架参考点，见图 1－53 中的 *B* 点。可利用此坐标值进行对刀操作。数控车床回参考点时应使刀架中心与车床参考点重合。

6. 换刀点

数控程序中指定用于换刀的位置点。在数控车床上加工零件时，需要经常换刀，在程序编制时，就要设置换刀点。换刀点的位置应避免与工件、夹具和车床干涉。普通数控车床的换刀点由编程员指定，通常将其与对刀点重合。车削中心、加工中心的换刀点一般为固定点，不能将换刀点与对刀点混淆。

7. 确定对刀点（或对刀基准）的一般原则

对刀点（或对刀基准）可以设在零件上，也可以设在与零件定位基准有固定尺寸联系的夹具的某一位置（如专门设置在夹具上的对刀元件）或车床上（如三爪卡盘前端面）。其他选择原则如下：

（1）对刀点的位置容易确定。

（2）能够方便换刀，以便与换刀点重合。

（3）采用 G54 ~ G59 建立工件坐标系时，对刀点应与工件坐标系原点重合。

（4）批量加工时，为应用调整法获得尺寸，即一次对刀可加工一批工件，对刀点（或对刀基准）应选在夹具定位元件的起始基准上，并将编程原点与定位基准重合，以便直接按定位基准对刀或将对刀点选在夹具中专设的对刀元件上，以便对刀。

8. 对刀方法

试切对刀，采用 G92 Xα Zβ 指令建立工件坐标系对刀，该指令规定了刀具的起点（此时该点为对刀点）在工件坐标系中的坐标值为（α,β），工件定位夹紧后，工件坐标系原点在车床上的位置已确定，对刀就按已确定的位置，使刀具的刀位点在程序运行前准确停在 G92 指令的坐标位置（α,β）上，即对刀点上，对图 1－54 所示零件，当以工件左端面为编程原点时，指令为 G92 X200 Z263；当以工件右端面为编程原点时，指令为 G92 X200 Z123。

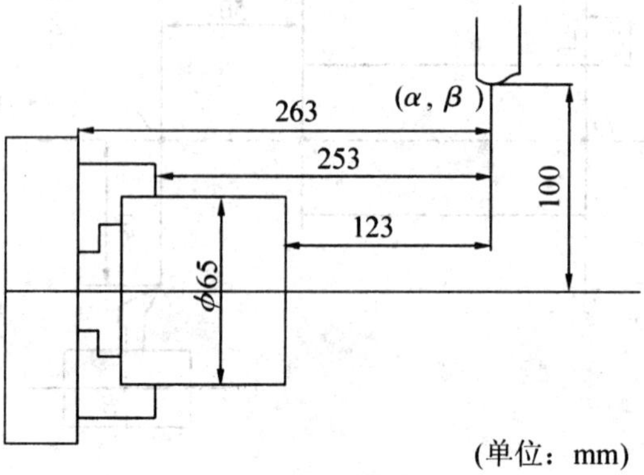

图 1－54　工件坐标系的设定

显然，若工件坐标系原点位置不变，当 α,β 不同时，刀位点的起始位置不同；若刀位点的起始位置不变，当 α,β 不同时，则工件坐标系原点的位置将变化。因此，在执行 G92 指令前必须先进行对刀，将刀位置于程序所要求的起刀点位置（α,β）上。

具体对刀步骤如下：

（1）车床回参考点。采用"回参考点"操作，建立车床坐标系。此时 CRT 上将显示刀架中心（对刀参考点）在车床坐标系中的当前位置的坐标值，也代表刀具刀位点的当前位置。

（2）试切测量。采用点动或 MDI 方式操纵车床，将工件右端面试车一刀，保持刀具纵向（Z 轴方向）位置不变，沿横向（X 轴方向）退刀，测量试切端面至工件原点的距离（长度）L，并记录 CRT 上显示的刀架中心（对刀参考点）在车床坐标系中 Z 轴方向上的当前位置的坐标值 Zt。再将工件外圆表面试切一刀，沿纵向（Z 轴方向）退刀，保持刀具在横向（X 轴方向）上的位置尺寸不变，然后测量工件试切后的直径 D，即可知道刀尖在 X 轴方向上的当前位置的坐标值 Xt。

（3）计算坐标增量。根据试切后测量的工件直径 D、端面距离长度 L 与程序所要求的起刀点位置（α,β），即可计算出刀尖移到起刀点的位置所需的 X 轴的增量 $\alpha-D$ 与 Z 轴坐标移动增量 $\beta-L$。由于刀尖移在 X 轴和 Y 轴的坐标移到增量与刀架中心的移到增量值完全相等，移到时可通过 CRT 上显示的刀架中心的移动增量值来控制。

（4）对刀。根据计算出的坐标增量，用手摇脉冲发生器移动刀具，使前面记录的刀架中心坐标值（X，Z）增加相应的坐标值增量，即将刀具移至使 CRT 屏幕上所显示的刀架中心在车床坐标系中的坐标值为（$Xt+\alpha-D,Zt+\beta-L$）为止，这样就实现了将刀位点置于程序所要求的起刀点位置（α,β）上，实现了对刀。

（5）建立工件坐标系。若执行程序段 G92 Xα Zβ，则屏幕将会变为显示当前刀位点在工件坐标系中的位置（α,β），即数控系统用新建立的工件坐标系取代了前面建立的车床坐标系。

四、确定工件坐标系与基点坐标的计算

以工件右端面的中心点为编程原点，走刀路线如图1－55所示，粗加工分两次走刀，每次背吃刀量为2.5～3 mm，基点值为绝对尺寸编程值（见表1－5）。

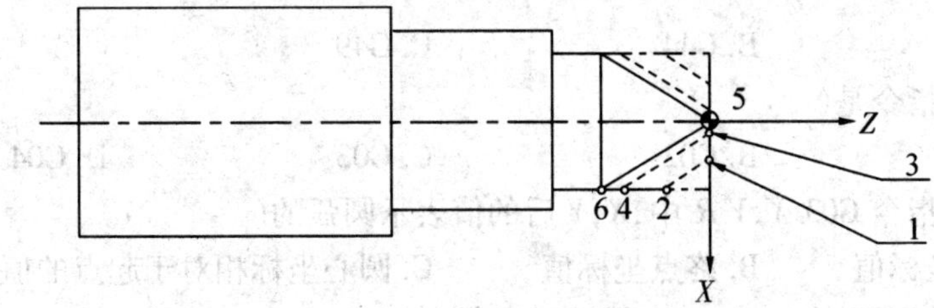

图1－55 圆锥类零件编程实例走刀及基点示意图

表1－5 圆锥类零件编程实例的基点计算值

基点	1	2	3	4	5	6
X 坐标值	3	6	0.5	6	0	6
Z 坐标值	0	5.196	0	9.526	0	10.392

五、确定加工所用各种工艺参数

粗加工每次背吃刀量取2.5 mm，精加工背吃刀量取1 mm，主轴转速线速度取100 m/min，主轴最高转速限定2 000 r/min，进给量为0.1～0.15 mm/r，刀具与工艺参数见表1－6和表1－7。

表1－6 数控加工刀具卡

实训课题		轴加工技能训练	零件名称		零件图号	备　注
序号	刀具号	刀具名称及规格	刀尖半径	数量	加工表面	
1	T0101	95°粗、精车右偏外圆刀	0.8 mm	1	外表面、端面	80°菱形刀片

表1－7 数控加工工序卡

材料	45#	零件图号		系统	FANUC	工序号	
操作序号	工步内容（走刀路线）	G功能		T刀具	切削用量		
					转速 S r·min^{-1}	进给速度 F mm·r^{-1}	背吃刀量 mm
程序	夹住棒料一头，留出长度大约40 mm（手动操作），对刀，调用程序						
(1)	粗车外轮廓	G90		T0101	800	0.15	2.5
(2)	精车外轮廓	G01		T0101	800	0.1	0.5

思考与练习

一、选择题

1. ISO标准规定增量尺寸方式的指令为（　　）。

A. G90　　B. G91　　C. G92　　D. G93

2. 沿刀具前进方向观察，刀具偏在工件轮廓的左边是(　　　) 指令，刀具偏在工件轮廓的右边是(　　　) 指令。

A. G40　　B. G41　　C. G42

3. 刀具长度正补偿是(　　　) 指令，负补偿是(　　　) 指令，取消补偿是(　　　) 指令。

A. G43　　B. G44　　C. G49

4. 直线插补指令是(　　　)。

A. G01　　B. G02　　C. G03　　D. G04

5. 圆弧插补指令 G03 *X*,*Y* *R* 中，*X*,*Y* 后的值表示圆弧的(　　　)。

A. 起点坐标值　　B. 终点坐标值　　C. 圆心坐标相对于起点的值

6. G00 指令与下列的(　　　) 指令不是同一组的。

A. G01　　B. G02,G03　　C. G04

7. 下列 G 指令中(　　　) 是非模态指令。

A. G00　　B. G01　　C. G04

8. G17,G18,G19 指令可用来选择(　　　) 的平面。

A. 曲线插补　　B. 直线插补　　C. 刀具半径补偿

9. 用于指令动作方式的准备功能的指令代码是(　　　)。

A. F 代码　　B. G 代码　　C. T 代码

10. 辅助功能中表示无条件程序暂停的指令是(　　　)。

A. M00　　B. M01　　C. M02　　D. M30

11. 执行下列程序后，累计暂停进给时间是(　　　)。

```
N1 G91 G00 X120.0 Y80.0;
N2 G43 Z-32.0 H01;
N3 G01 Z-21.0 F120;
N4 G04 P1000;
N5 G00 Z21.0;
N6 X30.0 Y-50.0;
N7 G01 Z-41.0 F120;
N8 G04 X2.0;
N9 G49 G00 Z55.0;
N10 M02;
```

A. 3s　　B. 2s　　C. 1s　　D. 1.002 s

12. G00 的指令移动速度值是(　　　)。

A. 车床参数指定　　B. 数控程序指定　　C. 操作面板指定

13. 在圆弧插补段程序中，若采用圆弧半径 *R* 编程时，从起始点到终点存在两条圆弧线段，当(　　　) 时，用 −*R* 表示圆弧半径。

A. 圆弧小于或等于 180°　　B. 圆弧大于或等于 180°

C. 圆弧小于 180°　　D. 圆弧大于 180°

14. 以下提法中(　　　) 是错误的。

A. G92 是模态提令　　B. G04 X3.0 表示暂停 3s

C. G33 Z F 中的 F 表示进给量　　D. G41 是刀具左补偿

15. 程序终了时,以何种指令表示(　　)。

A. M00　　B. M01　　C. M02　　D. M03

16. 程序无误,但在执行时,所有的 X 移动方向对程序原点而言皆相反,下列原因最有可能是(　　)。

A. 发生警报　　B. X 轴设定资料被修改过

C. 未回归机械原点　　D. 深度补正符号相反。

17. 在数控加工程序中,呼叫子程序的指令是(　　)。

A. G98　　B. G99　　C. M98　　D. M99

18. 刀具长度补偿值的地址用(　　)。

A. D　　B. *H*　　C. *R*　　D. *J*

19. G92 的作用是(　　)。

A. 设定刀具的长度补偿值　　B. 设定工件坐标系

C. 设定车床坐标系　　D. 增量坐标编程

20. 数控车床在(　　)指令下工作时,进给修调无效。

A. G03　　B. G32　　C. G96　　D. G81

21. 加工余量较大且不均匀的盘类零件,应选用的复合循环指令是(　　)。

A. G71　　B. G72　　C. G73　　D. G76

二、填空题

1. 国际上通用的数控代码是(　　)和(　　)。
2. 刀具位置补偿包括(　　)和(　　)。
3. 使用返回参考点指令 G28 时,应(　　),否则车床无法返回参考点。
4. 定固定循环之前,必须用辅助功能(　　)使主轴(　　)。
5. 建立或取消刀具半径补偿的偏置是在(　　)的执行过程中完成的。
6. 用 G98 指定刀具返回(　　),用 G99 指定刀具返回(　　)。
7. 在车床数控系统中,进行恒线速度控制的指令是(　　)。
8. 子程序结束并返回主程序的指令是(　　)。
9. 直径编程指令是(　　)。
10. 进给量的单位有 mm/r 和 mm/min,其指令分别为(　　)和(　　)。
11. 在数控铣床上加工整圆时,为避免工件表面产生刀痕,刀具从起始点沿圆弧表面的(　　)进入,进行圆弧铣削加工整圆加工完毕退刀时,顺着圆弧表面的(　　)退出。

三、判断题

1. 顺时针圆弧插补(G02)和逆时针圆弧插补(G03)的判别方向是:沿着不在圆弧平面内的坐标轴正方向向负方向看去,顺时针方向为 G02,逆时针方向为 G03。(　　)

2. 程序段的顺序号,根据数控系统的不同,在某些系统中可以省略的。(　　)

3. G 代码可以分为模态 G 代码和非模态 G 代码。(　　)

4. 数控车床编程有绝对值和增量值编程,使用时不能将它们放在同一程序段中。(　　)

5. G00,G01 指令都能使车床坐标轴准确到位,因此它们都是插补指令。(　　)

6. 用半径编程时，当圆弧所对应的圆心角大于180°时，半径取负值。( )
7. 不同的数控车床可能选用不同的数控系统，但数控加工程序指令都是相同的。( )
8. 数控车床的刀具功能字T既指定了刀具数，又指定了刀具号。( )
9. 在数控加工中，如果圆弧指令后的半径遗漏，则圆弧指令作直线指令执行。( )
10. 车床的进给方式分每分钟进给和每转进给两种，一般可用G94和G95区分。( )
11. 刀具补偿功能包括刀补的建立、刀补的执行和刀补的取消三个阶段。( )
12. 数控车床以G代码作为数控语言。( )
13. G40是数控编程中的刀具左补偿指令。( )
14. 移动指令和平面选择指令无关。( )
15. G92指令一般放在程序第一段，该指令不引起车床动作。( )
16. G04 X3.0表示暂停3 ms。( )
17. 指令M02为程序结束，同时使程序还原(Reset)。( )
18. 制作NC程序时，G90与G91不宜在同一单节内。( )
19. G00和G01的运行轨迹一样，只是速度不一样。( )
20. 在镜像功能有效后，刀具在任何位置都可以实现镜像指令。( )

四、简答题

1. G90 X20.0 Y15.0与G91 X20.0 Y15.0有什么区别？
2. 简述G00与G01程序段的主要区别。
3. 刀具返回参考点的指令有几个？各在什么情况下使用？
4. 读程序绘出零件轮廓。

```
O1000;
G92 X0 Y0 Z50;
G90 G00 X-100 Y-100 M03 S500;
Z5 M07;
G01 Z-12 F200;
G42 X-85 Y-80 D01 F120;
X0;
G02 X40 G91 Y30 R50;
G01 X40 Y90;
G90 G03 X40 Y50 R-30;
G01 X0 Y80;
G03 X-80 Y0 J-80;
G01 Y-90;
G40 G00 X-100 Y-100;
Z50 M09;
X0 Y0 M05;
M30;
```

◇学习情境二

孔槽类零件的数控车削加工

任务描述

如图2－1所示的套筒零件，材料为45#钢。单件小批量生产，毛坯选用(ϕ 60 mm×62 mm的45#钢棒料，要求分析该零件的加工工艺，编制数控加工程序，并实现零件的加工。

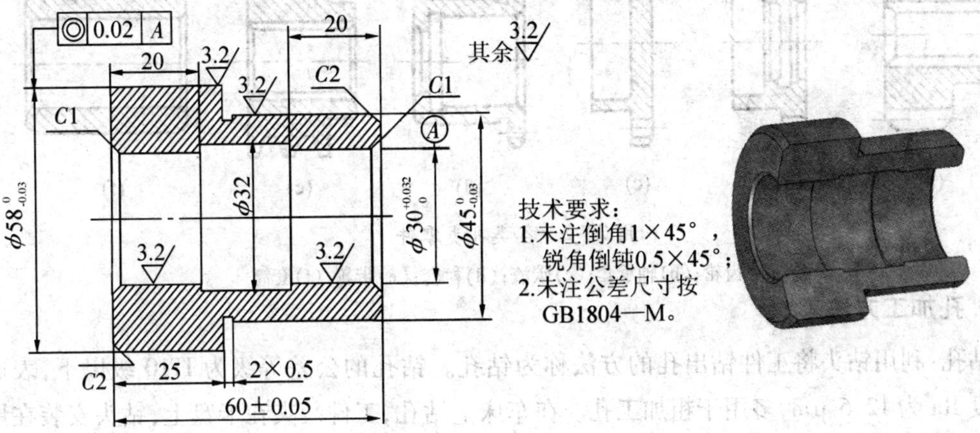

(a)　　(b)

图2－1　套筒零件图

(a)零件图；(b)实体图

学习目标

☆知识目标：

(1)熟悉孔加工指令；

(2)熟悉孔加工所用刀具的选择方法；

(3)掌握孔类零件的加工方法；

(4)掌握槽加工指令G74,G75的用法。

☆技能目标：

(1)熟悉切断和切槽的操作要领；

(2)掌握孔、槽的工艺分析，刀具、量具的选用技巧及切削用量的选择；

(3)掌握孔槽类工件的检测方法。

学时安排

资　讯	计　划	决　策	实　施	检　查	评　价
4	2	2	6	1	1

知识链接

一、孔类零件的加工工艺

1. 孔类零件的结构特点

孔类零件一般是指径向尺寸比轴向尺寸(即厚度)大,且最大与最小内外圆直径相差较大,以端面面积大为主要特征的零件。机器上各种衬套、齿轮、带轮、轴承套等属于孔类零件,因支承和配合的需要,孔类零件一般有内孔,如图 2-2 所示。

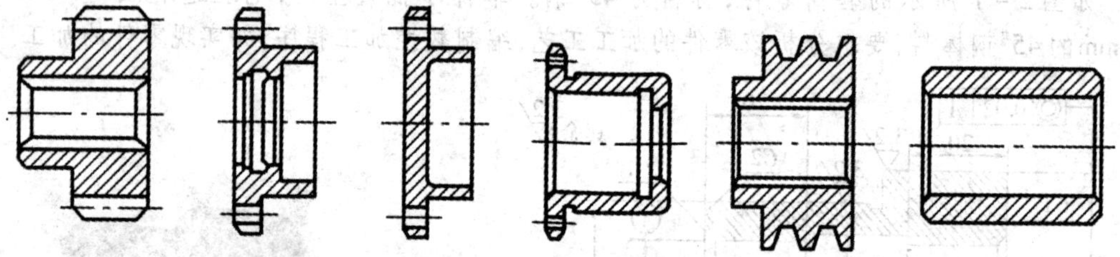

图 2-2 各类孔类零件

(a)齿轮;(b)轴承套;(c)碳渣;(d)衬套;(e)带轮;(f)套筒

2. 孔加工方法

钻孔:利用钻头将工件钻出孔的方法称为钻孔。钻孔的公差等级为 IT10 级以下,表面粗糙度 Ra 为 12.5 μm,多用于粗加工孔。在车床上钻孔,工件装夹在卡盘上,钻头安装在尾架套筒锥孔内。钻孔前先车平端面并车出一个中心坑或先用中心钻钻中心孔作为引导。钻孔时,摇动尾架手轮使钻头缓慢进给,注意经常退出钻头排屑。钻孔进给不能过猛,以免折断钻头,钻钢料时应加切削液。

钻孔注意事项:

(1)起钻时进给量要小,待钻头头部全部进入工件后,才能正常钻削。

(2)钻钢件时,应加冷切液,防止因钻头发热而退火。

(3)钻小孔或钻较深孔时,由于铁屑不易排出,必须经常退出排屑,否则会因铁屑堵塞而使钻头"咬死"或折断。

(4)钻小孔时,车头转速应选择快些,钻头的直径越大,钻速应相应降低。

当钻头将要钻通工件时,由于钻头横刃首先钻出,因此轴向阻力大减,这时进给速度必须减慢,否则,钻头容易被工件卡死,造成锥柄在床尾套筒内打滑而损坏锥柄和锥孔。

3. 孔加工刀具

在车床上,可以使用车刀车内孔,也可以使用钻头、扩孔钻、铰刀等定尺寸刀具加工孔。在车床上钻孔、扩孔和铰孔时,应在工件一次装夹中与车削外圆、端面一次完成,以保证它们的同轴度、垂直度,如图 2-3 所示。

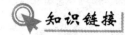

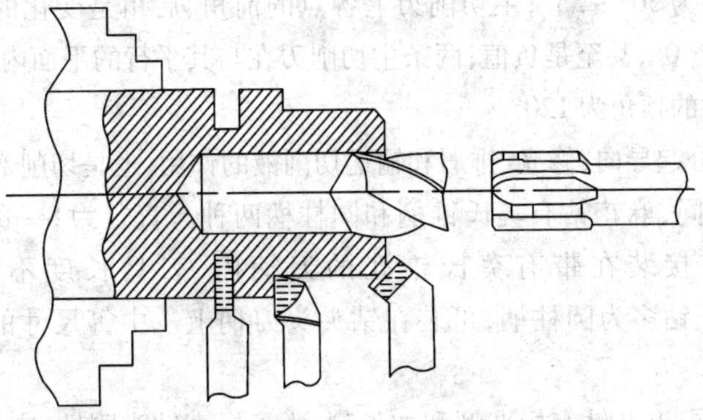

图 2－3 一次装夹加工工件

(1)钻孔刀具及其选择。

钻孔刀具较多,有普通麻花钻、可转位浅孔钻及扁钻等,应根据零件材料、加工尺寸及加工质量要求等合理选用。

在加工中心上钻孔,大多是采用普通麻花钻。麻花钻有高速钢和硬质合金两种材质。麻花钻的组成如图 2－4 所示,它主要由工作部分和柄部组成。工作部分包括切削部分和导向部分。

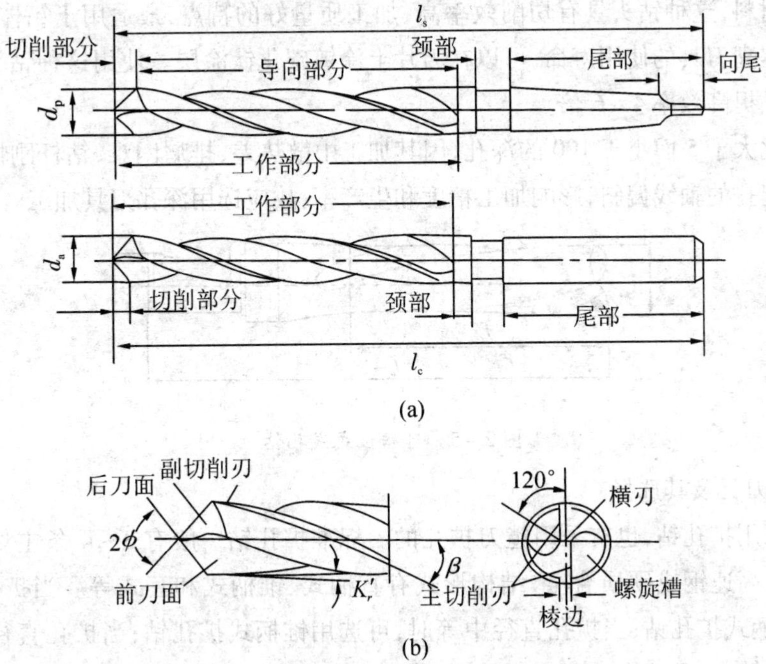

图 2－4 麻花钻的组成

麻花钻的切削部分有两个主切削刃、两个副切削刃和一个横刃。两个螺旋槽是切屑流经的表面,为前面;与工件过渡表面(即孔底)相对的端部两曲面为主后面;与零件已加工表面(即孔壁)相对的两条刃带为副后面。前面与主后面的交线为主切削刃,前面与副后面的交线为副切削刃,两个主后面的交线为横刃。横刃与主切削刃在端面上投影间的夹角称为横刃斜角，横刃斜角为50°～55°；主切削刃上各点的前角、后角是变化的，外缘处前角约为30°，钻芯处前角接近0°，甚至是负值；两条主切削刃在与其平行的平面内的投影之间的夹角为顶角，标准麻花钻的顶角为120°。

麻花钻导向部分起导向、修光、排屑和输送切削液的作用，也是切削部分的后备。

根据柄部的不同，麻花钻有莫氏锥柄和圆柱柄两种。直径为8～80 mm的麻花钻多为莫氏锥柄，可直接装在带有莫氏锥孔的刀柄内，刀具长度不能调节。直径为0.1～20 mm的麻花钻多为圆柱柄，可装在钻夹头刀柄上。中等尺寸的麻花钻两种形式均可选用。

根据钻头的不同，麻花钻有标准型和加长型，为了提高钻头刚性，应尽量选用较短的钻头，但麻花钻的工作部分应大于孔深，以便排屑和输送切削液。

在加工中心上钻孔，因为夹具钻模导向受两切削刃上切削力不对称的影响，容易引起钻孔偏斜，故要求钻头的两切削刃必须有较高的刃磨精度（两刃长度一致，顶角2对称于钻头中心线或先用中心钻定中心，再用钻头钻孔）。

若钻削直径在20～60 mm、孔的深径为小于等于3的中等浅孔时，可选用如图2－5所示的可转位式浅孔钻，其结构是在带排屑槽及内冷却通道钻体的头部装有一组刀片（多为凸多边形、菱形和四边形），多采用深孔刀片，通过该中心压紧刀片，靠近钻头外径的刀片选用较为耐磨的材料，这种钻头具有切削效率高、加工质量好的特点，最适用于箱体零件的钻孔加工。为了提高刀具的使用寿命，可以在刀片上涂镀碳化钛涂层。使用这种钻头钻箱体孔，比普通麻花钻提高效率4～6倍。

对深径比大于5而小于100的深孔，因其加工中散热差，排屑困难，钻杆刚性差，易使刀具损坏和引起孔的轴线偏斜，影响加工精度和生产率，故应选用深孔刀具加工。

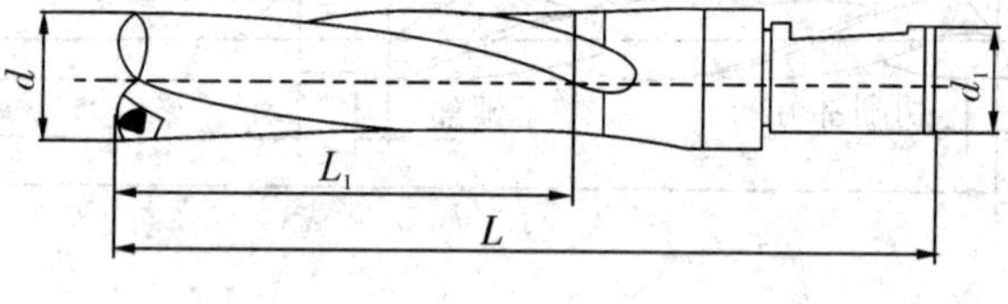

图2－5　可转位式浅孔钻

(2)扩孔刀具及其选择。

扩孔多采用扩孔钻，也有采用镗刀扩孔的。标准扩孔钻一般有3～4条主切削刃，切削部分的材料为高速钢或硬质合金，结构形式有直柄式、锥柄式和套式等。当扩孔直径较小时，可选用直柄式扩孔钻；当扩孔直径中等时，可选用锥柄式扩孔钻；当扩孔直径较大时，可选用套式扩孔钻。

扩孔钻的加工余量较小，主切削刃较短，因而容屑槽浅、刀体的强度和刚度较好。它无麻花钻的横刃，刀齿多，导向性好，切削平稳，加工质量和生产率都比麻花钻高。

扩孔直径为20～60 mm时，车床刚性好、功率大，可选用如图2－6所示的可转位式扩孔钻。这种扩孔钻的两个可转位刀片的外刃位于同一外圆直径上，并且刀片径向可作微量（±0.1 mm）调整，以控制扩孔直径。

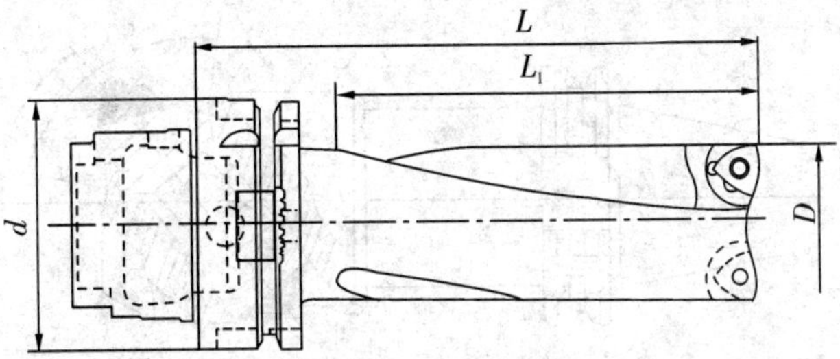

图 2-6 可转位式扩孔钻

(3) 镗孔刀具及其选择。

镗孔所用刀具为镗刀。镗刀种类很多，按切削刃数量可分为单刃镗刀和双刃镗刀。镗削通孔和盲孔可分别选用图 2-7(a)，(b)所示的单刃镗刀。

单刃镗刀头结构类似车刀用螺钉装夹在镗杆上。调节螺钉用于调整尺寸，紧定螺钉起锁紧作用。

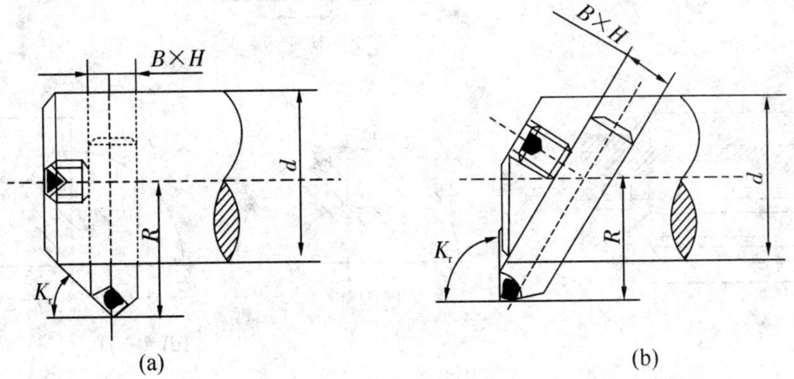

图 2-7 单刃镗刀

(a)通孔镗刀；(b)盲孔镗刀

单刃镗刀刚性差，切削时易引起振动，所以镗刀的主偏角选得较大，以减小径向力。镗铸铁孔或精镗时，一般取 $K_r=90°$；粗镗钢件孔时，取 $K_r=60°\sim75°$，以提高刀具的寿命。

镗孔径的大小要靠调整刀具的悬升长度来保证，调整麻烦，效率低，只能用于单件小批生产。但单刃镗刀结构简单，适应范围较广，粗、精加工都适用。

孔的精镗，目前较多地选用精镗微调镗刀。这种镗刀的径向尺寸可以在一定范围内进行微调，调节方便，且精度高，其结构如图 2-8 所示。当微调尺寸时，先松开拉紧螺钉 6，然后转动带刻度盘的调节螺母 3，等调至所需尺寸，再拧紧螺钉 6，制造时应保证锥面靠近大端接触(即刀杆 4 的 90°锥孔的角度公差为负值)，导向键 7 与键槽配合间隙不能太大，否则微调时就不能达到较高的精度。

(4) 铰孔刀具及其选择。

常用的铰刀多是通用标准铰刀。此外，还有硬质合金机夹刀片单刃铰刀和浮动铰刀等。加工精度为 IT8～IT9 级、表面粗糙度 Ra 为 0.8～1.6μm 的孔时，多选用通用标准铰刀。

通用标准铰刀如图 2-9 所示，有直柄、锥柄和套式 3 种。锥柄铰刀直径为 10～32 mm，直柄铰刀直径为 6～20 mm，小孔直柄铰刀直径为 1～6 mm，套式铰刀直径为 25～80 mm。

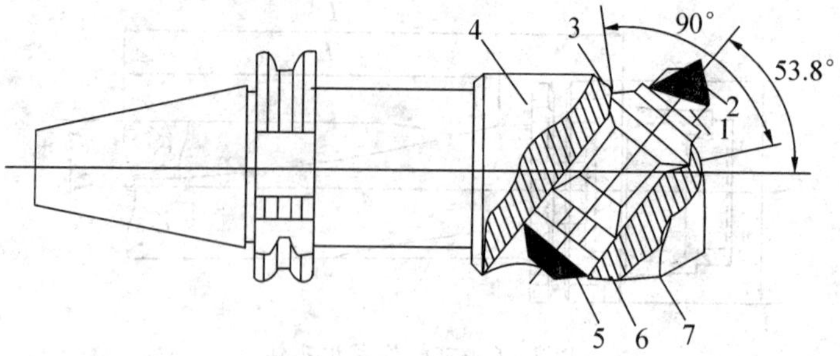

1－刀体;2－刀片;3－调整螺母;4－刀杆;5－螺母;6－拉紧螺钉;7－导向键

图 2－8　微调镗刀

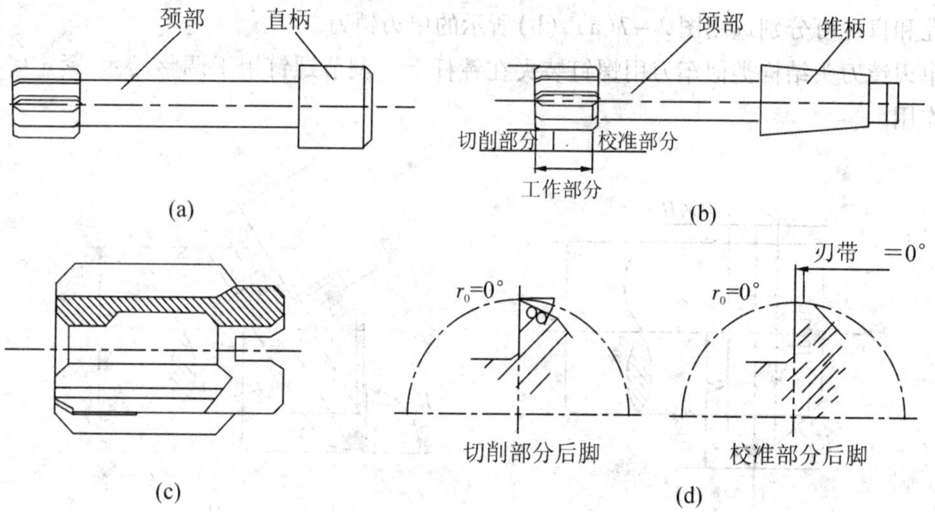

图 2－9　通用标准铰刀

(a)直柄铰刀;(b)锥柄铰刀;(c)套式铰刀;(d)切削校准部分角度

铰刀工作部分包括切削部分与标准部分。切削部分为锥形,任务主要是切削工作。切削部分的主偏角为5°～15°,前角一般为0°,后角一般为5°～8°。标准部分的作用是校正孔径、修光孔壁和导向。为此,这部分带有很窄的刃带＝0°。校准部分包括圆柱部分和倒锥部分。圆柱部分保证铰刀直径和便于测量,倒锥部分可减少铰刀与孔壁的摩擦和减小孔径扩大量。

标准铰刀有4～12齿。铰刀的齿数除了与铰刀直径有关外,主要根据加工精度的要求选择。齿数对加工表面粗糙度的影响并不大。齿数过多,刀具的制造重磨都比较麻烦,而且会因齿间容屑槽减小,而造成切屑堵塞和划伤孔壁以致使铰刀折断。齿数过少,则铰削时的稳定性差,刀齿的切削负荷增大,且容易产生几何形状误差。铰刀齿数可参照表2－1选择。

应当注意,由工具厂购入的铰刀,需按工件孔的配合和精度等级进行研磨和试切后才能使用。

表 2－1　铰刀齿数的选择

铰刀直径/mm		1.5～3	3～14	14～40	>40
齿数	一般加工精度	4	4	6	8
	高加工精度	4	6	8	10～12

加工IT5～IT7级、表面粗糙度Ra为0.7 μm的孔时,可采用机夹硬质合金刀片的单刃铰刀。这种铰刀的结构如图2－10所示,刀片3通过楔套4用螺钉1固定在刀体上,通过螺

钉7、销6可调节铰刀尺寸。导向块2可采用黏结和铜焊固定。机夹单刃铰刀应有很高的刃磨质量。因为精密铰削时,半径上的铰削余量在10 μm以下,所以刀片的切削刃口要磨得异常锋利。

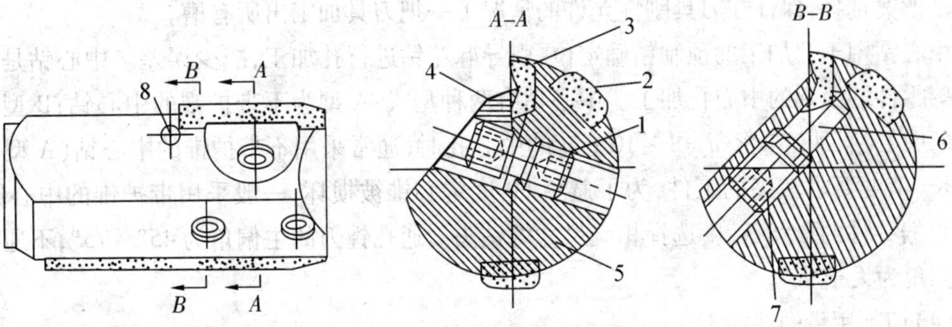

1,7-螺钉;2-导向块;3-刀片;4-楔套;5-刀体;6-销

图2-10 硬质合金单刃铰刀

铰削精度为IT6~IT7级,表面粗糙度Ra为0.8~1.6 μm的大直径通孔时,可选用专为加工中心设计的浮动铰刀。

4. 孔类零件的技术要求

(1)直径精度和几何形状精度。

内孔是套类零件起支承和导向作用的主要表面,它通常与运动着的轴、刀具或活塞配合,其尺寸精度一般为IT7级,形状精度(圆度、圆柱度)控制在直径公差之内,形状精度要求较高时,应在零件图样上另行规定其允许的公差。进行加工方案选择时可根据这些要求选择最合适的加工方法和加工方案。

(2)相互位置精度。

轴类零件中的配合轴颈(装配传动件的轴颈)对于支承轴颈的同轴度是其相互位置精度的要求。普通精度的轴,配合轴颈对支承轴颈的径向圆跳动一般为0.01~0.03 mm,高精度轴为0.001~0.005 mm。此外,内外圆之间的用轴度一般为0.01~0.05 mm,孔轴线与端面的垂直度一般取0.02~0.05 mm,轴向定位端面与轴心线的垂直度要求等,在一次安装中尽量加工出所有表面与端面。

(3)表面粗糙度。

根据机器精密程度的高低,运转速度的大小,轴类零件表面粗糙度要求也不相同。支承轴颈的表面粗糙度Ra一般为0.16~0.63 μm,配合轴颈Ra一般为0.63~2.5 μm,要求内孔的表面粗糙度Ra为3.2~0.8 μm,要求高的孔Ra达到0.05 μm以上,若与油缸配合的活塞上装有密封圈时其内孔表面粗糙度Ra为0.4~0.2 μm。

5. 孔类零件的工艺制定

(1)保证位置精度的方法。

在一次安装中加工有相互位置精度要求的外圆表面与端面。

(2)加工顺序的确定方法。

基面先行,先近后远,先粗后精,先主后次,先内后外,即先车出基准外圆后粗精车各外圆表面，再加工次要表面。

(3)刀具的选择。

当车削孔类零件外轮廓时，应选主偏角90°或90°以上的外圆车刀，切槽刀则根据所加工零件槽宽选择，保证在刀具刚性允许的情况下一把刀具加工出所有槽。

中心钻用于孔加工的预制精确定位，引导麻花钻进行孔加工，减少误差。中心钻是用于轴类等零件端面上的中心孔加工。中心钻有两种型式：A型为不带护锥的中心钻；B型为带护锥的中心钻，加工直径 $d=1\sim10$ mm的中心孔时，通常采用不带护锥的中心钻(A型)；工序较长、精度要求较高的工件，为了避免60度定心锥被损坏，一般采用带护锥的中心锥(B型)，根据零件的形状、精度选择相应尺寸的钻头。通孔镗刀的主偏角为45°~75°，不通孔车刀主偏角为大于90°。

(4)切削用量的选择。

在保证加工质量和刀具耐用度的前提下，充分发挥车床性能和刀具切削性能，使切削效率最高，加工成本最低。粗、精加工时切削用量的选择有下述原则：

1)粗加工时切削用量的选择原则。

首先尽可能大的选取背吃刀量；其次要根据车床动力和刚性等限制条件，尽可能大的选取进给量；最后根据刀具耐用度确定最佳的切削速度。

2)精加工时切削用量的选择原则。

首先根据粗加工后的余量确定背吃刀量；其次根据已加工表面的表面粗糙度要求，选取较小的进给量；最后在保证刀具耐用度的前提下，尽可能选取较高的切削速度。

6. 孔类零件质量控制

(1)尺寸精度达不到要求。

1)孔径大于要求尺寸：原因是镗孔刀安装不正确，刀尖不锋利，小拖板下面转盘基准线未对准“0”线，孔偏斜、跳动，测量不及时。

2)孔径小于要求尺寸：原因是刀杆细造成“让刀”现象，塞规磨损或选择不当，绞刀磨损以及车削温度过高。

(2)几何精度达不到要求。

1)内孔成多边形：原因是车床齿轮咬合过紧，接触不良，车床各部间隙过大，薄壁工件装夹变形也会使内孔呈多边形。

2)内孔有锥度在：原因是主轴中心线与导轨不平行，使用小拖板时基准线不对，切削量过大或刀杆太细造成“让刀”现象。

3)表面粗糙度达不到要求：原因是刀刃不锋利，角度不正确，切削用量选择不当，冷却液不充分。

(3)工件零点。

理论上工件零原点选在任何位置都是可以的，但实际上为编程方便以及各尺寸较为直观，数控车床工件原零点一般都设在主轴中心线与工件左端面或右端面的交点处。

(4)走刀路线。

1)首先按已定工步顺序确定各表面加工进给路线的顺序。

2)所定进给路线应能保证工件轮廓表面加工后的精度和粗糙度要求。

3)寻求最短加工路线(包括空行程路线和切削路线),减少行走时间以提高加工效率。

4)要选择工件在加工时变形小的路线,对横截面积小的细长零件或薄壁零件应采用分几次走刀加工到最后尺寸或对称去余量法安排进给路线。

5)注意换刀点的安排。

二、切削液

1. 切削液的作用

切削液的主要作用为润滑和冷却,加入特殊添加剂后,还可以具有清洗和防锈的作用,以保护车床、刀具、工件等不被周围介质腐蚀。

(1)润滑作用。

切削液的润滑作用是通过切削液渗透到刀具与切屑、工件表面之间,形成润滑膜面,减小摩擦,减缓刀具的磨损,降低切削力,提高已加工表面的质量,同时还可降低切削功率,提高刀具耐用度。

(2)冷却作用。

切削液的冷却作用使切屑、刀具和工件上的热量散掉,使切削区的切削温度降低,起到减少工件因膨胀而引起的变形和保证刀具切削刃强度,延长刀具耐用度,提高加工精度的作用,同时为提高劳动生产率创造有利条件。

切削液的冷却性能取决于它的热导率、汽化热、流量、流速等,但主要靠热传导。水的热传导率为油的3~5倍,比热容约大一倍,故冷却性能比油好得多。乳化液的冷却性能介于油和水之间,接近水。

(3)清洗作用。

浇注切削液能冲走碎屑或粉末,防止它们黏结在工件、刀具、夹具上,起到降低工件的表面粗糙度、减少刀具磨损及保护车床的作用。在磨削、自动生产线和深孔加工中,加入一定压力和流量的切削液,还可以排除切屑的作用。清洗性能的好坏,与切削液的渗透性、流动性和压力有关系。合成切削液比乳化液和切削油的清洗作用好,乳化液浓度越低,清洗作用越好。

(4)防锈作用。

切削液能够减轻工件、车床、刀具受周围介质(空气、水分等)的腐蚀作用。在气候潮湿的地区,切削液的防锈作用显得尤为重要。切削液防锈作用的好坏,取决于切削液本身的性能和加入的防锈添加剂。

油基切削液的润滑、防锈作用较好,但冷却、清洗作用较差;水溶性切削液的冷却、清洗作用较好,但润滑、防锈作用较差。

2. 切削液的种类

(1)水溶液。

水溶液的主要成分是水及防锈剂、防霉剂等。为提高清洗能力,可加入清洗剂;为具有一点的润滑性,还可以加入油性添加剂。例如加入聚乙二醇和油酸时,水溶液既有良好的冷却性,又有一定的润滑性,并且溶液便于观察,加工中便于观察。

(2)乳化液。

乳化液是水和乳化油经搅拌后形成的乳白色液体。乳化油是一种油膏,它由矿物油和表面活性乳化剂(石油硫酸钠、硫化蓖麻油等)配制而成。表面活性剂的分子上带极性一端与水亲和,不带极性一端与油亲和,使水、油均匀混合,并添加稳定剂(乙醇、乙二醇等)使乳化液中油、水不分离,具有良好的冷却性能。

(3)合成切削液。

合成切削液是国内、外推广使用的高性能切削液。它是由水、各种表面活性剂和化学添加剂组成。它具有良好的冷却、润滑、清洗和防锈性能,热稳定性好,使用周期长。

(4)常用切削油。

常用的切削油有 L-AN15 全损耗系统用油(10 号机械油)、L-AN32 全损耗系统用油(20 号机械油)、轻柴油、煤油、菜子油、蓖麻油等矿物油和动、植物油。其中动、植物油容易变质,一般较少使用。

(5)极压切削油。

极压切削油是矿物油中添加氯、硫、磷等极压配制而成的。它在高温下不破坏润滑膜,并具有良好的润滑效果,被广泛使用。

(6)固体润滑剂。

目前所用的固体润滑剂以二硫化钼(MoS_2)为主。二硫化钼形成的润滑膜具有极低的摩擦因数(0.05~0.09)、高的熔点(1 185℃),因此,高温不易改变它的润滑性能,具有很高的抗压性能和牢固的附着能力,有较高的化学稳定性和温度稳定性。固体润滑剂种类有 3 种,有油基润滑剂、水基润滑剂和润滑脂。应用时,将二硫化钼与硬脂酸及石蜡做成石蜡笔,涂抹在刀具表面上;也可以混合在水中或油中,涂抹在刀具表面上。

3. 切削液的选用

切削液的种类繁多,性能各异,在加工过程中根据加工性质、工艺特点、工件和刀具材料等具体条件合理选用。

(1)根据加工性质选用。

1)粗加工时,由于加工余量和切削用量均较大,因此在切削过程中产生大量的切削热,易使刀具迅速磨损,这时应降低切削区域温度,所以应选择以冷却作用为主的乳化液或合成液。

①用高速钢刀具粗车或粗铣碳钢时,应选用 3% ~5% 的乳化液,也可以选用合成切削液。

②用高速钢刀具粗车或粗铣合金钢、铜及其合金工件时,应选用 5% ~7% 的乳化液。

③粗车或粗铣铸铁时,一般不用切削液。

2)精加工时,为了减少切削、工件与刀具间的摩擦,保证工件的加工精度和表面质量,应选用润滑性能较好的极压切削油或高浓度极压乳化液。

当用高速钢刀具精车或精铣碳钢时,应选用 10% ~15% 的乳化液或 10% ~20% 极压乳化液。

当用硬质合金刀具精加工碳钢工件时,可以不用切削液,也可用 10% ~25% 的乳化液或 10% ~20% 极压乳化液。

当精加工铜及其合金、铝及其合金工件时，为了得到较高的表面质量和较高的精度，可选用10% ~20%的乳化液或煤油。

3）当半封闭加工时，如钻孔、铰孔和深孔加工，排屑、散热条件均非常差。不仅使刀具磨损严重，容易退火，而且切屑容易拉毛工件已加工表面。为此，需选用黏度较小的极压乳化液或极压切削油，并加大切削液的压力和流量，这样一方面进行冷却，另一方面可将部分切屑冲刷出来。

(2)根据工件材料选用。

1）一般钢件，粗加工时选乳化液，精加工时选硫化乳化液。

2）加工铸铁、铸铝等脆性金属，为了避免细小切屑堵塞冷却系统或黏附在车床上难以清除，一般不选用切削液。但在精加工时，为了提高工件表面加工质量，可选用润滑性好、黏度小的煤油或7% ~10%的乳化液。

3）加工有色金属或铜合金时，不宜采用含硫的切削液，以免腐蚀工件。

4）加工镁合金时，不能用切削液，以免燃烧起火。必要时，可用压缩空气冷却。

5）加工难加工材料，如不锈钢、耐热钢等，应选用10% ~15%的极压切削油或极压乳化液。

(3)根据刀具材料选用。

1）高速钢刀具。

粗加工时选用乳化液，精加工时选用极压切削油或浓度较高的极压乳化液。

2）硬质合金刀具。

为避免刀片因骤冷骤热而产生崩裂，一般不使用冷却润滑液。如果有使用，冷却润滑液必须连续充分。例如某些硬度高、强度大、导热性差的工件时，因切削温度较高，会造成硬质合金刀片与工件出来发生黏结和扩散磨损，应注以冷却为主的2% ~5%的乳化液或合成切削液。若采用喷雾加注法，则切削效果更好。

3）量具的选用。

数控车削中常用的量具有游标卡尺、千分尺、百分表。游标卡尺是一种中等精度的量具，可测量外径、内径、长度、宽度和深度等尺寸。它可被选择用来检测精度要求较低的外圆及槽。

三、指令介绍

1. 程序延时指令(G04)

(1)格式。

G04 X(U)__；或 G04 P__；

其中：X(U)__；是指定暂停时间，其后数值要带小数点，否则以此数值的千分之一计算，单位为 s；P__；为指定时间，不允许有小数点(即以整数表示)，单位为 ms。

(2)功能。

车削沟槽、钻削肩孔、锪孔以及车台阶轴时，可以设置暂停指令，让刀具在短时间内实现无进给光整加工，使孔底或槽底得到较光滑的表面。其用于以下情况。

1）当钻孔加工达到孔底部时，用暂停指令使刀具作非进给光整切削，然后退刀，保证孔底平整,并使表面无毛刺。

2)在数控车床上,在工件端面的中心钻 60°的顶尖孔或倒 45°角时,为使孔侧面、及倒角平整,使用 G04 指令使工件转过 1 转后再退刀。

3)当切沟槽时,在槽底应让主轴空转几转再退刀。一般退刀槽都不须精加工,采用 G04 延时指令,有利于槽底光滑,提高零件整体质量。钻孔加工到达底部时,设置延时时间以保证孔底的钻孔质量。

例题 2.1,加工孔后需要延时暂停 2 s,写出该加工指令。

G04 X2.0 或 G04 P2000。

2. 端面深孔加工循环指令(G74)

(1)格式。

G74 R(e);

G74 X(*U*)_Z(*W*)_P((i)Q((k)R((d)F(f);

其中 e:每次沿 Z 方向切削(*k* 后的退刀量。没有指定 *R*(e) 时,用参数也可以设定。根据程序指令,参数值也改变。

X:*B* 点的 *X* 方向绝对坐标值。

U:*A* 到 *B* 在 *X* 方向的增量。

Z:*C* 点的 *Z* 方向绝对坐标值。

W:*A* 到 *C* 在 *Z* 方向的增量。

Δi:*X* 方向的每次循环移动量(无符号,单位:μm)(直径值)。

Δk:*Z* 方向的每次切削移动量(无符号,单位:μm)。

Δd:切削到终点时 *X* 方向的退刀量(直径),通常不指定,省略 *X*(U) 和(*i* 时,则视为 0。

f:进给速度。

(2)功能。

端面深孔加工循环程序指令 G74,又称深孔钻循环指令。循环路径如图 2-11 所示。

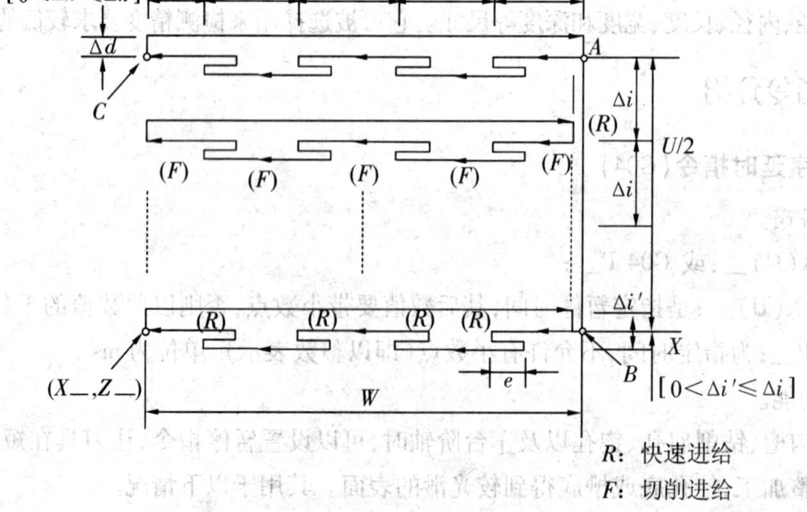

图 2-11 G74 刀具循环路径示意图

图中 A 点为 G74 循环起始点，($X\_$，$Z\_$)为 G74 循环终点坐标，A 点至 B 点的距离为 X 方向总的切削量，A 点至 C 点的距离为 Z 方向总的切深量。在此循环中，可以处理外形切削的断屑，另外，如果省略地址 $X(U)$，P，只是 Z 轴动作，则为深孔钻循环。

例题 2.2，编写如图 2－12 所示零件切断加工的程序，其中：$e=5$，$\Delta k=20$，$F=0.1$。

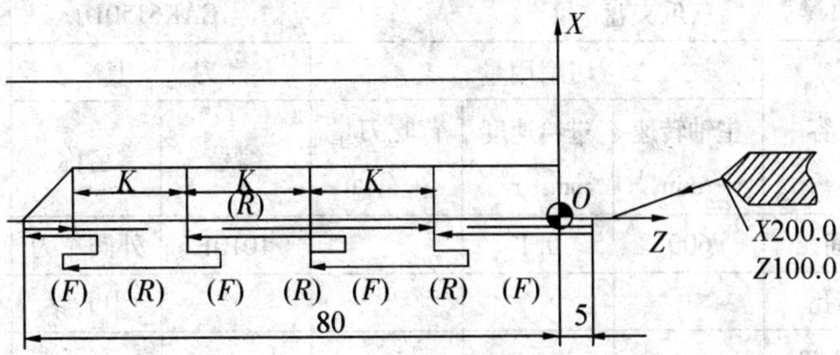

图 2－12 零件切断加工

程序：

```
O0001;
N10 G54 T0101;
N20 M03 S600;
N30 G00 X0 Z1.;
N40 G74 R5.;
N50 G74 Z-80. Q20. F0.1;
N60 G00 X100. Z50.;
N70 M30;
```

任务实施

一、孔槽类零件的工艺

孔槽类零件的工艺具体见表 2－2 至表 2－4。

表 2－2 数控车削刀具卡

产品名称或代号			零件名称	套 筒	零件图号	05—1
序号	刀具号	刀具名称及规格	数量	加工表面	刀尖半径/mm	备注
1	T0101	90°粗、精右偏外圆刀	1	外表面、端面	0.4	
2	T0202	75°粗、精镗刀	1	镗孔	0.4	
3	T0303	切断刀(刀位点为左刀尖)	1	切槽、切断		$B=2$ mm
4		ϕ28 mm 麻花钻	1			
5						
编 制		审核		批准		年 月 日	共 页	第 页

表 2-3　数控加工工序卡 1

数控加工工序卡			产品名称		零件名称		零件图号	
					套筒		05—1	
工序号	程序编号	夹具名称	夹具编号		使用设备		车　间	
001	00051	三爪夹盘			CAK6150DJ		数控加工车间	
工步号	工步内容	切削用量			刀　具		量具名称	备注
		主轴转速 r·min^{-1}	进给速度 mm·r^{-1}	背吃刀量 a_p/mm	编号	名称		
1	车端面	600	0.1		T0101	外圆车刀		手动
2	打中心孔					中心钻		手动
3	钻 ϕ28 mm 毛坯孔					ϕ 28 钻头		手动
4	自右向左粗车外表面	600	0.2	2	T0101	外圆车刀		自动
5	自右向左精加工外表面	1 000	0.1	0.25	T0101	外圆车刀	游标卡尺	自动
6	粗镗内表面	600	0.1	2	T0202	内孔镗刀		自动
7	精镗内表面	800	0.05	0.25	T0202	内孔镗刀	内径千分尺	自动
8	监测、校核							
编制		审核		批准		共 1 页	第 1 页	

表 2-4　数控加工工序卡 2

数控加工工序卡			产品名称		零件名称		零件图号	
							05—1	
工序号	程序编号	夹具名称	夹具编号		使用设备		车　间	
002	00052	三爪夹盘			CAK6150DJ		数控加工车间	
工步号	工步内容	切削用量			刀　具		量具名称	备注
		主轴转速 r·min^{-1}	进给速度 mm·r^{-1}	背吃刀量 a_p/mm	编号	名称		
1	车端面，保证零件 60 mm 的长度	600	0.1		T0101	外圆车刀		手动
2	自右向左粗车外表面	600	0.2	1	T0101	外圆车刀		自动
3	自右向左精加工外表面	1 000	0.1	0.25	T0101	外圆车刀	游标卡尺	自动
4	切外沟槽	300	0.05	2	T0303	切槽刀	游标卡尺	自动
5	粗镗内表面	600	0.1	2	T0202	内孔镗刀	外径千分尺	自动
6	精镗内表面	800	0.05	0.25	T0202	内孔镗刀	内径千分尺	自动
7	监测、校核							
编制		审核		批准		共 1 页	第 1 页	

二、程序

```
O0051;
G98G40G21;
M03S600M08;
T0101;
G00X60.0Z0.0;
G01X0.0F0.1;
G00X100.0Z100.0;
手动钻好直径 28 mm 的中心孔:
T0202;
G00X27.0Z20.;
G71U2.0R1.0;
G71P10Q20U-0.4W0.5F0.1;
N10G0032.0;                    精加工起始段
G01Z0.0F0.1;
X30.0Z-1.0;
Z-20.0;
X32.0;
Z-35.0;
X30.0;
W-23.0;
N20X32.0W-1.0;                 精加工结束段
G70P10Q20;
M05M09;
M30;
O0052;                         加工外表面
M03S600M08;
T0101;
G00X60.0Z2.0;
G71U1.0R0.5
G71P10Q20U0.4W0.0F0.2;
N10G00X43.0;
G01Z0.0F0.1;
X45.0Z-1.0;
Z-35.0;
X58.0;
N20Z-62.0;
```

```
G70P10Q20S1000;
G00X100.0Z100.0;
M03S200;
T0303;                         2 mm 切槽刀
G00X60.0Z-35.0;
G01X44.0F0.05;
G04X1.0;
X60.0;
Z-60.0;
G01X0.0.0F0.05;
Z100.0;
T0101;
M05;
掉头加工:
M03S1000;
G00X54.0Z2.0;
G01Z0.0F0.2;
X58.0Z-2.0;
G00X100.0Z100.0M09;
M30;
```

请沿此线剪下

资讯单

学习领域	数控机床的编程与操作		
学习情境二	孔槽类零件的数控车削加工	学　时	16
资讯方式	学生分组查询资料，找出问题的答案		
资讯问题	1. 钻孔刀具都有哪些，该如何选择？ 2. 扩孔刀具都有哪些，该如何选择？ 3. 切削液的作用有哪些？ 4. 切削液的选用原则是什么？ 5. G74 指令的编程格式是怎样的？并分别解释其中的每一个参数量。 6. 对于内孔的测量，常见的测量仪器有哪些？ 7. 切不同的槽时，加工工艺有什么不同？ 8. 切槽时刀具怎么选择？ 9. G75 指令的编程格式是怎样的？并分别解释其中的每一个参数量。 10. 对于多槽零件，工艺如何选择？		
资讯引导	以上资讯问题请查阅以下书籍： 《数控机床的编程与操作》，主编：杨清德，中国邮电出版社。 《数控车削技术》，主编：孙梅，清华大学出版社。 《数控车削工艺与编程操作》，主编：唐萍，机械工业出版社。		

请沿此线剪下

请沿此线剪下

决策单

<table>
<tr><td>学习领域</td><td colspan="7">数控机床的编程与操作</td></tr>
<tr><td>学习情境二</td><td colspan="4">孔槽类零件的数控车削加工</td><td>学　时</td><td colspan="2">16</td></tr>
<tr><td colspan="8">方案讨论</td></tr>
<tr><td rowspan="6">方案对比</td><td>组号</td><td>工作流程的正确性</td><td>知识运用的科学性</td><td>内容的完整性</td><td>方案的可行性</td><td>人员安排的合理性</td><td>综合评价</td></tr>
<tr><td>1</td><td></td><td></td><td></td><td></td><td></td><td></td></tr>
<tr><td>2</td><td></td><td></td><td></td><td></td><td></td><td></td></tr>
<tr><td>3</td><td></td><td></td><td></td><td></td><td></td><td></td></tr>
<tr><td>4</td><td></td><td></td><td></td><td></td><td></td><td></td></tr>
<tr><td>5</td><td></td><td></td><td></td><td></td><td></td><td></td></tr>
<tr><td>方案评价</td><td colspan="7">评语：</td></tr>
</table>

班级		组长签字		教师签字		月　日

请沿此线剪下
请沿此线剪下

计划单

<table>
<tr><td>学习领域</td><td colspan="5">数控机床的编程与操作</td></tr>
<tr><td>学习情境二</td><td colspan="3">孔槽类零件的数控车削加工</td><td>学 时</td><td>16</td></tr>
<tr><td>计划方式</td><td colspan="5">分组讨论，制订各组的实施操作计划和方案</td></tr>
<tr><td>序 号</td><td colspan="4">实施步骤</td><td>使用资源</td></tr>
<tr><td>1</td><td colspan="4"></td><td></td></tr>
<tr><td>2</td><td colspan="4"></td><td></td></tr>
<tr><td>3</td><td colspan="4"></td><td></td></tr>
<tr><td>4</td><td colspan="4"></td><td></td></tr>
<tr><td>5</td><td colspan="4"></td><td></td></tr>
<tr><td>制订计划
说明</td><td colspan="5"></td></tr>
<tr><td rowspan="3">计划评价</td><td>班 级</td><td></td><td>第 组</td><td>组长签字</td><td></td></tr>
<tr><td>教师签字</td><td colspan="2"></td><td>日 期</td><td></td></tr>
<tr><td colspan="5">评语：</td></tr>
</table>

请沿此线剪下

实施单

学习领域	数控机床的编程与操作		
学习情境二	孔槽类零件的数控车削加工	学 时	16
实施方式	分组实施,按实际的实施情况填写此单		

序号	实施步骤	使用资源
1		
2		
3		
4		
5		
6		
7		
8		
9		
10		

实施说明:

班 级		第 组	组长签字	
教师签字			日 期	

请沿此线剪下
请沿此线剪下
请沿此线剪下

作业单

学习领域	数控机床的编程与操作		
学习情境二	孔槽类零件的数控车削加工	学　时	16
作业方式	课余时间独立完成		
1	孔加工刀具有哪几种?		
作业解答:			
2	默写 G74,G75 指令,并解释其中的各个参数。		
作业解答:			

作业评价	班　　级		第　组	组长签字	
	学　　号		姓　名		
	教师签字		日　　期		
	评语:				

请沿此线剪下
请沿此线剪下

检查单

<table>
<tr><td>学习领域</td><td colspan="5">数控机床的编程与操作</td></tr>
<tr><td>学习情境二</td><td colspan="3">孔槽类零件的数控车削加工</td><td>学　时</td><td>16</td></tr>
<tr><td>序号</td><td>检查项目</td><td colspan="2">检查标准</td><td>学生自检</td><td>教师检查</td></tr>
<tr><td>1</td><td>目标认知</td><td colspan="2">工作目标明确,工作计划具体结合实际,具有可操作性</td><td></td><td></td></tr>
<tr><td>2</td><td>理论知识</td><td colspan="2">掌握数控车削的基本理论知识,会进行孔类与槽类零件的编程</td><td></td><td></td></tr>
<tr><td>3</td><td>基本技能</td><td colspan="2">能够运用知识进行完整的工艺设计、编程,并顺利完成加工任务</td><td></td><td></td></tr>
<tr><td>4</td><td>学习能力</td><td colspan="2">能在教师的指导下自主学习,全面掌握数控加工的相关知识和技能</td><td></td><td></td></tr>
<tr><td>5</td><td>工作态度</td><td colspan="2">在完成任务过程中的参与程度,积极主动地完成任务</td><td></td><td></td></tr>
<tr><td>6</td><td>团队合作</td><td colspan="2">积极与他人合作,共同完成工作任务</td><td></td><td></td></tr>
<tr><td>7</td><td>工具运用</td><td colspan="2">熟练利用资料单进行自学,利用网络进行查询</td><td></td><td></td></tr>
<tr><td>8</td><td>任务完成</td><td colspan="2">保质保量,圆满完成工作任务</td><td></td><td></td></tr>
<tr><td>9</td><td>演示情况</td><td colspan="2">能够按要求进行演示,效果好</td><td></td><td></td></tr>
<tr><td rowspan="3">检查评价</td><td>班　级</td><td></td><td>第　组</td><td>组长签字</td><td></td></tr>
<tr><td>教师签字</td><td colspan="2"></td><td>日　期</td><td></td></tr>
<tr><td colspan="5">评语:</td></tr>
</table>

评价单

学习领域	数控机床的编程与操作				
学习情境二	孔槽类零件的数控车削加工			学 时	16
评价类别	项目	子项目	个人评价	组内互评	教师评价
专业能力（60%）	资讯（10%）	搜集信息（5%）			
		引导问题回答（5%）			
	计划（10%）	计划可执行度（3%）			
		数控加工工艺的安排（4%）			
		数控加工方法的选择（3%）			
	实施（15%）	遵守安全操作规程（5%）			
		程序编写（8%）			
		所用时间（2%）			
	检查（10%）	编写工艺正确（5%）			
		编写程序正确（5%）			
	过程（5%）	输入程序（2%）			
		机床操作（2%）			
		安全规范（1%）			
	结果（10%）	加工出零件（10%）			
社会能力（20%）	团结协作（10%）	小组成员合作良好（5%）			
		对小组的贡献（5%）			
	敬业精神（10%）	学习纪律性（5%）			
		爱岗敬业、吃苦耐劳精神（5%）			
方法能力（20%）	计划能力（10%）	考虑全面、细致有序（10%）			
	决策能力（10%）	决策果断、选择合理（10%）			
检查评价	班 级		第 组	组长签字	
	教师签字		日 期		
	评语：				

请沿此线剪下

教学反馈单

学习领域	数控机床的编程与操作			
学习情境二	孔槽类零件的数控车削加工	学 时		16
序号	调查内容	是	否	理由陈述
1	你是否完成了本学习情境的学习任务?			
2	你对孔加工刀具是否熟悉?			
3	你是否知道怎样选择切削液?			
4	你对加工孔槽类零件的工艺是否掌握?			
5	资讯的问题,你都能回答上吗?			
你的意见对改进教学非常重要,请写出你的建议和意见。				
被调查人签名		调查时间		

请沿此线剪下

请沿此线剪下

知识拓展一

孔类零件的加工

零件图样的工艺分析

(1)毛坯的选择。

如图 2－13 所示零件，材料为 1Cr18Ni9Ti(不锈钢)。由图样可知：该零件加工完毕后的最终尺寸长度为 12 mm，外圆直径为 ϕ58 mm，内圆直径为 ϕ42 mm。根据这些尺寸可以确定，该零件的毛坯可选择为 ϕ60 mm 的棒料，待加工完毕后再下料、修正。

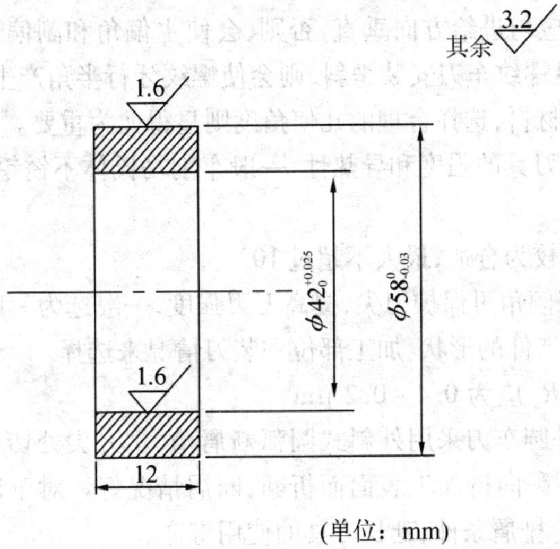

图 2－13　零件图

(2)零件图样工艺分析及车床的选择。

该零件是典型的孔轴类零件，主要加工面有内、外圆柱面、端面的加工，选择卧式数控车床即可完成所有加工面的加工要求。加工该零件有粗、精车外形，镗内孔等工步，所需刀具不超过 3 把，选择国产 CKG6132 型卧式数控车床即可满足上述的要求。该车床规格为 ϕ 460 mm×500 mm，X 轴行程为 225 mm，Z 轴行程为 600 mm，尾座体行程 380 mm，推力为 9 000 N，主轴转速范围为 30～4 000 r/min。X/Z 定位精度和重复定位精度分别为 0.005 mm 和 0.003 mm。刀架容量为 8 把。数控系统为 FANUC。工件在一次装夹中即可完成外圆、内孔等工步的加工。

(3)刀具的选择。

1)由图纸分析，所要加工的工件材料为 1Cr18Ni9Ti(不锈钢)，由于不锈钢材料在切削中存在切削力大、温度高、刀具磨损严重、耐用度低、加工表面质量差、生产率低等问题；考虑到被加工工件尺寸精度、表面质量要求以及切削载荷的大小、切削过程中有无冲击和振动等因素，故而选择相应的刀具材料为采用 TiC－TiCN－TiN 复合涂层的硬质合金刀片；用该种刀片制成的车刀耐用度比较高，具有更好的强度和韧性，又因其表面具有更高的硬度和耐磨性，更小的摩擦系数和更高的耐热性，使得工件表面质量更好。

2）刀片的形状主要依据被加工工件的表面形状、切削方法、刀具寿命和刀片的转位次数等因素而定。本零件所需的刀具主要有外圆粗、精车刀，内孔粗、精车刀等，每一种刀片的形状各异。具体特点：粗车外圆表面选择主偏角为75°左右的三角形或菱形刀片；精车外圆表面选择主偏角为90°~93°的三角形或菱形刀片。

3）车刀安装的正确与否，将直接影响切削能否顺利进行和工件的加工质量。因此在安装车刀时应注意以下几点：

①车刀安装在刀架上，伸出量一般为刀杆高度的1~1.5倍。

②车刀垫铁要平整，数量要少，垫铁应与刀架对齐。

③车刀刀尖应与工件轴线等高，否则，会因基面和切削平面的位置发生变化，而改变车刀工作时的前角和后角的数值。

④车刀刀杆中心线应与进给方向垂直，否则，会使主偏角和副偏角的数值发生变化，特别是在加工螺纹时，一旦螺纹车刀安装歪斜，则会使螺纹牙行半角产生误差。

4）对于良好的刀具材料，选择合理的几何角度则显得尤为重要。

①前角 γ_0 直接影响刀具的强度和导热性，一般车削马氏体不锈钢时，刀具前角取10°~20°较为适宜。

②后角 α 取5°~8°较为合适，最大不超过10°。

③刃倾角 λ，负的刃倾角可保护刀尖，提高刀刃强度，一般选为-10°~30°。

④主偏角 K 应根据工件的形状、加工部位和装刀情况来选择。

⑤刃口表面粗糙度 R_a 应为0.4~0.2 μm。

5）在刀具结构上，外圆车刀采用外斜式圆弧断屑槽，靠刀尖处切屑卷曲半径大，靠外缘处切屑卷曲半径小，切屑翻向待加工表面而折断，断屑情况好。对于切断刀，将副偏角控制在1°以内，这样可以改善排屑条件、延长刀具的使用寿命。

（4）合理选择切削用量。

切削用量对工件表面质量、刀具耐用度、加工生产率影响较大。而切削理论认为，切削速度 V 对切削温度和刀具耐用度的影响最大，进给量 f 次之，a_p 最小，在数控车床上一次走刀加工的表面，其切深量 a_p 是由工件尺寸与材料毛坯尺寸来决定的，一般为0~3 mm。难加工材料的切削速度往往比普通钢的切削速度低得多，因为速度的提高，就会使刀具严重磨损，而不同的不锈钢材料又有各自不同的最佳切削速度。切削速度为60~80 m/min。进给量 f 对刀具耐用度影响不如切削速度大，但会影响断屑和排屑，从而影响工件表面的拉伤、擦伤，影响加工的表面质量。被加工表面粗糙度值不高时，f 选用0.1~0.2 mm/r。总之，对于难加工的材料，一般选用较低的切削速度，中等的走刀量。

（5）选用适当的冷却润滑液。

车削不锈钢用的冷却润滑液，具有以下特点。

1）高的冷却性能，保证能带走大量的切削热。

2）不锈钢韧性大，切削时易产生刀瘤，恶化加工表面，这就要求冷却润滑液有高的润滑性能，能起到较好的润滑作用。

3）较好的渗透性，对不易被切离的切屑，能起到较好的楔裂、扩散和内润滑作用。

（6）确定装夹方案。

车床夹具是指安装在车床上，用以装夹工件或引导刀具，使工件和刀具具有正确的相互位置关系的装置。

数控车床上所使用的通用夹具为三爪自定心卡盘，这种夹具具有装夹简单、夹持范围大、装夹速度快、能满足车槽、车螺纹等一般常见的加工和自动定心的特点，因此，它主要用于在数控车床装夹加工圆柱形轴类零件和套筒类零件。本课题的零件为套筒类零件，因此选择三爪自定心卡盘作为进行该零件的全程加工的夹具。

(7)编制数控车床机械加工工艺。

1)零件实体图如图 2 - 14 所示。

图 2 - 14 零件实体图

2)按照先面后孔，先粗后精的原则确定具体的加工工艺路线见表 2 - 5。

表 2 - 5 零件工艺路线

工序号	工序名称	工序内容
1	粗车	用 1 号刀进行 G71 毛坯固定循环，粗加工零件外轮廓
2	精车	用 2 号刀进行 G70 毛坯固定循环，精加工零件外轮廓
3	钻孔	用 ϕ40 mm 的麻花钻钻一个深度为 15 mm 的孔
4	镗孔	用镗刀进行内孔的精加工

3)零件的各个基点位置关系如图 2 - 15 所示。

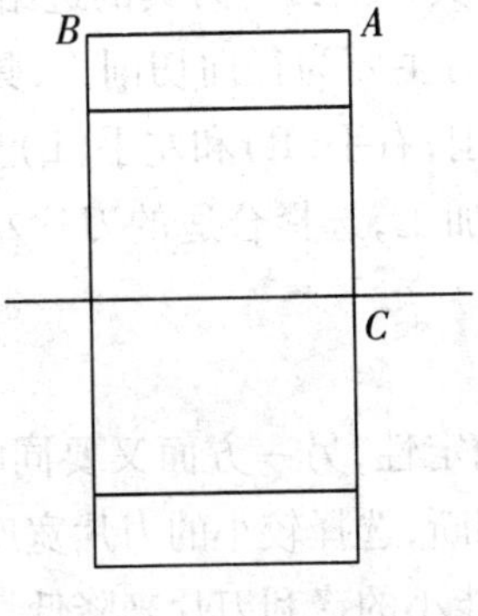

图 2 - 15 零件各个基点位置

4)各个基点的坐标值见表 2 - 6。

表 2 - 6 基点的坐标值

A(X58.0,Z0.0)	B(X58.0,Z - 12.0)
C(X0.0,Z0.0)	

(8)请根据上述知识,编写出零件图加工程序。

知识拓展二

一、槽类零件加工知识

1. 槽加工的特点

(1)外圆切槽加工。

对于粗加工宽槽或方肩间的车削,最常用的加工方法为多步切屑、陷入车削和坡走车削,需要单独的精加工。如果槽宽比槽深小,则执行多步切槽工序;如果槽宽比槽深要大,使用陷入车削工序;如果棒材或零件细长或强度低,进行坡走车削。

(2)端面切槽加工。

在零件端面上进行轴向切槽需选用端面切槽刀具以实现圆形切槽,分多步进行切削槽,保持低的轴向进给率,以避免切屑堵塞。从切削最大直径开始,并向内切削以获取最佳切屑控制。

(3)内沟槽加工。

与外圆切槽的方法相似,确保排屑通畅和最小化振动趋势。在切削宽槽时,特别是使用窄刀片进行多步切槽或陷入切槽,能有效地降低振动趋势。从孔底部开始并向外进行切削有助于排屑,在粗加工时,应使用最佳的左手或右手型刀片来引导切屑。

2. 刀具的选择

(1)切断刀的刀柄选择原则。

尽可能降低刀具偏斜和振动趋势,一般选择具有最小悬深的刀柄或刀板,选择尽可能大的刀柄尺寸,选择尽可能大刀片座(宽)的刀板或刀柄,选择不小于插入长度的刀板高度,刀具悬深不应超过 8 倍的刀片宽度。

(2)刀片的选择。

刀片共 3 种类型:中置型(N),其切削刃与刀具的进给方向(主偏角 0°)成直角,中置型刀片可提供坚固的切削力,其切削力主要为径向切削力,具备稳定的切削作用、良好的切屑成形和刀具寿命长,成直线进行切削;右手(R)和左手(L)型刀片,两者都有一定角度的主偏角,适用于对工件切口末端进行精加工,选择合适的刀片左右手,便于切削刃的前角靠近切断部分,去除工件毛刺和飞边。

(3)刀片宽度的选择。

一方面要考虑到刀具强度和稳定性,另一方面又要同时考虑到节省工件材料和降低切削力。对于小直径棒材或零件的切断,选择较小的刀片宽度和锋利的切削刃来降低切削力。切断薄壁管材时,可使用宽度尽可能小的锋利刀片来降低切削力。

3. 指令介绍

(1)格式。

G75 $R(e)$;

G75 $X(\ )Z(\ )P(\Delta i)Q(\Delta k)R(\Delta d)F(\ )$;

其中 e 为退刀量,其值为模态值;

$X(\ )$ $Z(\ )$为切模终点处的坐标；

Δi 为 X 方向的每次切深量，用不带符号的半径量表示；

Δk 为刀具完成一次径向切削后，在 Z 方向的偏移量，用不带符号的值表；

Δd 为刀具在切削底部的 Z 方向退刀量，无要求时可省略。

注：程序段中的 Δi，Δk 值，在 FANUC 系统中，不能输入小数点，而直接输入最小编程单位，如 P1 500 表示径向每次切深量为 1.5 mm。

(2)功能。

按照 G75 端面深孔加工循环程序指令，进行如图 2－16 所示的加工动作。这相当于在 G74 中把 X 和 Z 相置换，由这个循环可以处理端面切削时的切屑，并且可以实现 X 轴向切槽或 X 向排屑钻孔(省略地址 Z，W，Q)。

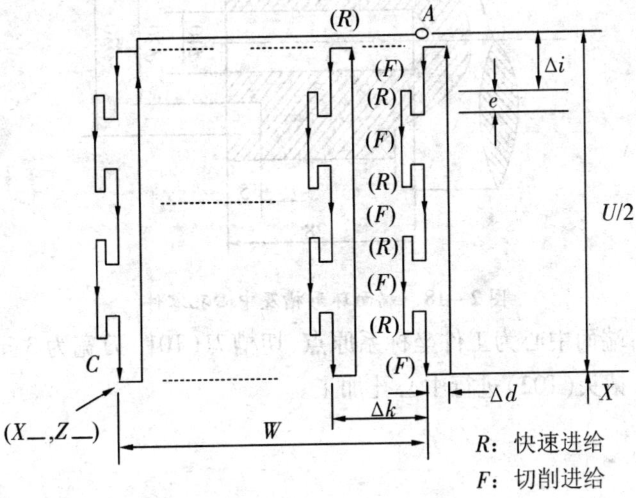

图 2－16　G75 端面深孔加工刀具轨迹

例题 2.3，根据图 2－17 所示，径向切槽循环示例，编写外圆槽的加工程序(切槽刀宽为 4 mm)。

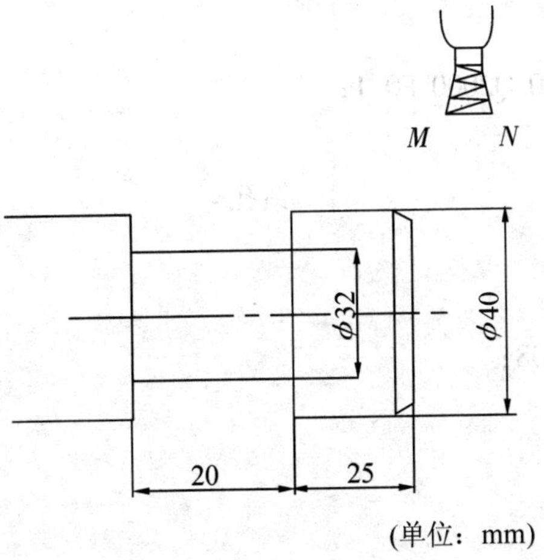

图 2－17　径向切槽循环示例

程序

O0002；

```
T0202 M03 S500;
G00 X42 Z-29;
G75 R0.3;
G75 X32 Z-35 P1500  Q2    F0.08;
G00 X100 Z100;
M30;
```

例题 2.4,根据如图 2-18 所示的端面环形槽及中心孔零件,编写加工程序。

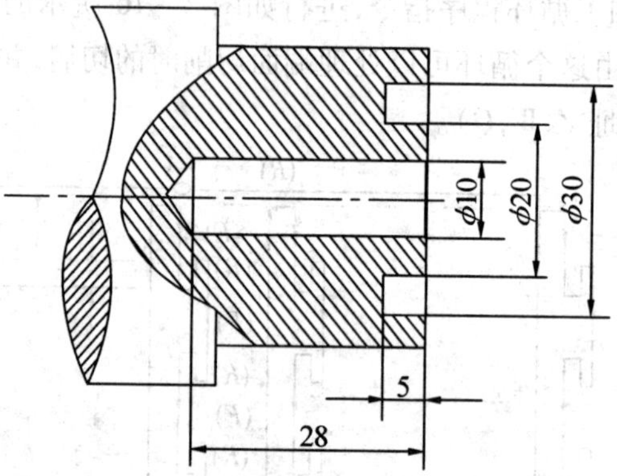

图 2-18 端面环形槽及中心孔零件

说明:以工件右端面中心为工件坐标系原点,切槽刀(T01)刀宽为 3 mm,以左刀尖为刀位点;选择 φ10 mm 钻头(T02)进行中心孔加工。

程序:

```
O0003;
T0101;                          切槽
G97 M03 S600;
G00 X24. Z2.;
G74 R0.3;
G74 X20. Z-5. P2000 Q2000 F0.1;
G00 X100. Z50.;
T0202;                          钻孔
G00 X0 Z2;
G74 R0.3;
G74 Z-28 Q2000 F0.08;
G00 X100 Z50;
M05;
M30;
```

二、槽类零件加工工艺

如图 2-19 所示的离合器零件图,编制其加工程序。

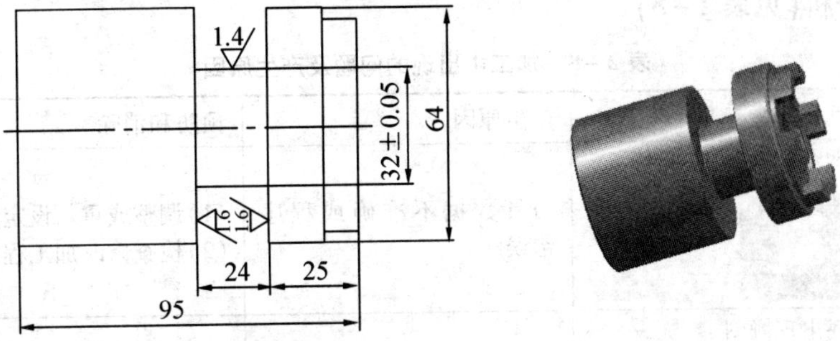

(单位：mm)

图 2－19　离合器零件图

1. 任务分析

图 2－19 所示零件需加工一个宽槽且有一定的深度，选用 4 mm 切槽刀，应用 FANUC 数控系统中的复合切削指令 G75 进行加工。

2. 程序编制（见表 2－7）

表 2－7　滑块槽加工程序

程 序	说 明
O0001;	程序名
N10 T0101 S500 M03;	1#外切槽刀 4 mm，右刀尖对刀 1#刀具补偿，启动主轴
N20 G00 X70.0　Z－25.2 M08;	快速定位，槽侧面留余量 0.2 mm，冷却液开
N30 G75 R2.0;	回退量
N40 G75 X32.2 Z－40.8 P5.0 Q3.9F0.1;	切深 5 mm，位移 3.9 mm（侧面及槽底留余量 0.2 mm）
N50 G01 X70.0 Z－25.0 F0.3;	
N60　　X32.0　F0.1;	右侧面精加工
N70　　Z－41.0;	槽底精加工
N80　　X70.0;	左侧面精加工
N90 G00 X100.0 Z100.0 M09;	
N100 M05;	
N110 M02;	程序结束

应用指令在切槽过程中，刀具定位于槽的一侧开始切削，切入过程有回退断屑动作，且至槽底后退至切入起始点，然后位移一个刀具宽度，再次开始切槽。完成整个槽宽度的切削后，对槽的两个侧面和槽底进行精加工。

3. 注意事项

（1）在零件加工中，槽的定位是非常重要的，编程时要引起重视。

（2）切槽刀通常有三个刀位点，编程时可根据基准标注情况进行选择。

（3）切宽槽时应注意计算刀宽与槽宽的关系。

4. 误差分析(见表 2－8)

表 2－8　加工中出现的问题及产生原因

问题现象	产生原因	预防和消除
槽的一侧或两个侧面出现小台阶 	刀具数据不准确或程序错误	(1)调整或重新设定刀具数据; (2)检查修改加工程序
槽底出现倾斜 	刀具安装不正确	正确安装刀具
槽的侧面呈现凹凸面 	(1)刀具刃磨角度不对称; (2)刀具安装角度不对称; (3)刀具两刀尖磨损不对称	(1)更换刀片; (2)重新刃磨刀具; (3)正确安装刀具
槽的两个侧面倾斜 	刀具磨损	重新刃磨刀具或更换刀片
槽底出现震动现象,留有振纹	(1)工件装夹不正确; (2)刀具安装不正确; (3)切削参数不正确; (4)程序延时时间太长	(1)检查工件安装,增加安装刚性; (2)调整刀具安装位置; (3)提高或降低切削速度; (4)缩短程序延时时间
切槽工程中出现扎刀现象,造成刀具断裂	(1)进给量过大; (2)切屑阻塞	(1)降低进给速度; (2)采用断、退屑方式切入
切槽开始及过程中出现较强的震动。表现为工件刀具出现谐振现象,严重者车床也会一同产生谐振,切削不能继续	(1)工件装夹不正确; (2)刀具安装不正确; (3)进给速度过低	(1)检查工件安装,增加安装刚性; (2)调整刀具安装位置; (3)提高进给速度

思考与练习

一、填空题

1. 数控车床是目前使用比较广泛的数控车床,主要用于(　　　)和(　　　)回转体工件的加工。

2. 编程时为提高工件的加工精度,编制圆头刀加工程序时,需要进行(　　　)。

3. 为了提高加工效率,进刀时,尽量接近工件的(　　　),切削开始点的确定以(　　　)为原则。

4. 数控编程描述的是(　　　)的运动轨迹,加工时也是按(　　　)对刀。

5. 一个简单的固定循环程序段可以完成(　　　)→(　　　)→(　　　)→(　　　)这 4 种常见的加工顺序动作。

6. 复合循环有三类,分别是(　　　),(　　　),(　　　)。

二、选择题

1. 在数控车床中,转速功能字 S 可指定(　　　)。
A. mm/r　　B. r/min　　C. mm/min

2. 下列 G 指令中,(　　　)是非模态指令。
A. G00　　B. G01　　C. G04

3. 数控车床自动选择刀具中,任意选择的方法是采用(　　　)来选刀、换刀。
A. 刀具编码　　B. 刀座编码　　C. 计算机跟踪记忆

4. 数控车床加工依赖于各种(　　　)。
A. 位置数据　　B. 模拟量信息　　C. 数字化信息

5. 数控车床的 F 功能常用(　　　)单位。
A. m/min　　B. mm/min 或 mm/r　　C. m/r

6. 圆弧插补方向(顺时针和逆时针)的规定与(　　　)有关。
A. X 轴　　B. Z 轴　　C. 不在圆弧平面内的坐标轴

7. 用于指令动作方式的准备功能的指令代码是(　　　)。
A. F 代码　　B. G 代码　　C. T 代码

8. 用于车床开关指令的辅助功能的指令代码是(　　　)。
A. F 代码　　B. S 代码　　C. M 代码

9. 切削的三要素有进给量、切削深度和(　　　)。
A. 切削厚度　　B. 切削速度　　C. 进给速度

10. 刀尖半径左补偿方向的规定是(　　　)。
A. 沿刀具运动方向看,工件位于刀具左侧
B. 沿工件运动方向看,工件位于刀具左侧
C. 沿刀具运动方向看,刀具位于工件左侧

11. 设 G01 X30 Z6 执行 G91 G01 Z15 后,Z 方向实际移动量为(　　　)。
A. 9 mm　　B. 21 mm　　C. 15 mm

12. 数控车床在加工中为了实现对车刀刀尖磨损量的补偿,可沿假设的刀尖方向,在刀尖半径值上,附加一个刀具偏移量,这称为(　　　)。
A. 刀具位置补偿　　B. 刀具半径补偿　　C. 刀具长度补偿

13. HNC－21T 数控车床的 Z 轴相对坐标表示为(　　　)。
A. Z　　B. U　　C. W

三、判断题

1. 程序段的顺序号,根据数控系统的不同,在某些系统中是可以省略的。(　　　)
2. 绝对编程和增量编程不能在同一程序中混合使用。(　　　)
3. 车削中心必须配备动力刀架。(　　　)
4. 非模态指令只能在本程序段内有效。(　　　)
5. 顺时针圆弧插补(G02)和逆时针圆弧插补(G03)的判别方向是:沿着不在圆弧平面内的坐标轴正方向向负方向看去,顺时针方向为 G02,逆时针方向为 G03。(　　　)
6. 数控车床的特点是 Z 轴进给 1 mm,零件的直径减小 2 mm。(　　　)

7. 数控车床刀架的定位精度和垂直精度中影响加工精度的主要是前者。 ( )

8. 数控车床加工球面工件是按照数控系统编程的格式要求，写出相应的圆弧插补程序段。 ( )

9. 数控车床的刀具功能字 T 既指定了刀具数，又指定了刀具号。 ( )

10. 螺纹指令 G32 *X*41.0 *W*－43.0 *F*1.5 是以 1.5 mm/min 的速度加工螺纹。 ( )

11. 车床的进给方式分每分钟进给和每转进给两种，一般可用 G94 和 G95 区分。 ( )

12. 数控车床可以车削直线、斜线、圆弧、公制和英制螺纹、圆柱管螺纹、圆锥螺纹，但是不能车削多头螺纹。 ( )

13. 固定循环是预先给定一系列操作，用来控制车床的位移或主轴运转。 ( )

14. 数控车床的刀具补偿功能有刀尖半径补偿与刀具位置补偿。 ( )

15. 外圆粗车循环方式适合于加工棒料毛坯除去较大余量的切削。 ( )

16. 编制数控加工程序时，一般以车床坐标系作为编程的坐标系。 ( )

17. 一个主程序中只能有一个子程序。 ( )

18. 子程序的编写方式必须是增量方式。 ( )

19. G00，G01 指令都能使车床坐标轴准确到位，因此它们都是插补指令。 ( )

20. 当数控加工程序编制完成后即可进行正式加工。 ( )

四、问答题

1. 数控车床的加工对象是什么？

2. 试述数控车床的编程特点。

3. 简述复合循环指令 G73 在一般情况下，适合加工的零件类型及 $\Delta i,\Delta k,\Delta x,\Delta z,r$ 参数的含义。

[G73 指令格式：G73 $U(\Delta i)W(\Delta k)R(r)P(ns)Q(nf)X(\Delta x)Z(\Delta z)$]

五、编程题

1. 完成如图 2－20 所示工件精加工。

2. 完成如图 2－20 所示工件的粗加工循环。

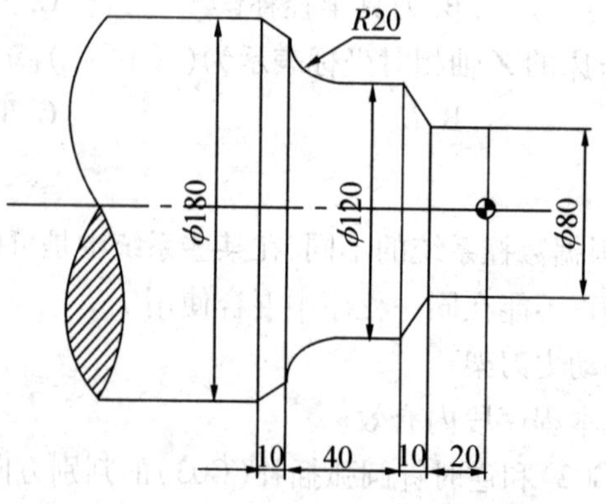

图 2－20 工件

3. 编制如图 2-21 所示工件的加工程序。

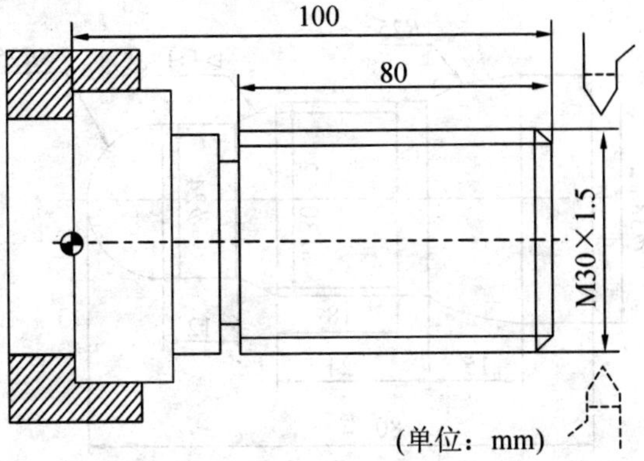

图 2-21 工件

4. 如图 2-22 所示零件的毛坯为 ϕ72 mm×150 mm,,试编制其粗、精加工程序。

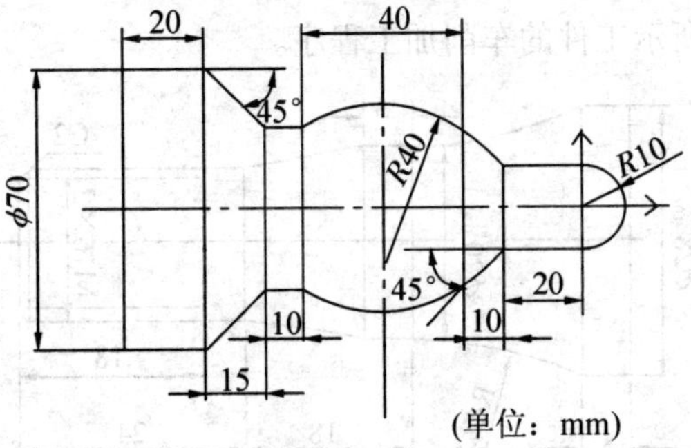

图 2-22 工件

5. 编制如图 2-23 所示工件的车削加工程序。

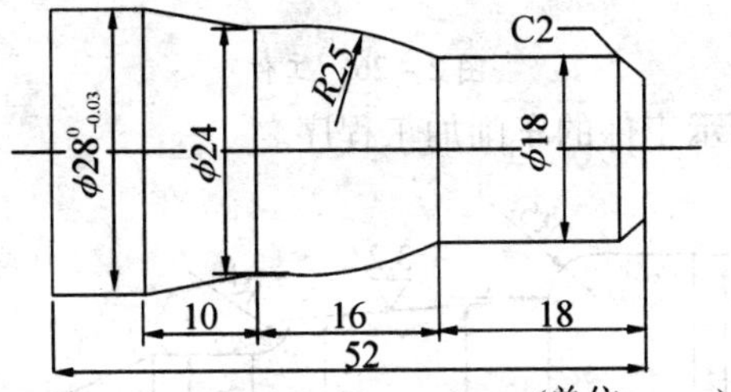

图 2-23 工件

6. 编制如图 2-24 所示工件的车削加工程序。

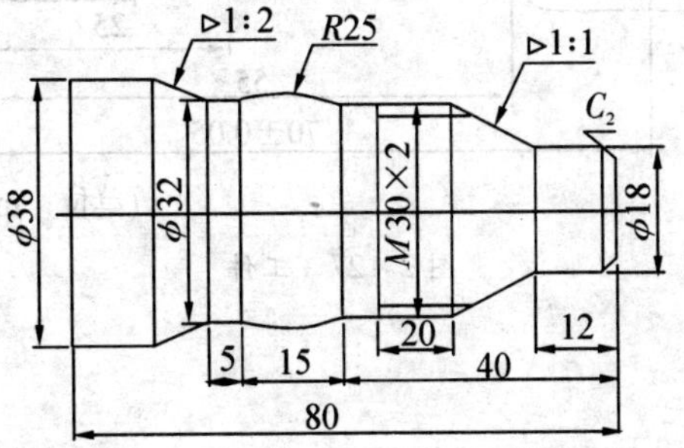

图 2-24 工件

7. 编制如图 2－25 所示工件的车削加工程序。

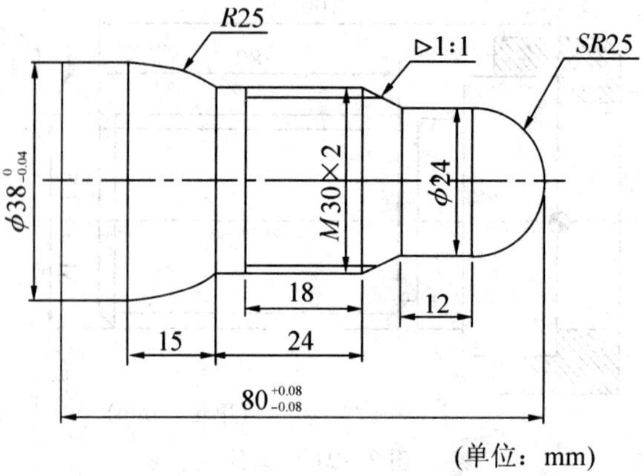

图 2－25　工件

8. 编制如图 2－26 所示工件的车削加工程序。

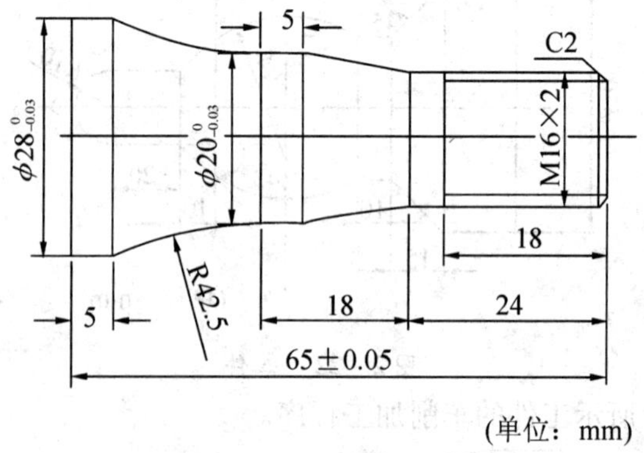

图 2－26　工件

9. 编制如图 2－27 所示工件的车削加工程序。

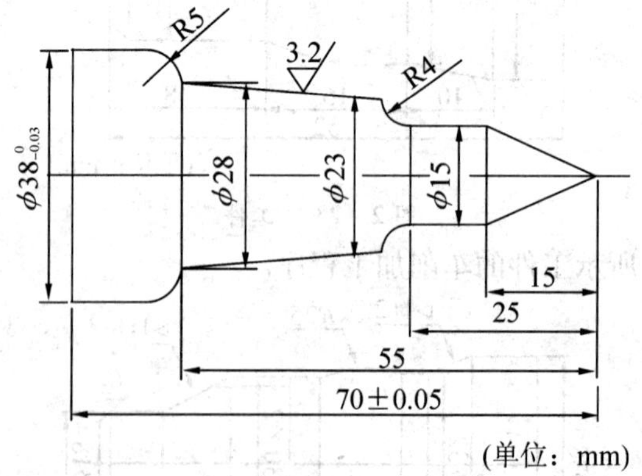

图 2－27　工件

螺纹轴零件的数控车削加工

任务描述

如图 3－1 所示工件，毛坯为 $\phi25$ mm 棒料，材料为 45# 钢，试确定其加工工艺，并编写加工程序。

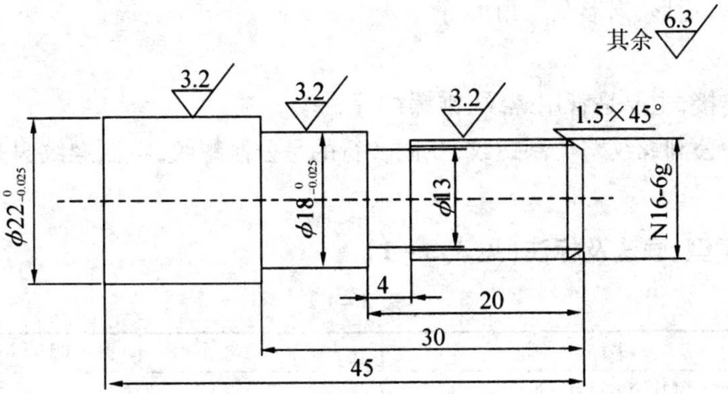

图 3－1　外螺纹零件图

螺纹加工是数控车床的主要功能之一。编写螺纹加工程序时，有多种螺纹加工指令可供选择，如 G32，G92，G76 等，编程人员可根据具体情况合理选择。

学习目标

☆知识目标：

(1) 熟悉三角形螺纹的加工工艺；

(2) 熟悉刀具的选择方法；

(3) 理解螺纹标记及基本牙型。

☆技能目标：

(1) 熟悉螺纹的测量方法；

(2) 掌握螺纹的加工方法。

学时安排

资讯	计划	决策	实施	检查	评价
4	2	2	6	1	1

知识链接

一、螺纹基本知识

1. 螺纹分类

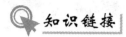

螺纹是一种在固体外表面或内表面的截面上，有均匀螺旋线凸起的形状。根据其结构特点和用途可分为三大类。

（1）普通螺纹。

牙型为三角形，用于连接或紧固零件。普通螺纹按螺分为粗牙和细牙螺纹两种，细牙螺纹的连接强度较高。

（2）传动螺纹。

牙型有梯形、矩形、锯形及三角形等。

（3）密封螺纹。

用于密封连接，主要是管用螺纹、锥螺纹等。

螺纹还分为公制螺纹与英制螺纹，我国实行的是公制螺纹，英制螺纹只是用在管子的接头上。

2. 螺纹的类型、画法及标注（见表 3－1）

表 3－1

螺纹种类	图　例	说　明
普通螺纹	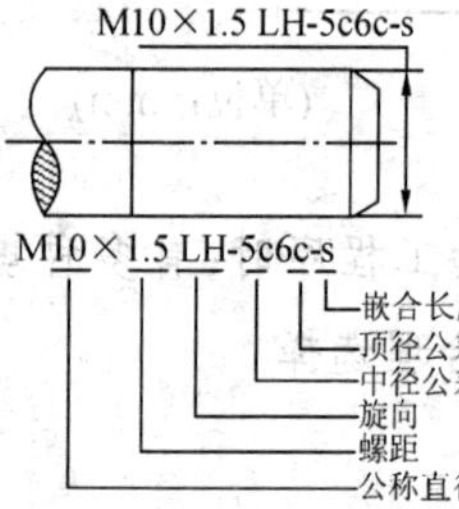	①粗牙不注螺距，细牙要标螺距 。 ②右旋省略不注，左旋要标注“LH”。 ③螺纹公差由表示其大小的公差等级数字和基本偏差代号所组成（内螺纹用大写字母，外螺纹用小写字母）。中、项径公差相同时，只标注一个代号。 ④普通螺纹的旋合长度规定为短（S）、中（N）、长（L）3 组，中等旋合长度不必标注
梯形螺纹	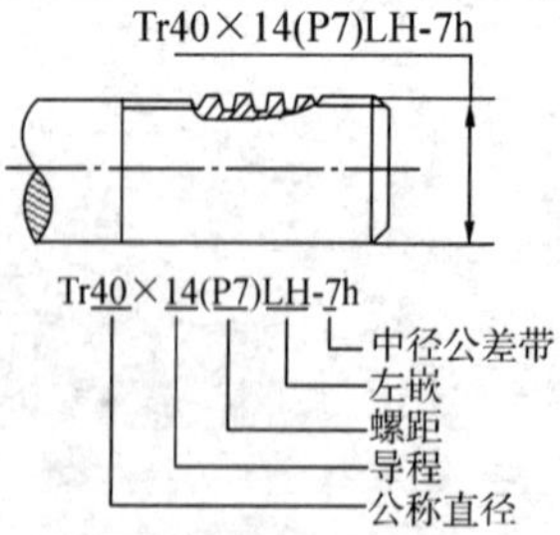	①要标注螺距，多线要标注导程。 ②右旋省略不注，左旋要标注“LH”。 ③螺纹公差带只注中径公差带（内螺纹用大写字母，外螺纹用小写字母）
非螺纹密封的管螺纹	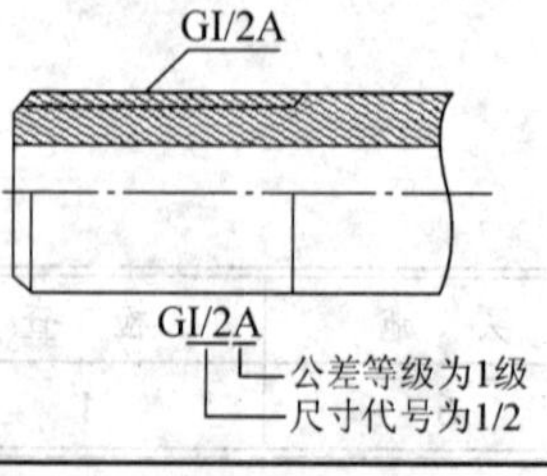	①不注螺距。 ②右旋省略不注，左旋要标注。 ③“G”右边数字为管螺纹尺寸代号，是指管子内径（通径）的大小，其单位为英寸，不是螺纹大径，画图时，大小应根据尺寸代号查出具体数值。 ④非螺纹密封的管螺纹，其外螺纹有 A 级和 B 级，内螺纹只有一个公差等级，不必标出

3. 螺纹的五要素

(1)牙型。

在通过螺纹轴线的剖面上,螺纹的轮廓形状称为牙型。相邻两牙侧面间的夹角称为牙型。常用普通螺纹的牙型为三角形,牙型角为60°。

(2)大径、小径和中径。

大径是指和外螺纹的牙顶、内螺纹的牙底相重合的假想柱面或锥面的直径,外螺纹的大径用 d 表示,内螺纹的大径用 D 表示。小径是指和外螺纹的牙底、内螺纹的牙顶相重合的假想柱面或锥面的直径,外螺纹的小径用 d_1 表示,内螺纹的小径用 D_1 表示。在大径和小径之间,设想有一柱面(或锥面),在其轴剖面内,素线上的牙宽和槽宽相等,则该假想柱面的直径称为中径,用 d_2(或 D_2)表示,螺纹大径为公称直径,小径为:$d = D - 0.6495\ P \times 2$,其中 $0.6495\ P$ 为牙高,转换公式为 $P = 25.4/$牙数。

(3)线数。

形成螺纹的螺纹旋线的条数称为线数。线数有单线和多线螺纹之分,多线螺纹在垂直于轴线的剖面内是均匀分布。

(4)导程。

相邻两牙在中径线上对应两点轴向的距离称为螺距。同一条螺旋线上,相邻两牙在中径线上对应两点轴向的距离称为导程。线数 n、螺距 P、导程 S 之间的关系为 S = nP,如图 3-2 所示。

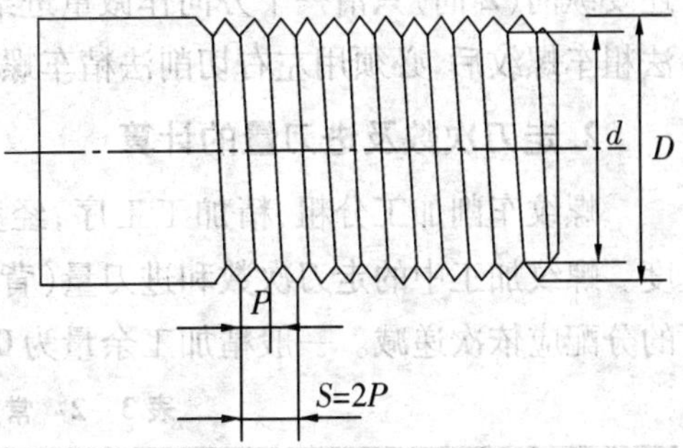

图 3-2 螺纹的要素

(5)旋向。

沿轴线方向看,顺时针方向旋转的螺纹称为右旋螺纹,逆时针旋转的螺纹称为左旋螺纹。

螺纹的牙型,大径、小径及中径,线数,导程和旋向称为螺纹五要素,只有五要素相同的内、外螺纹才能互相旋合。

二、螺纹加工工艺

1. 螺纹车削的加工方法

螺纹数控车削加工的常用方法有 3 种,如图 3-3 所示。

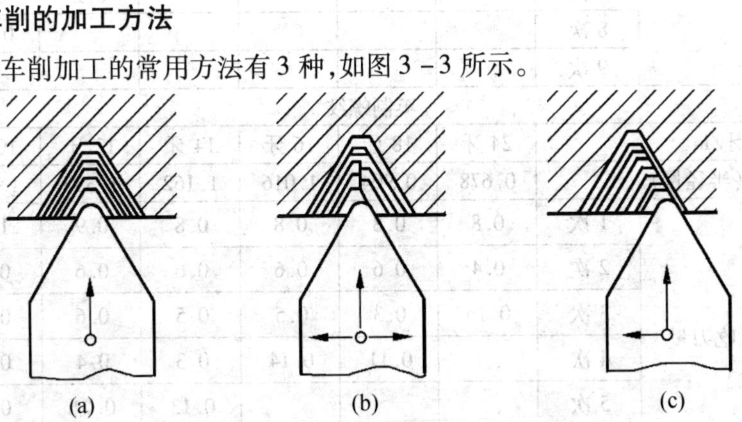

图 3-3 螺纹车削的加工方法

(a)直进法;(b)左右切削法;(c)斜进法

(1)直进法。

直进法车螺纹可以得到比较准确的牙型,如图3-3(a)所示,但是车刀刀尖全部参加切削,切削力较大,而且排屑困难,因此在切削时,两侧切削刃容易磨损,螺纹不易车光,并且容易产生“扎刀”现象。

(2)左右切削法。

在每次螺纹切削往复行程后,车刀除了沿横向(X向)进给外,还要纵向(Z向)作微量左、右两个方向进给(借刀),这样反复多次切削行程,完成螺纹加工,这种方法称为左右切削法,如图3-3(b)所示。左右切削法精车螺纹可以使螺纹的两侧都获得较小的表面粗糙度。

(3)斜进法。

在粗车螺纹时,为了操作方便,在每次切削往复行程后,车刀除了沿横向(X向)进给外,还要纵向(Z向)只沿一个方向作微量进给,这种方法称为斜进法,如图3-3(c)所示。斜进法粗车螺纹后,必须用左右切削法精车螺纹才能使螺纹的两侧都获得较小的表面粗糙度。

2. 走刀次数及进刀量的计算

螺纹车削加工分粗、精加工工序,经多次重复切削完成,可以减小切削力,保证螺纹精度。螺纹加工中的走刀次数和进刀量(背吃刀量)会直接影响螺纹的加工质量,每次切削量的分配应依次递减。一般精加工余量为0.05~0.1 mm,见表3-2。

表3-2　常用螺纹进给次数与背吃刀量　(单位:mm)

米制螺纹								
螺　距		1.0	1.5	2	2.5	3	3.5	4
牙深(半径量)		0.649	0.974	1.299	1.624	1.949	2.273	2.598
切削次数及吃刀量(直径量)	1次	0.7	0.8	0.9	1.0	1.2	1.5	1.5
	2次	0.4	0.6	0.6	0.7	0.7	0.7	0.8
	3次	0.2	0.4	0.6	0.6	0.6	0.6	0.6
	4次		0.16	0.4	0.4	0.4	0.6	0.6
	5次			0.1	0.4	0.4	0.4	0.4
	6次				0.15	0.4	0.4	0.4
	7次					0.2	0.2	0.4
	8次						0.15	0.3
	9次							0.2
英制螺纹								
牙/in		24牙	18牙	16牙	14牙	12牙	10牙	8牙
牙深(半径量)		0.678	0.904	1.016	1.162	1.355	1.626	2.033
切削次数及背吃刀量(直径量)	1次	0.8	0.8	0.8	0.8	0.9	1.0	1.2
	2次	0.4	0.6	0.6	0.6	0.6	0.7	0.7
	3次	0.16	0.3	0.5	0.5	0.6	0.6	0.6
	4次		0.11	0.14	0.3	0.4	0.4	0.5
	5次				0.13	0.21	0.4	0.5
	6次						0.16	0.4
	7次							0.17

3. 螺纹车削前顶径的计算

普通螺纹各基本尺寸：

(1)螺纹大径　$d = D$(螺纹大径的基本尺寸与公称直径相同)；

(2)螺纹中径　$d_2 = D_2 = d - 0.6495P$；

(3)螺纹小径　$d_1 = D_1 = d - 1.0825P$；

(4)螺纹牙深　$a_p \approx 1.3P$。

式中，P 为螺纹的螺距。

4. 螺纹切削起始位置的确定

在一个螺纹的整个切削过程中，螺纹起点的 Z 坐标值应始终设定为一个固定值，否则会使螺纹“乱扣”。根据螺纹成线原理，螺纹切削起始位置决定了螺纹在螺纹母体上的位置。而螺纹切削起始位置由两个因素决定：一是螺纹轴向起始位置；二是螺纹圆周起始位置。

(1)单线螺纹。

当单线螺纹分层切削时，要保证刀具每次都切削在这同一条螺纹线上，就要保证刀具的轴向和圆周起始位置都是固定的，即轴向上，每次切削时的起始点 Z 坐标都应当是同一个坐标值。

(2)多线螺纹。

多线螺纹的分线方法有两种：一是轴向分线法；二是圆周分度分线法。

轴向分线法是在数控车床上车削多线螺纹常用的方法。它是通过改变螺纹切削刀具起始点 Z 坐标来确定各线螺纹的位置，如图 3-4 所示。

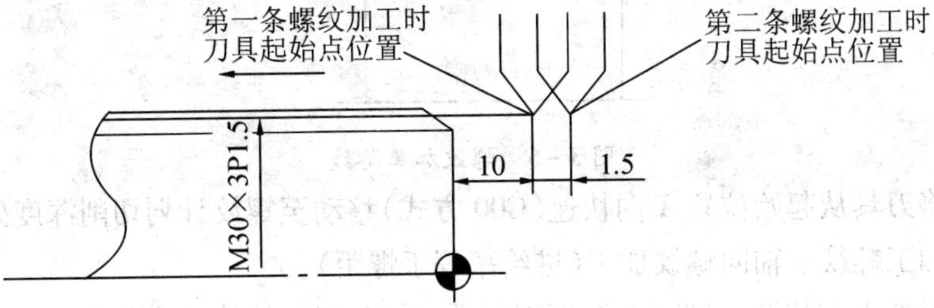

图 3-4　多线螺纹加工路线示意图

螺纹常见的加工方法有：滚丝或螺纹成型、攻丝、铣削螺纹、车削螺纹等，如图 3-5 所示为车削螺纹加工。

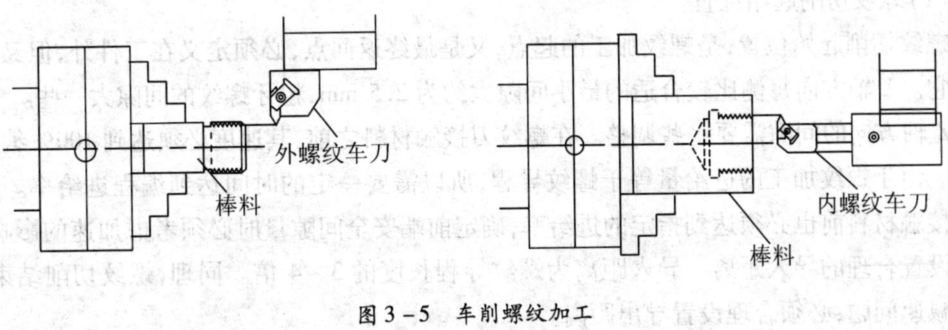

图 3-5　车削螺纹加工

数控编程加工最多的是普通螺纹，螺纹牙型为三角形，牙型角为60°，普通螺纹分粗牙普通螺纹和细牙普通螺纹。粗牙普通螺纹的螺距是标准螺距,其代号用字母"M"及公称直径表示,如M16,M12等。细牙普通螺纹代号用字母"M"及公称直径×螺距表示,如M24×1.5,M27×2等。

5. 螺纹加工刀具

普通螺纹加工刀具刀尖角通常为60°,螺纹车刀刀片的形状跟螺纹牙型一样,螺纹刀不仅用于切削,而且可以使螺纹成型。

机夹式螺纹车刀如图3-5所示,分为外螺纹车刀和内螺纹车刀两种。可转位螺纹车刀是弱支撑,刚度与强度均较差。

装夹外螺纹车刀时,刀尖应与主轴轴线等高(可根据尾座顶尖高度检查)。车刀刀尖角的对称中心线必须与工件轴线垂直,装刀时可用样板来对刀。

6. 螺纹加工过程

一个螺纹的车削需要多次切削加工而成,每次切削逐渐增加螺纹深度,否则,刀具寿命也比预期的短得多。为实现多次切削的目的,机床主轴必须恒定转速旋转,且与进给运动保持同步,保证每次刀具切削开始位置相同,保证每次切削深度都在螺纹圆柱的同一位置上,最后一次走刀加工出适当的螺纹尺寸、形状、表面质量和公差,并得到合格的螺纹。

如图3-6所示,编程中,每次螺纹加工走刀至少有4次基本运动(直螺纹)。

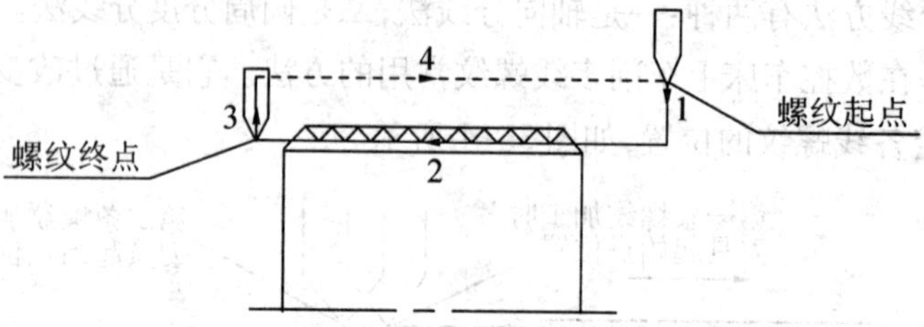

图3-6 螺纹加工路线

运动1:将刀具从起始位置 *X* 向快速(G00方式)移动至螺纹计划切削深度处。

运动2:加工螺纹—轴向螺纹加工(进给率等于螺距)。

运动3:刀具 *X* 向快速(G00方式)退刀至螺纹加工区域外的 *X* 向位置。

运动4:快速(G00方式)返回至起始位置。

7. 螺纹加工工艺注意事项

(1)螺纹切削起始位置。

螺纹切削起始位置,是螺纹加工的起点,又是最终返回点,必须定义在工件外,但又必须靠近它。*X* 轴方向每侧比较合适的最小间隙大约为2.5 mm,粗牙螺纹的间隙大一些。

Z 轴方向的间隙需要一些调整。在螺纹刀接触材料之前,其速度必须达到100%编程进给率。由于螺纹加工的进给量等于螺纹导程,所以需要一定的时间达到编程进给率。螺纹刀在接触材料前也必须达到指定的进给率,确定前端安全间隙量时必须考虑加速的影响,故必须设置合理的导入距离。导入距离为螺纹导程长度的3~4倍。同理,螺纹切削结束前,存在减速问题,必须合理设置导出距离。

在某些情况下,由于没有足够空间而必须减小 *Z* 轴间隙,唯一的补救办法就是降低主轴转速(r/min),但不要降低进给率。

(2)从螺纹退刀。

为了避免损坏螺纹,刀具沿 Z 轴运动到螺纹末端时,必须立即离开工件,退刀运动有两种形式——沿一根轴方向直线离开(通常沿 X 轴),或沿两根轴方向斜线离开(沿 XZ 轴同时运动),如图 3-7 所示。

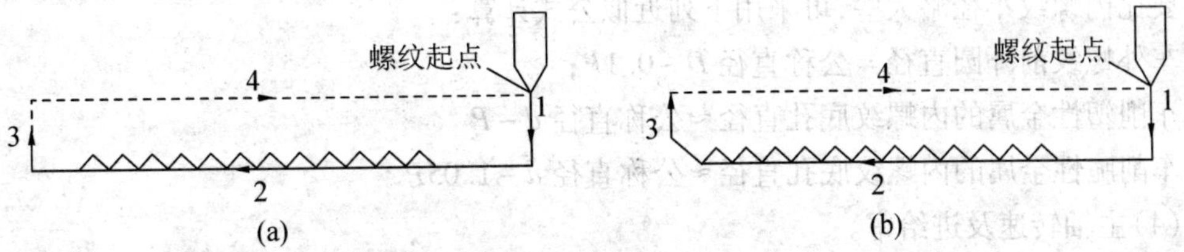

图 3-7 螺纹退刀方式

(a)直线退出;(b)斜线退出

1)刀具在比较开阔的地方结束加工,例如退刀槽或凹槽,那么可以使用直线退出,车螺纹 Z 向终点位置一般选在退刀槽的中点,使用快速运动 G00 指令编写直线退出动作,如:

N63 G32 Z-20 F2; 螺纹加工程序

N64 G00 X50;

2)刀具结束加工的地方并不开阔,最好选择斜线退出,斜线退出运动可以加工出更高质量的螺纹,也能延长螺纹刀片的使用寿命。斜线退出时,螺纹加工 G 代码和进给率必须有效。退出的长度通常为导程,推荐使用的角度为 45°,退出程序如下:

……

N63 G32 Z-20 F2; 螺纹加工程序

N64 U4 W2; 斜线退出,螺纹加工状态

N65 G00 X50; 快速退出

(3)螺纹加工直径和深度。

由于螺纹不能一次切削加工出所需深度,所以总深度必须分成一系列可操控的深度,每次的深度取值,不仅要考虑螺纹直径,还要考虑加工条件,刀具类型、材料以及安装的总体刚度。

在螺纹加工中,随着切削深度的增加,刀片上的切削载荷越来越大。对螺纹、刀具或两者的损坏可以通过保持刀片上的恒定切削载荷来避免。要保持恒定切削载荷,一种方法是逐渐减少螺纹加工深度。

每次切削深度的计算并不需要复杂的公式,但需要常识和经验。螺纹加工循环在控制系统中建立了自动计算切削深度的算法,手动计算的逻辑是一样的。有关螺纹加工的一些数值可由下面列出经验计算方法得到:

外螺纹小径=外圆直径-2×牙高;

螺纹牙高 $=0.61343P\approx0.6P$

走刀次数 $=2.8P+4$;

$$\text{最大切深}=\frac{\text{牙高}}{\sqrt{\text{走刀次数}}}$$

$$最小切深 = \frac{最大切深}{\sqrt{走刀次数}}$$

式中,P 为螺纹导程,单线螺纹导程与螺距相同。

车三角形外螺纹时,由于受车刀挤压会使螺纹大径尺寸胀大,所以车螺纹前大径一般应车得比基本尺寸小约 $0.1P$。车削三角形内螺纹时,内孔直径会缩小,所以车削内螺纹前的孔径要比内螺纹小径略大些,可采用下列近似公式计算:

车外螺纹前外圆直径 = 公称直径 $D-0.1P$;

车削塑性金属的内螺纹底孔直径 ≈ 公称直径 $d-P$

车削脆性金属的内螺纹底孔直径 ≈ 公称直径 $d-1.05P$

(4)主轴转速及进给率。

螺纹加工时以特定的进给量切削,进给量与螺纹导程相同,数控车床在螺纹加工模式下控制主轴转速与螺纹加工进给同步运行。螺纹加工是典型高进给率加工,如加工导程为 3 mm的螺纹,进给量则是 3 mm/r。

螺纹加工的主轴转速直接使用恒定转速(r/min)编程,而绝不是恒线速度,这就意味着准备功能 G97 必须与地址字 S 一起使用来指定每分钟旋转次数,例如“G97 S500 M03”,表示主轴转速为 500 r/min。那么如果加工导程为 3 mm 的螺纹,其进给速度为

$$F = 500\ \text{r/min} \times 3\ \text{mm/r} = 1\ 500\ \text{mm/min}$$

为保证正确加工螺纹,在螺纹切削过程中,主轴速度倍率功能失效,进给速度倍率无效。

8. 螺纹的测量

(1)用螺纹量规综合测量。

螺纹量规有螺纹环规和塞规两种,如图 3-8 所示。

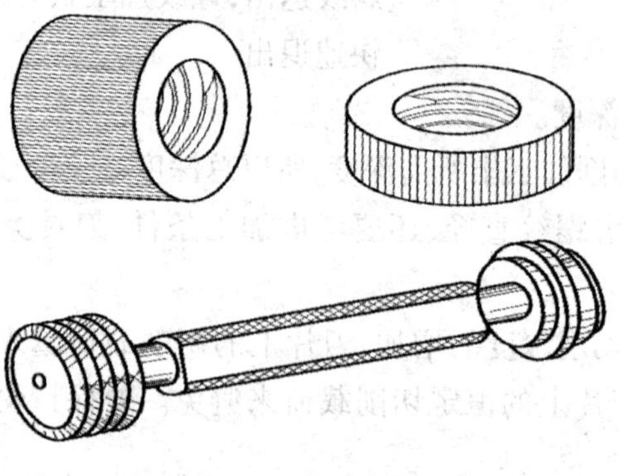

图 3-8 螺纹环规和塞规

螺纹环规用来测量外螺纹的综合尺寸精度;螺纹塞规用来测量内螺纹的综合尺寸精度。

(2)用螺纹千分尺测量螺纹中径。

螺纹千分尺有一套可换测头,每一对测头用来测量一定螺距范围的螺纹。测量步骤如下:

1)根据被测螺纹的螺距,选取一对测量头。

2)装上测量头并校准千分尺的零位。

3)将被测螺纹放入两测量头之间,找正中径部位。

4)分别在同一截面相互垂直的两个方向上测量中径,取它们的平均值作为螺纹的实际中径。

螺纹千分尺适用于精度较低的螺纹工件测量。

(3)用三针测量法测量螺纹中径。

三针测量法是测量外螺纹中径的一种比较精密的测量方法。测量时,将3根直径相等的量针放在螺纹相对应的螺旋槽中,用千分尺量出两边量针顶点之间的距离M,用螺纹千分尺测量螺纹中径,如图3-9所示。

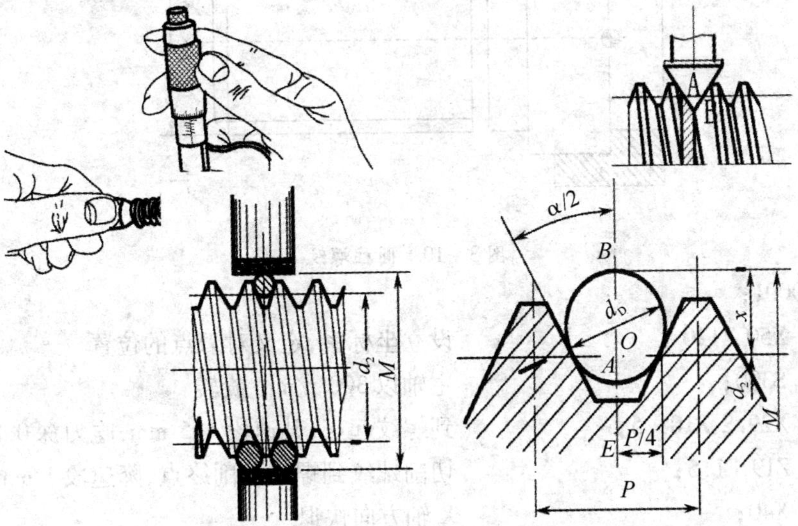

图3-9 三针测量法

三针测量普通三角螺纹中径的简化公式为

$$M = d_2 + 3d_D - 0.866P$$

式中 M——三针测量时千分尺测量值,mm;

d_2——螺纹中径,mm;

d_D——量针直径,mm;

P——螺纹螺距,mm。

三、指令介绍

1.单一螺纹切削指令(G32)

(1)格式。

G32$X(U)$_$Z(W)$_F_;

指令中的$X(U)$,$Z(W)$为螺纹终点坐标,F为螺纹导程。使用G32指令前需确定的各参数意义如下:

L:螺纹导程,当加工锥螺纹时,取X方向和Z方向中螺纹导程较大者;

α:锥螺纹锥角,如果α为零,则为直螺纹;

$\delta 1$,$\delta 2$:切入量与切除量。一般$\delta_1 = 2 \sim 5$ mm,$\delta_2 = (1/4 \sim 1/2)\delta_1$。

(2)功能。

该指令用于车削等螺距圆柱螺纹、圆锥螺纹。

例题 3.1,根据如图 3-10 所示,完成圆柱螺纹加工编程。其中螺纹导程为 1.5 mm, δ =1.5 mm,δ' =1 mm,每次吃刀量(直径值)分别为 0.8 mm,0.6 mm,0.4 mm,0.16 mm。

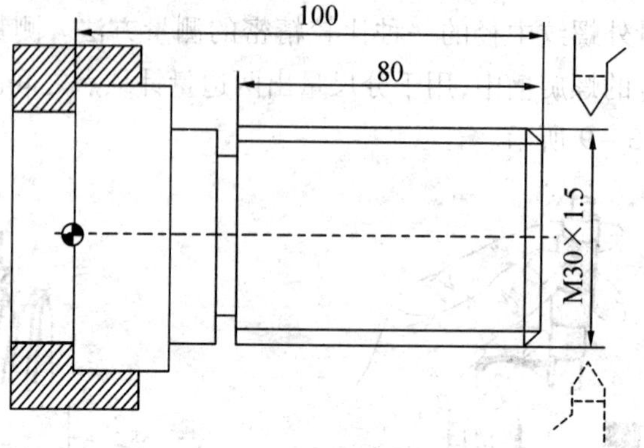

图 3-10 圆柱螺纹

程序 O0001;

N1 G50 X50 Z120 ;	设立坐标系,定义对刀点的位置
N2 M03 S300;	主轴以 300 r/min 旋转
N3 G00 X29.2 Z101.5;	到螺纹起点,升速段 1.5 mm,吃刀深 0.8 mm
N4 G32 Z19 F1.5;	切削螺纹到螺纹切削终点,降速段 1 mm
N5 G00 X40;	X 轴方向快退
N6 Z101.5;	Z 轴方向快退到螺纹起点处
N7 X28.6;	X 轴方向快进到螺纹起点处,吃刀深 0.6 mm
N8 G32 Z19 F1.5;	切削螺纹到螺纹切削终点
N9 G00 X40;	X 轴方向快退
N10 Z101.5;	Z 轴方向快退到螺纹起点处
N11 X28.2;	X 轴方向快进到螺纹起点处,吃刀深 0.4 mm
N12 G32 Z19 F1.5;	切削螺纹到螺纹切削终点
N13 G00 X40;	X 轴方向快退
N14 Z101.5;	Z 轴方向快退到螺纹起点处
N15 U-11.96;	X 轴方向快进到螺纹起点处,吃刀深 0.16 mm
N16 G32 W-82.5 F1.5;	切削螺纹到螺纹切削终点
N17 G00 X40;	X 轴方向快退
N18 X50 Z120;	回对刀点
N19 M05;	主轴停
N20 M30;	主程序结束并复位

2. 变导程螺纹指令(G33)

(1)格式。

G33 *X*(*U*)_*Z*(*W*)_*F*_;

(2)功能。

该指令用于车削变螺距圆柱螺纹、圆锥螺纹。

3. 螺纹切削循环指令(G92)

(1)格式。

G92 X(U)__Z(W)__R__F__;

(2)功能。

简单螺纹循环,该指令可以切削锥螺纹和圆柱螺纹,其循环路线与单一形状固定循环基本相同,只是 F 后续进给量改为螺距值。

如图 3-11 所示为螺纹切削循环图。图中虚线表示刀具快速移动,实线表示按 F 指定的工作速度移动。X,Z 为螺纹终点(C 点)的坐标值;U,W 为起点坐标到终点坐标的增量值;R 为锥螺纹起点半径与终点半径的差值,R 值正负判断方法与 G90 相同,圆柱螺纹 R=0 时,可以省略;F 为螺距值,螺纹切削退刀角度为 45°。

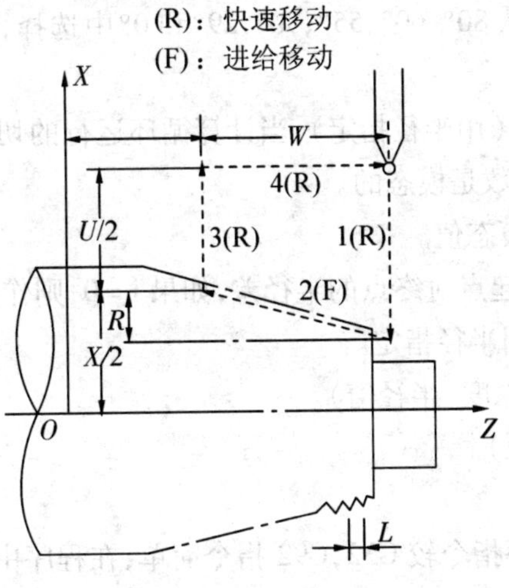

图3-11 螺纹切削刀具轨迹循环示意图

例题 3.2,加工如图 3-12 所示的螺纹。

程序:

N01 G50 X50.0 Z70.0;	设置工件原点在左端面
N02 S514 T0202 M08 M03;	指定主轴转速 514 r/min,调整螺纹车刀
N03 G00 X12.0 Z72.0;	快速走到螺纹车削始点(12.0,72.0)
N04 G92 X41.0 Z29.0 R29.0 F3.5;	螺纹车削
N05 X39	
N06 G30 U20 W20 M09;	回参考点
N07 M30;	程序结束

4. 复合螺纹切削循环指令(G76)

(1)格式。

G76 $P(m)(r)(a)$ $Q(\Delta d\text{min})$ $R(d)$;

G76 $X(U)$ $Z(W)$ $R(i)$ $P(k)$ $Q(\Delta d)$ $F(f)$;

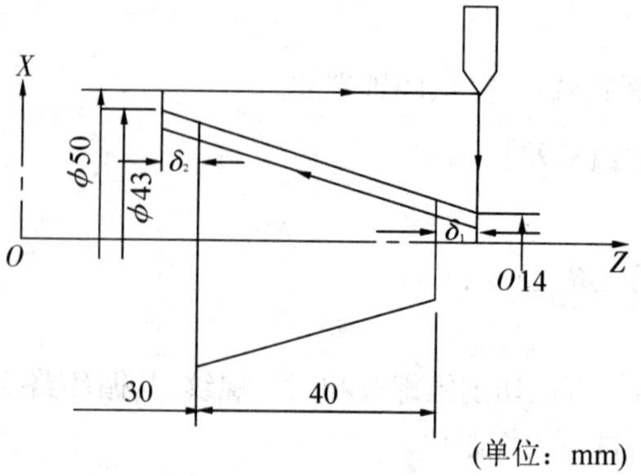

图 3－12 螺纹加工实例

式中 m——精加工重复次数(1～99)，该参数为模态量。

r——螺纹尾端倒角值，该值的大小可设置在 0.0 L～9.9 L 之间，系数应为 0.1 的整数倍，用 00～99 之间的两位整数来表示，其中 L 为螺距，该参数为模态量。

a——刀具角度，可从 80°，60°，55°，30°，29°和 0°中选择，用两位整数来表示，该参数为模态量。

Δdmin——最小切深(用半径指定)，当计算循环运行的切削深度小于此值时，切削深度固定在此值，该参数是模态的。

d——精加工余量，模态值。

i——加工螺纹轨迹起点对终点的半径差，如果 i＝0，则作直螺纹切削。

k——螺纹牙的高，用半径指定。

Δd——第一次切削深度(半径值)。

f——螺纹导程(螺距)。

(2)功能。

G76 螺纹切削多次循环指令较 G32，G92 指令简单，在程序中只需指定一次有关参数，则螺纹加工过程自动进行，指令执行过程如图 3－13 所示。

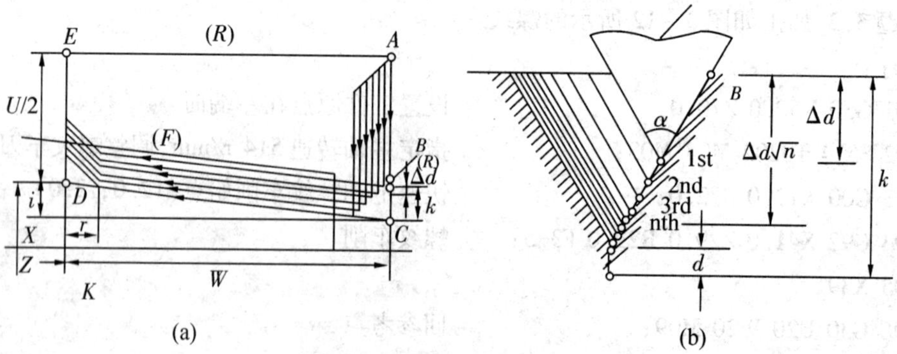

图 3－13 G76 螺纹切削路线图

G76 螺纹切削指令的格式需要同时用两条指令来定义。

例题 3.3，加工螺纹零件，如图 3－14 所示。

程序：

O0005；

```
N1 G50 X100.0 Z150.0;
N2 T0101;
N3 M03 S400;
N4 G00 X75.0 Z130.0;
N5 G76 P011060 Q100 R200;
N6 G76 X60.640 Z25.000 P3680 Q1800 F6.0;
N7 G00 X100.0 Z150.0 T0100;
N9 M30;
```

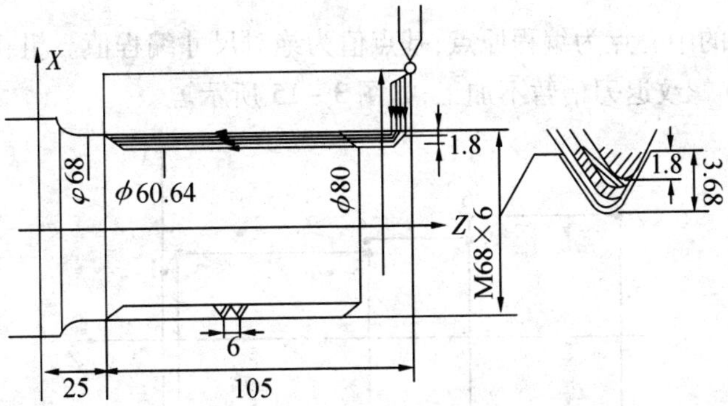

图 3－14 螺纹零件

任务实施

加工如图 3－1 所示工件，毛坯 ϕ25 mm 棒料，材料 45#钢，确定加工工艺并编写加工程序。

一、工艺分析

1. 加工内容

从图纸上看，零件不需要热处理，主要加工表面为工件的外径各部。

2. 选定毛坯

从图纸上分析零件的最大直径、总长、留有足够加工余量等，选用 ϕ25 mm×300 mm 的棒料。

3. 确定各表面加工

根据零件形状及加工精度要求，零件以一次装夹所能进行的加工作为一道工序，分粗、精两个工步完成全部轮廓加工。

4. 装夹定位

用三爪自定心卡盘装夹定位，零件经一次装夹加工，就能完成加工工序。

5. 选用刀具

T01 外圆车刀；T02 外切槽刀（刀宽 4 mm）；T03 外螺纹车刀。

6. 加工顺序

(1)T01 外圆车刀粗、精加工全部外轮廓;

(2)T02 外切槽刀切 $\phi13$ mm×4 mm 螺纹退刀槽;

(3)T03 外螺纹车刀车 M16 螺纹;

(4)T02 外切槽刀切断工件。

二、确定工件坐标系与基点坐标的计算

1. 确定编程原点

以工件右端面的中心点为编程原点,基点值为绝对尺寸编程值。粗、精加工全部外轮廓时,$\phi13$ mm×4 mm 螺纹退刀槽暂不加工,如图 3-15 所示。

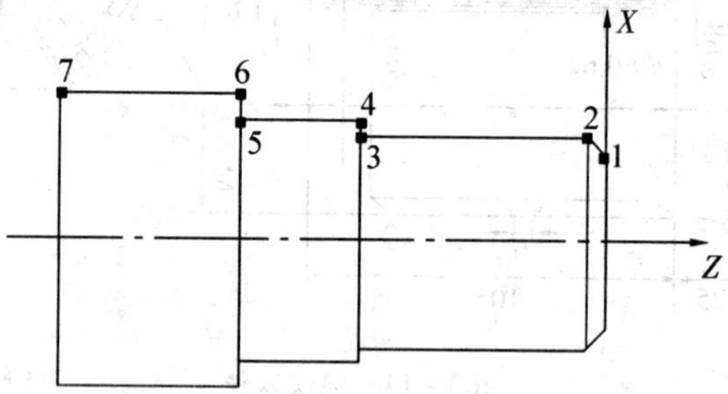

图 3-15　圆柱工件

2. 参数计算

车外螺纹时,因为受车刀挤压会使螺纹大径尺寸胀大,所以车螺纹前大径应比基本尺寸小 0.2~0.4 mm(约 0.13P),螺纹加工完成后牙顶处有 0.125P 的宽度(P 为螺距),可采用下列近似公式计算,计算基点参考表 3-3。

$$D_{底}=D_{小}\approx d-1.3P$$

$$D_{顶}=D_{大}\approx d-(0.2\sim0.4)$$

式中 $D_{底}$——螺纹底径;

$D_{顶}$——螺纹顶径;

d——螺纹公称直径;

P——螺距。

表 3-3　外螺纹零件编程实例的基点计算值

基　点	1	2	3	4	5	6	7
X 坐标值	12.7	15.7	15.7	18	18	22	22
Z 坐标值	0	-1.5	-20	-20	-30	-30	-45

3. 确定加工所用各种工艺参数

粗车时每次背吃刀量取 1.5~2 mm,主轴转速为 800 r/min,进给量为 0.15~0.2 mm/r,给出径向精车余量为 0.5~1 mm。精车时,主轴转速为 1 500 r/min,进给量为 0.05~0.1 mm/r。切断工件和切螺纹退刀槽时主轴转速为 300 r/min,进给量为

0.05 ~0.1 mm/r。车削 M16 外螺纹时,主轴转速为 500 r/min, 进给量为 2 mm/r(M16 普通粗牙螺纹,螺距为2 mm)。

4. 程序

```
O0001                        主程序名
G97 G99 G21 G40;             程序初始化
G00 G28 U0 W0;               快速定位至换刀参考点(机械零点)
T0101;                       换 1 号外圆车刀,选择 1 号刀补
S800 M03;                    主轴正转,800 r/min
G00 X100. Z100. M08;         刀具到目测安全位置
X26. Z2.;                    切削循环起始点,毛坯直径为 φ 25 mm
G71 U1.5 R1.;                毛坯切削循环
G71 P10 Q20 U0.5 W0 F0.15;
N10 G00 X12.7;
    G01 Z0;                  精加工轮廓描述(精加工路径,φ13 mm ×4 mm 螺纹退刀
                             槽暂不加工)
    X15.7 Z-1.5;
    Z-20.;
    X18.;                    精加工外轮廓
    Z-30.;
    X22.;
N20 Z-50.;
G70 P10 Q20 S1500 F0.08;
G00 X100. Z100.;
T0202 S300;                  换外切槽刀
X20. Z-20.;                  刀具定位,刀宽 4 mm
G01 X13. F0.05;              切螺纹退刀槽
G00X100.;
Z100.;
T0303 S500;                  换外螺纹刀,车螺纹时只能采用 G97 恒转速编程,而不能
X30. Z4.;                    使用 G96 恒速度编程。
G92 X15. Z-18. F2.;          刀具定位
X14.5;
X14.2;                       车 M16 外螺纹
X13.9;
X13.7;
X13.5;
X13.4;
```

G00 X100. Z100.;	
T0202 S300;	
X30. Z-49.;	换外切槽刀
G01 X0 F0.05	刀具定位,刀宽 4 mm
G00 X100.;	
Z100.;	
M05 M09;	
M30;	

5. 实际加工

(1)启动车床,回参考点(先 X 方向回零,再 Z 方向回零);

(2)加工程序输入模拟、调试;

(3)刀具准备,包括刀具的选择,刀具刃磨,刀具安装;

(4)工件的装夹定位,工件外露≥55 mm 左右;

(5)刀具长度补偿、半径补偿输入;

(6)试运行,空走刀或者单段运行;

(7)试切,调整刀补,检验工件;

(8)自动加工,检验工件。

请沿此线剪下 请沿此线剪下 请沿此线剪下

资讯单

学习领域	数控机床的编程与操作		
学习情境三	螺纹轴零件的数控车削加工	学　时	16
资讯方式	学生分组查询资料,找出问题的答案		
资讯问题	1. 常见的螺纹种类有哪些,试分别予以介绍。 2. 什么是螺距?什么是导程?他们之间有什么样的关系? 3. 螺纹大径、小径的计算公式是怎样的? 4. 螺纹加工时应注意哪些工艺问题? 5. 螺纹标记及基本牙型是怎样的? 6. 车削螺纹的进刀方式有哪些? 7. 螺纹车刀该如何装夹? 8. 请默写出 G32,G92 的指令格式。 9. 对于螺纹的测量有哪些方式? 10. 使用螺纹复合循环指令时应该注意哪些事项? 11. G76 指令的编程格式是怎样的?并分别解释其中的每一个参数量。 12. 直螺纹与锥螺纹加工的不同有哪些? 13. 对内螺纹加工时,注意事项有哪些?		
资讯引导	以上资讯问题请查阅以下书籍: 《数控机床的编程与操作》,主编:杨清德,中国邮电出版社。 《数控车削技术》,主编:孙梅,清华大学出版社。 《数控车削工艺与编程操作》,主编:唐萍,机械工业出版社。		

请沿此线剪下

请沿此线剪下

请沿此线剪下

决策单

<table>
<tr><td>学习领域</td><td colspan="7">数控机床的编程与操作</td></tr>
<tr><td>学习情境三</td><td colspan="4">螺纹轴零件的数控车削加工</td><td>学　时</td><td colspan="2">16</td></tr>
<tr><td colspan="8">方案讨论</td></tr>
<tr><td rowspan="6">方案对比</td><td>组号</td><td>工作流程的正确性</td><td>知识运用的科学性</td><td>内容的完整性</td><td>方案的可行性</td><td>人员安排的合理性</td><td>综合评价</td></tr>
<tr><td>1</td><td></td><td></td><td></td><td></td><td></td><td></td></tr>
<tr><td>2</td><td></td><td></td><td></td><td></td><td></td><td></td></tr>
<tr><td>3</td><td></td><td></td><td></td><td></td><td></td><td></td></tr>
<tr><td>4</td><td></td><td></td><td></td><td></td><td></td><td></td></tr>
<tr><td>5</td><td></td><td></td><td></td><td></td><td></td><td></td></tr>
<tr><td>方案评价</td><td colspan="7">评语：</td></tr>
<tr><td>班级</td><td></td><td>组长签字</td><td></td><td>教师签字</td><td></td><td colspan="2">月　　日</td></tr>
</table>

计划单

<table>
<tr><td>学习领域</td><td colspan="6">数控机床的编程与操作</td></tr>
<tr><td>学习情境三</td><td colspan="3">螺纹轴零件的数控车削加工</td><td>学　时</td><td colspan="2">16</td></tr>
<tr><td>计划方式</td><td colspan="6">分组讨论，制订各组的实施操作计划和方案</td></tr>
<tr><td>序　号</td><td colspan="4">实施步骤</td><td colspan="2">使用资源</td></tr>
<tr><td>1</td><td colspan="4"></td><td colspan="2"></td></tr>
<tr><td>2</td><td colspan="4"></td><td colspan="2"></td></tr>
<tr><td>3</td><td colspan="4"></td><td colspan="2"></td></tr>
<tr><td>4</td><td colspan="4"></td><td colspan="2"></td></tr>
<tr><td>5</td><td colspan="4"></td><td colspan="2"></td></tr>
<tr><td>制订计划
说明</td><td colspan="6"></td></tr>
<tr><td rowspan="3">计划评价</td><td>班　　级</td><td></td><td>第　组</td><td>组长签字</td><td colspan="2"></td></tr>
<tr><td>教师签字</td><td colspan="2"></td><td>日　　期</td><td colspan="2"></td></tr>
<tr><td colspan="6">评语：</td></tr>
</table>

请沿此线剪下

实施单

学习领域	数控机床的编程与操作		
学习情境三	螺纹轴零件的数控车削加工	学　时	16
实施方式	分组实施,按实际的实施情况填写此单		
序号	实施步骤	使用资源	
1			
2			
3			
4			
5			
6			
7			
8			
9			
10			
实施说明:			

班　　级		组长签字	
教师签字		日　　期	

请沿此线剪下

请沿此线剪下

请沿此线剪下

作业单

学习领域	数控机床的编程与操作				
学习情境三	螺纹轴零件的数控车削加工		学 时	16	
作业方式	课余时间独立完成				
1	螺纹都有哪几种形式?				
作业解答:					
2	默写 G92,G76 指令,并解释其中的各个参数。				
作业解答:					
作业评价	班 级		第 组	组长签字	
	学 号		姓 名		
	教师签字		教师评分	日 期	
	评语:				

请沿此线剪下

请沿此线剪下

请沿此线剪下

请沿此线剪下

请沿此线剪下

检查单

<table>
<tr><td>学习领域</td><td colspan="4">数控机床的编程与操作</td></tr>
<tr><td>学习情境三</td><td colspan="2">螺纹轴零件的数控车削加工</td><td>学 时</td><td>16</td></tr>
<tr><td>序号</td><td>检查项目</td><td>检查标准</td><td>学生自检</td><td>教师检查</td></tr>
<tr><td>1</td><td>目标认知</td><td>工作目标明确,工作计划具体结合实际,具有可操作性</td><td></td><td></td></tr>
<tr><td>2</td><td>理论知识</td><td>掌握数控车削的基本理论知识,会进行螺纹零件的编程</td><td></td><td></td></tr>
<tr><td>3</td><td>基本技能</td><td>能够运用知识进行完整的工艺设计、编程,并顺利完成加工任务</td><td></td><td></td></tr>
<tr><td>4</td><td>学习能力</td><td>能在教师的指导下自主学习,全面掌握数控加工的相关知识和技能</td><td></td><td></td></tr>
<tr><td>5</td><td>工作态度</td><td>在完成任务过程中的参与程度,积极主动地完成任务</td><td></td><td></td></tr>
<tr><td>6</td><td>团队合作</td><td>积极与他人合作,共同完成工作任务</td><td></td><td></td></tr>
<tr><td>7</td><td>工具运用</td><td>熟练利用资料单进行自学,利用网络进行查询</td><td></td><td></td></tr>
<tr><td>8</td><td>任务完成</td><td>保质保量,圆满完成工作任务</td><td></td><td></td></tr>
<tr><td>9</td><td>演示情况</td><td>能够按要求进行演示,效果好</td><td></td><td></td></tr>
<tr><td rowspan="3">检查评价</td><td>班 级</td><td></td><td>第 组</td><td>组长签字</td><td></td></tr>
<tr><td>教师签字</td><td colspan="2"></td><td>日 期</td><td></td></tr>
<tr><td colspan="5">评语:</td></tr>
</table>

请沿此线剪下

请沿此线剪下

请沿此线剪下

评价单

学习领域	数控机床的编程与操作				
学习情境二	螺纹轴零件的数控车削加工			学 时	16
评价类别	项目	子项目	个人评价	组内互评	教师评价
专业能力（60%）	资讯（10%）	搜集信息（5%）			
		引导问题回答（5%）			
	计划（10%）	计划可执行度（3%）			
		数控加工工艺的安排（4%）			
		数控加工方法的选择（3%）			
	实施（15%）	遵守安全操作规程（5%）			
		工艺编制（6%）			
		程序编制（2%）			
		所用时间（2%）			
	检查（10%）	工艺正确（5%）			
		程序正确（5%）			
	过程（5%）	输入程序（2%）			
		机床操作（2%）			
		安全规范（1%）			
	结果（10%）	加工出零件（10%）			
社会能力（20%）	团结协作（10%）	小组成员合作良好（5%）			
		对小组的贡献（5%）			
	敬业精神（10%）	学习纪律性（5%）			
		爱岗敬业、吃苦耐劳精神（5%）			
方法能力（20%）	计划能力（10%）	考虑全面、细致有序（10%）			
	决策能力（10%）	决策果断、选择合理（10%）			
检查评价	班 级	姓 名	学 号	教师签字	日 期

请沿此线剪下

请沿此线剪下

请沿此线剪下

教学反馈单

学习领域	数控机床的编程与操作			
学习情境三	螺纹轴零件的数控车削加工	学　时		16
序号	调查内容	是	否	理由陈述
1	你是否明确本学习情境的学习目标？			
2	你对螺纹加工刀具是否熟悉？			
3	资讯单中的问题，你都熟悉吗？			
4	你对本小组成员之间的合作是否满意？			
5	你是否完成本学习情境的任务？			

你的意见对改进教学非常重要，请写出你的建议和意见。

被调查人签名		调查时间	

知识拓展

一、螺纹车削编程实例

编写如图 3－16 所示工件的螺纹加工程序。

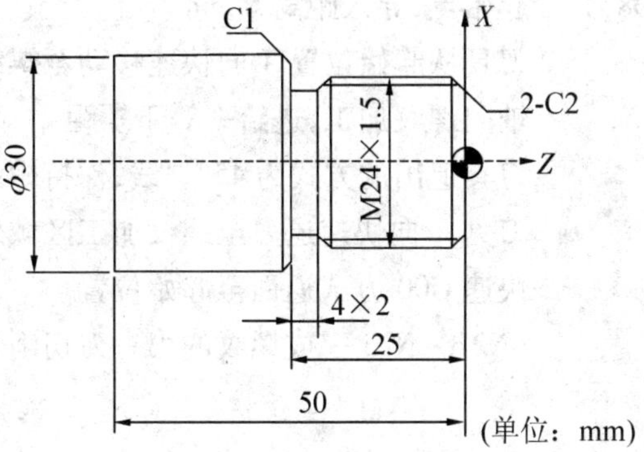

图 3－16　螺纹加工工件

1. 工艺分析

设计螺纹切削导入距离 6 mm；刀具退出的方式为 45°斜线，长度为导程 1.5 mm，如图 3－17(a)所示。

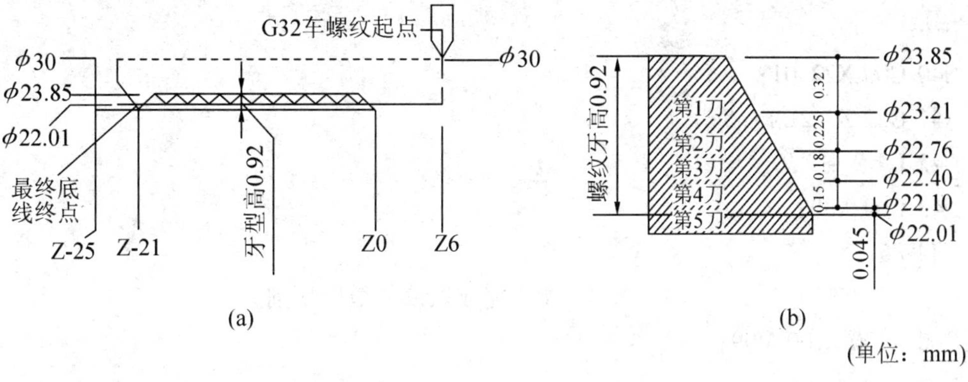

图 3－17　工件螺纹加工相关设计示例

车外螺纹前外圆直径＝公称直径 $D-0.1P=24-0.1\times1.5=23.85$

螺纹牙高＝$0.613\ 43P\approx0.613\ 43\times1.5\approx0.92$

外螺纹小径＝外圆直径－2×牙高＝$23.85-2\times0.92=22.01$

设计螺纹分 5 次切削加工出所需深度，第一刀切深 0.32 mm，然后，每刀逐渐减少螺纹加工深度，最后精加工切深 0.045 mm。分层切削的余量分配如图 3－17(b)所示。

拟定主轴转速使用恒定转速为 500 r/min，进给量则是导程为 1.5 mm/r。

2. 螺纹加工程序

编写螺纹加工程序 O0006：

```
O0006;
G21 G99;
……
T0404;                      调用第 4 号外螺纹刀具
G97S500 M03;
N20 G00 X30 Z6 M08;         起始点,导入距离 5 mm
N21 G00 X23.21;             刀具从起始位置 X 向快速移动至螺纹计划切削深度处
N22 G32 Z-21 F1.5;          轴向螺纹加工,进给率等于螺距
N23 U4 W-2;                 刀具退出的方式为 45°斜线,保持螺纹切削状态
N24 G00 X30;                刀具 X 向快速退刀至螺纹加工区域外的 X30 位置
N25 Z6;                     快速 G00 方式返回至起始位置
                            (N21~N25 完成螺纹的第一刀切削)
N26 G00 X22.76 ;
N27 G32 Z-21 F1.5 ;
N28 U4 W-2 ;
N29 G00 X30 ;
N30 Z6;
                            (N26~N30 完成螺纹的第二刀切削)
……
……
N40 G00 X22.01;
N41 G32 Z-21 F1.5;
N42 U4 W-2;
N43 G00 X30;
N44 Z6;
                            (N40~N44 完成螺纹的最后切削)
G00 X100 Z100 M09;
M05;
N41 M30;                    (程序结束)
```

二、螺纹切削单一固定循环

1. 单一循环螺纹加工指令(G92)

由程序 O0006 可见,用 G32 编写螺纹多次分层切削程序比较烦琐,每一层切削要 5 个程序段,多次分层切削程序中包含大量重复的信息。FANUC 系统可用 G92 指令的一个程序段代替每一层螺纹切削的 5 个程序段,可避免重复信息的书写,方便编程。

G92 指令称作单一循环加工螺纹指令,G92 螺纹加工程序段在加工过程中,刀具运动轨迹如图 3-18 所示。

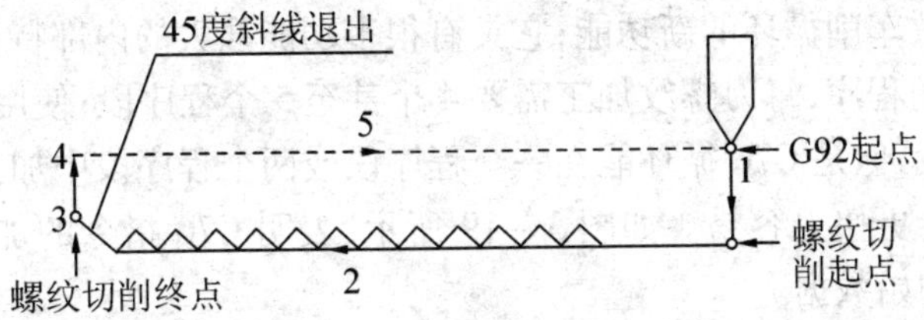

图 3-18 G92 螺纹切削路线

第一步：刀具沿 X 轴进刀至螺纹计划切削深度 X 坐标；第二步：沿 Z 轴切削螺纹；第三步：启动 45°倒角螺纹（斜线切出）；第四步：刀具沿 X 轴退刀至 X 初始坐标；第五步：沿 Z 轴退刀至 Z 初始坐标。

在 G92 程序段里，须给出每一层切削动作相关参数，确定螺纹刀的循环起点位置、螺纹切削的终止点位置。

2. 螺纹加工指令（G92）

（1）格式。

G92 *X*(*U*)　*Z*(*W*)　*F*　*R*

1）X(*U*)，*Z*(*W*)为螺纹切削终点处的坐标；

2）*F* 为螺纹导程的大小，如果是单线螺纹，则为螺距的大小；

3）45°斜线螺纹切出距离在 0.1～12.7 L 之间指定，指定单位为 0.1 L，可通过系统参数进行修改。（L 为导程）

4）*R* 为圆锥螺纹切削参数。*R* 值为零时，可省略不写，螺纹为圆柱螺纹。

（2）功能。

该指令可用于分多次进刀完成一个圆柱螺纹或圆锥螺纹的加工。

例题 3.4，螺纹加工程序 O0006 用 G92 编程可改写成程序 O0009。

```
O0009;
G21 G99;
T0404;                    调用第 4 号外螺纹刀具
G97 S500 M03;
N20 G00 X30 Z6 M08;       外螺纹刀具到达切削起始点，导入距离 6 mm
G92 X23.21 Z-23 F1.5;     完成第 1 层螺纹切削
X22.76;                   完成第 2 层螺纹切削
X22.40;                   完成第 3 层螺纹切削
X22.10;                   完成第 4 层螺纹切削
X22.01;                   完成螺纹的最后切削
G00 X100 Z100 M09;
M05;
N41 M30;                  程序结束
```

显然 G92 编程的程序 O0009 比 O0006 简洁。

3. 复合螺纹加工循环指令（G76）

数控机床发展的早期，G92 单一螺纹加工循环方便了螺纹编程。随着计算机技术的迅速发展，数控系统提供了更多重要的新功能，这些新功能进一步简化了程序编写。螺纹复合加工循环 G76 是螺纹车削循环的新功能，它具有很多功能强大的内部特征。

使用 G32 方法的程序，每刀螺纹加工需要 4 个甚至 5 个程序段；使用 G92 循环每刀螺纹加工需要一个程序段，但是 G76 循环能在一个程序段或两个程序段中加工任何单头螺纹，在车床上修改程序也会更快更容易。如图 3－19 所示，表明 G76 指令的加工动作。G76 螺纹加工循环需要输入初始数据。

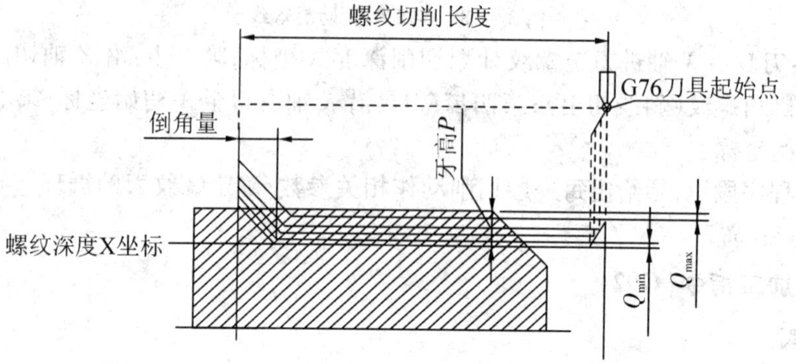

图 3－19　G76 螺纹切削路线及有关参数

螺纹切削终点 Z 坐标；螺纹切削起点 Z 坐标

Q_{max} 螺纹第一刀最大切深；Q_{min} 螺纹第一刀最小切深

（1）格式。

G76 $P(m\ r\ \alpha)$ Q（最小切深）R（精加工余量）；

G76 $X(U)$ $Z(W)$ P（牙高）Q（最大切深）R（锥螺纹参数）F（导程）；

FANUC 0i 复合螺纹加工循环指令 G76 格式分两个程序段，格式中各参数含义见表3－4。

表 3－4　G76 格式说明

第一程序段：G76　$P(m\ r\ \alpha)$　Q～　R～				
P～	(m)	精加工重复次数，为 1～99 的两位数		
	(r)	倒角量，当螺距为 L，从 0.0～99L 设定，单位为 0.1L，为 1～99 的两位数		
	(α)	刀尖角度，选择 80°，60°，55°，30°，29°，0°六种中的一种，由两位数规定。		
Q～		为最小切深（用半径值指定）。当切深小于此值时，切深停在此值		
R～		精加工余量（μm）		
第二程序段：G76　$X(U)$　$Z(W)$ R～ P～　Q～　F～				
$X(U)$　$Z(W)$		螺纹最后切削的终端位置的 X，Z 坐标，$X(U)$ 表示牙底深度位置		
Q～		第一刀切削深度，半径值，正值（μm）	P～	牙高，半径值，正值（μm）
R～		锥螺纹半径差；圆柱直螺纹切削省略。	F～	螺距正值

例题 3.5，螺纹加工程序 O0006 用 G76 编程可改写成程序 O0003。

O0003；

G21 G99；

T0404；　　　　　　　　　　　调用第 4 号外螺纹刀具

G97 S500 M03；

N20 G00 X30 Z6 M08；　　　　　外螺纹刀具到达切削起始点，导入距离 6 mm

N30 G76 P011060 Q100 R0.1;　　　　螺纹参数设定

N40 G76 X22.01 Z-23. P920 Q320 F1.5;

G00 X100 Z100 M09;

M05;

M30;　　　　　　　　　　　　　　程序结束

显然用 G76 编程的程序 O0003 比 O0006 和 O0009 简洁。

G76 程序段 N30,N40 说明:

(1)程序段"N30 G76 P011060 Q100 R0.1;"中:

P011060:表示精加工次数是一次;倒角量为一个导程;刀尖角度60°。

Q100:表示最小切深钳制在半径值 100 μm。

R0.1:表示精加工余量为 0.1mm。

(2)程序段"N40 G76 X22.01 Z-21. P920 Q320 F1.5;"中:

X22.01 Z-23.:表示牙底深度 X 值为 X22.01;螺纹切削 Z 终点为 Z-23.。

P920:表示牙高为半径值 920 μm。

Q320:表示第一刀切深为半径值 320 μm。

F1.5:表示螺距为 1.5 mm。

三、内螺纹切削编程示例

编写如图 3-20 所示工件的内螺纹加工程序。

1. 工艺设计

螺纹加工前的底孔直径≈公称直径 $d-P=30-2=28$

确定工件坐标系如图 3-20 所示,设计螺纹切削循环 G76 起点($X24,Z6$),选择 $X24$ 不仅保证刀具 X 向与实体的安全间隙,又避免螺纹刀退出时碰撞工件。$Z6$ 是螺纹切削导入距离为 6 mm。

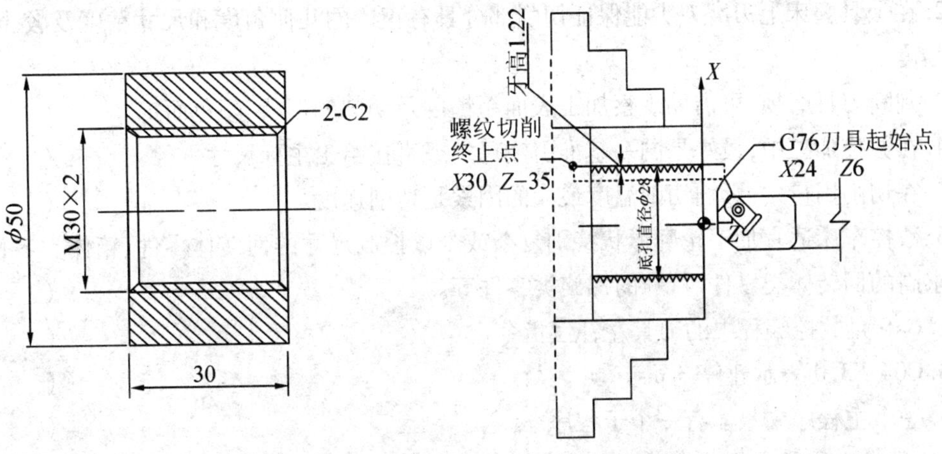

图 3-20　内螺纹示例工件及加工相关设计

设计螺纹最后一刀切削的终点(与起点相对形成矩形切削区域)坐标是($X30,Z-35$)。$X30$ 为内螺纹的牙底直径。$Z-35$ 保证刀具足够切出距离,又不至让刀具碰撞到夹具,如图 3-20 所示。

内螺纹的其他切削参数为

螺纹牙高 $=0.61343P\approx0.61343\times2\approx1.22$(mm)

走刀次数 $=2.8P+4\approx9$;

最大切深 $=\dfrac{\text{牙高}}{\sqrt{\text{走刀次数}}}$(mm)

拟定主轴转速使用恒定转速 400 r/min,进给量则是导程 2 mm/r。

2. 内螺纹加工程序

设螺纹底孔已经加工完毕,内螺纹加工程序 O0005 编制如下。

```
O0005;
G21 G99;
T0404;                          调用第 4 号外螺纹刀具
G97 S400 M03;
N20 G00 X24 Z6 M08;             外螺纹刀具到达切削起始点,导入距离 6 mm
N30 G76 P011060 Q130 R-0.1;     注意:内螺纹精加工余量取负值
N40 G76 X30 Z-35. P1220 Q400 F2;
G00 X100 Z100 M09;
M05;
M30;                            程序结束
```

思考与练习

一、判断题

1. 数控车床当启动电源后,最好进行机械回零操作。 (　　)

2. 在工具磨床上刃磨刀尖能保证切削部分具有正确的几何角度和尺寸精度及较小的表面粗糙度。 (　　)

3. 判断刀具磨损,可借助观察加工表面粗糙度及切削的形状、颜色而定。 (　　)

4. 在数控加工中,最好是同一基准引注尺寸或直接给出主标尺寸。 (　　)

5. 在切削用量中,影响切削温度最大的因素是切削速度。 (　　)

6. 数控车床适宜加工轮廓形状特别复杂或难以控制尺寸的回转体零件、箱体类零件、精度要求高的回转体类零件、特殊的螺旋类零件等。 (　　)

7. G40 是数控编程中的刀具左补偿指令。 (　　)

8. G04 X3.0 表示暂停 3 ms。 (　　)

9. 一个主程序中只能有一个子程序。 (　　)

10. 数控车床的镜像功能适用于数控铣床和加工中心。 (　　)

二、填空题

1. 数控车床的组成部分包括控制介质、输入装置、(　　　)、驱动装置和检测装置、辅助控制装置及车床本体。

2. 常用的刀具材料有高速钢、(　　　)、陶瓷材料和超硬材料4类。

3. 当工件材料的强度和硬度较低时，前角可以选得(　　　)些；当强度和硬度较高时，前角选得(　　　)些。

4. 对刀点可以设在(　　　)上，也可以设在夹具或车床上与零件定位基准有一定位置联系的某一位置上。

5. 铣削过程中所选用的切削用量称为铣削用量，铣削用量包括铣削宽度、铣削深度、(　　　)、进给量。

6. 当车床主轴轴线有轴向窜动时，对车削(　　　)精度影响较大。

7. 刀具切削部分的材料应具备如下性能；高的硬度、(　　　)、(　　　)、(　　　)。

8. 数控车床是目前使用比较广泛的数控车床，主要用于(　　　)和(　　　)回转体工件的加工。

9. 编程时，为提高工件的加工精度，编制圆头刀程序时，需要进行(　　　)。

10. 除(　　　)外，加工中心的编程方法和普通数控车床相同。

11. 在返回动作中，用G98指定刀具返回(　　　)；用G99指定刀具返回(　　　)。

12. 在切削用量中，对切削温度影响最大的是(　　　)，其次是(　　　)，而(　　　)影响最小。

三、选择题

1. 数控系统的报警大体可以分为操作报警、程序错误报警、驱动报警及系统错误报警，某个程序在运行过程中出现"圆弧端点错误"，这属于(　　　)。
   A. 程序错误报警　　B. 操作报警
   C. 驱动报警　　D. 系统错误报警

2. 高速切削时应使用(　　　)类刀柄。
   A. BT40　　B. CAT40　　C. JT40　　D. HSK63A

3. 为加工相同材料的工件制作金属切削刀具，一般情况下硬质合金刀具的前角(　　　)高速钢刀具的前角。
   A. 大于　　B. 等于　　C. 小于　　D. 都有可能

4. 过定位是指定位时工件的同一(　　　)被两个定位元件重复限制的定位状态。
   A. 平面　　B. 自由度　　C. 圆柱面　　D. 方向

5. 切削用量对刀具寿命的影响，主要是通过对切削温度的高低来影响的，所以影响刀具寿命最大的是(　　　)。
   A. 背吃刀量　　B. 进给量　　C. 切削速度　　D. 以上三方面

6. 车削细长轴时，要用中心架或跟刀架来增加工件的(　　　)。
   A. 刚性　　B. 强度　　C. 韧性　　D. 硬度

7. 数控铣床能够(　　　)。
   A. 车削工件　　B. 磨削工件　　C. 刨削工件　　D. 铣、钻工件

四、问答题

1. 刀具切削部分的材料包括什么？

2. 采用夹具装夹工件有何优点?

3. 简述刀位点、换刀点和工件坐标原点。

五、编程题

某零件的外形轮廓（厚 20 mm,程序原点位于表面）如图 3－21 所示,要求用直径 ϕ10 mm的立铣刀精铣外形轮廓。手工编制零件程序。安全面高度 50 mm。

进刀/退刀方式:离开工件,直接/圆弧引入切向进刀,直线退刀。工艺路线:走刀路线如图所示。

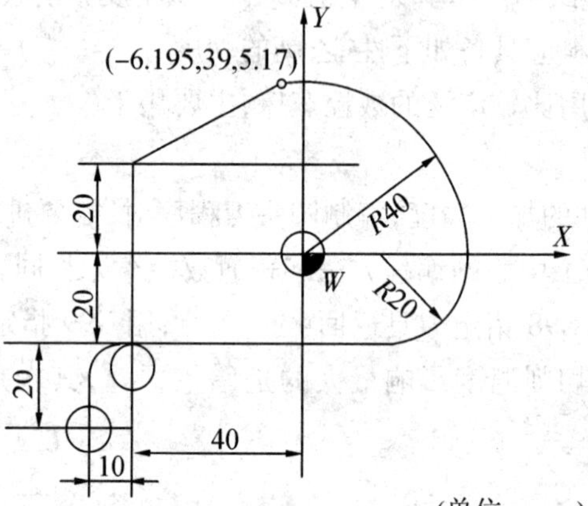

图 3－21　零件外形轮廓

零件平面外轮廓的数控铣削加工

任务描述

加工如图4-1所示零件，工件材料为$45^{\#}$钢。生产规模为单件，要求表面基本平整。

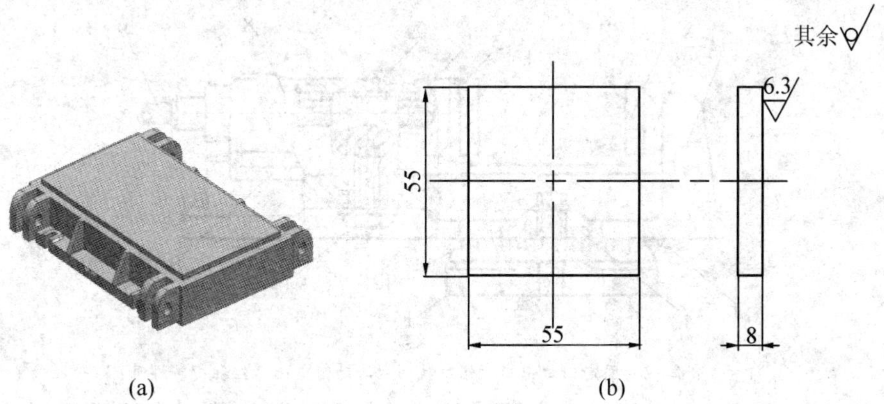

图4-1　典型平面零件

(a)实体图；(b)零件图

零件上的平面多采用铣削加工，在数控铣床与加工中心上完成。

学习目标

☆知识目标：

(1)熟悉加工阶段的划分原则；

(2)掌握外轮廓加工编程指令的应用方法；

(3)掌握刀具半径补偿的应用方法。

☆技能目标：

(1)熟悉刀具的选择方法；

(2)熟悉切削用量的确定方法；

(3)掌握外轮廓程序的编制方法。

学时安排

资讯	计划	决策	实施	检查	评价
4	2	2	8	2	2

知识链接

一、数控铣床用铣平面夹具

1. 机用虎钳

(1)机用虎钳的结构。

机用虎钳是铣床上常用的夹具。常用的机用虎钳主要有回转式和非回转式两种类型，其结构基本相同，主要由虎钳体、固定钳口、活动钳口、丝杠、螺母和底座等组成，如图 4 – 2 所示。回转式机用虎钳底座设有转盘，可以扳转任意角度，适应范围广；非回转式机用虎钳底座没有转盘，钳体不能回转，刚度较好。

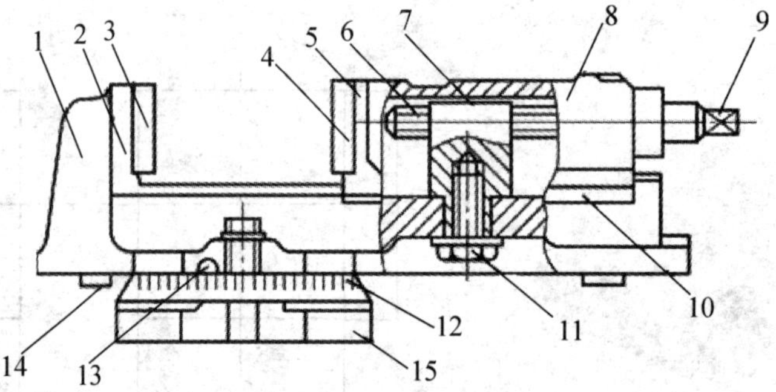

1 – 虎钳体；2 – 固定钳口；3，4 – 钳口铁；5 – 活动钳口；6 – 丝杠；7 – 螺母；
8 – 活动座；9 – 方头；10 – 压板；11 – 紧固螺钉；12 – 回转底盘；13 – 钳座零线；14 – 定位键；15 – 底座

图 4 – 2 机用虎钳结构

(2)机用虎钳的规格。

机用虎钳有多种规格，其规格和主要参数见表 4 – 1。

表 4 – 1 机用虎钳规格和主要参数 (单位：mm)

参数		规格								
钳口宽度 B		63	80	100	125	160	200	250	315(320)	400
钳口高度 $H\geqslant$		20	25	32	40	50	63	63	80	80
钳口最大张开度 $L\geqslant$	型式Ⅰ	50	65	80	100	125	160	200	–	–
	型式Ⅱ	–	–	–	140	180	220	280	360	450
定位键槽宽度 A	型式Ⅰ	12		14		18		22	–	–
	型式Ⅱ	–	–	–	14(12)	14	18		22	
螺栓直径 d	型式Ⅰ	M10		M12		M16		M20	–	–
	型式Ⅱ	–	–	–	M12(M10)	M12	M16		M20	

(3)机用虎钳的校正。

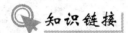

铣床上用机用虎钳装夹工件铣平面，对钳口与主轴的平行度和垂直度要求不高。当铣

削沟槽等有较高相对位置精度的工件时，钳口与主轴的平行度和垂直度要求较高，这时应对固定钳口进行校正。机用虎钳固定钳口的校正有 3 种方法。

1）划针校正。用划针校正固定钳口与铣床主轴轴心线垂直的方法如图 4－3 所示。将划针夹持在铣刀柄垫圈间，调整工作台的位置，使划针靠近左面钳口铁平面，然后移动工作台，观察并调整钳口铁平面与划针针尖的距离，使之在钳口全长范围内一致。此方法的校正精度较低。

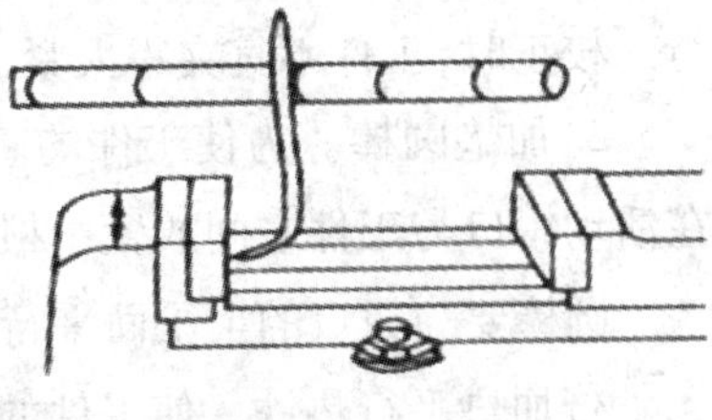

图 4－3 划针校正

2）角尺校正。用角尺校正固定钳口与铣床主轴轴心线平行的方法如图 4－4 所示。在校正时，先松开底座紧固螺钉，使固定钳口铁平面与主轴轴线大致平行，再将角尺的尺座底面紧靠在床身的垂直导轨面上，调整钳体，使固定钳口铁平面与角尺的外测量面密合，然后紧固钳体。为避免紧固钳体时钳口发生偏转，紧固钳体后须再复检一次。

3）百分表校正。用百分表校正固定钳口与铣床主轴轴心线垂直或平行的方法如图4－5 所示。

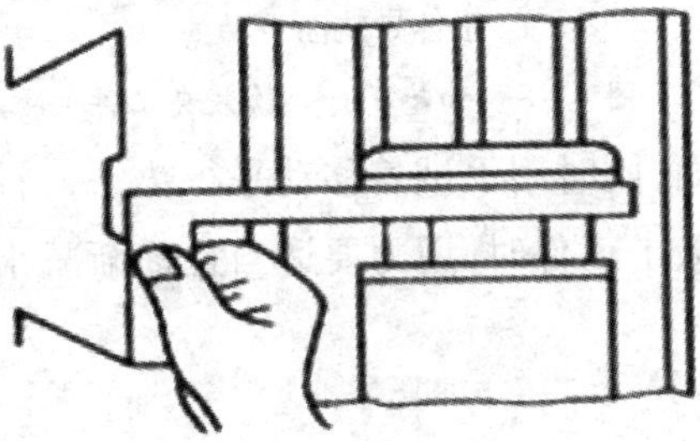

图 4－4 角尺校正

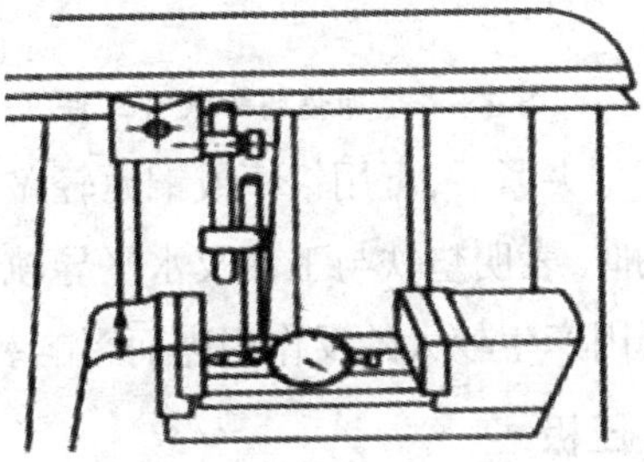

图 4－5 百分表校正

校正时，将磁性表座吸附在铣床横梁导轨面上，安装百分表，使测量杆与固定钳口平面大致垂直，再使测量头接触到钳口铁平面，将测量杆压缩量调整到 1 mm 左右。然后移动工作台，在钳口平面全长范围内，百分表的读数差值在规定的范围内即可。此方法的校正精度较高。

（4）机用虎钳的装夹。

用机用虎钳装夹工件具有稳固简单、操作方便等优点，但如果装夹方法不正确，会造成工件的变形等问题，为避免此问题，采用以下几种方法。

1）加垫铜皮。用加垫铜皮的机用虎钳装夹毛坯工件的方法如图 4－6 所示。

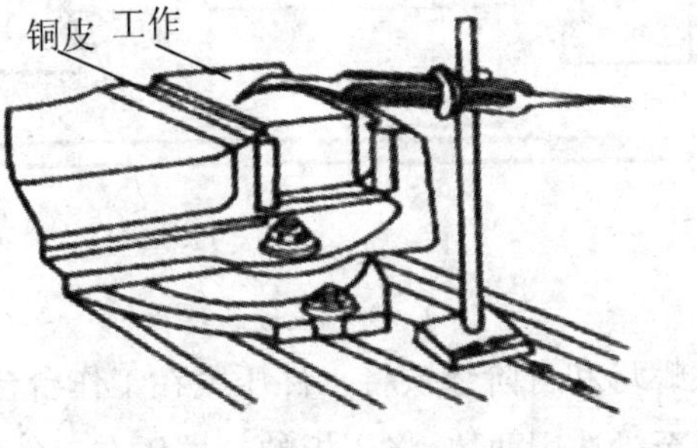

图 4－6 加垫铜皮装夹毛坯工件

装夹毛坯件时，选择大而平整的面与钳口铁平面贴合。为防止损伤钳口和装夹不牢，在钳口铁和工件之间垫放铜皮。毛坯件的上面要用划针进行校正，使之与工作台台面尽量平行。校正时，工件不宜夹得太紧。

2）加垫圆棒。为使工件的基准面与固定钳口铁平面密合，保证加工质量，在装夹时，应在活动钳口与工件之间放置一根圆棒，如图 4－7 所示。

圆棒要与钳口的上平面平行，其位置应在工件被夹持部分高度的中间偏上。

3）加垫平行垫铁。使工件的基准面与水平导轨面密合，保证加工质量，在工件与水平导轨面之间通常要放置平行垫铁，如图 4－8 所示。

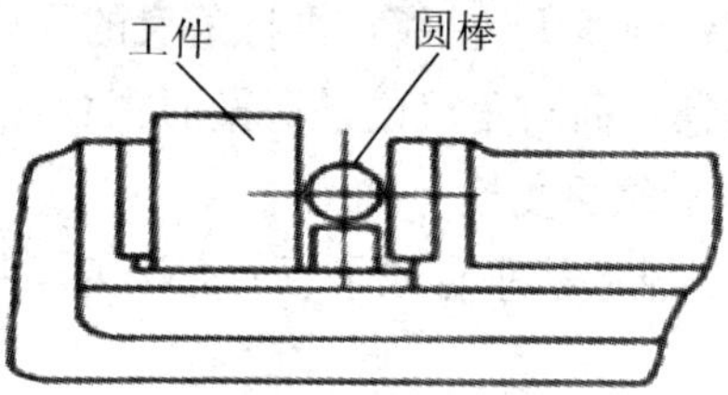

图 4－7　加垫圆棒装夹工件

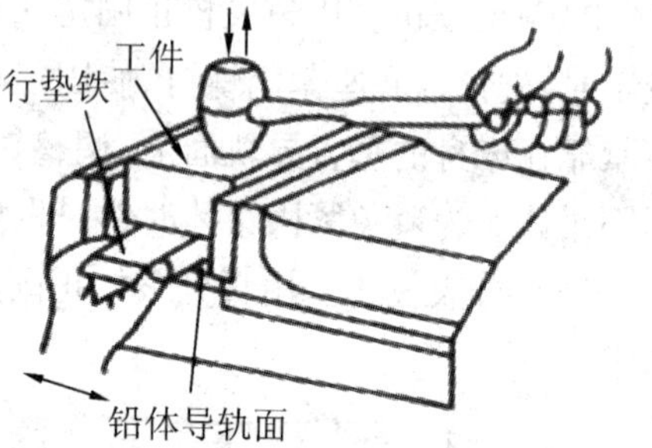

图 4－8　加垫平行垫铁装夹工件

工件夹紧后，可用铝棒或铜锤轻敲工件上平面，同时用手试着移动平行垫铁，当垫铁不能移动时，表明垫铁与工件及水平导轨面密合。敲击工件时，用力要适当且逐渐减小，用力过大会因产生较大的反作用力而影响装夹效果。

2. 压板

对于形状尺寸较大或不便于用机用虎钳装夹的工件，用压板将其安装在铣床工作台台面进行加工。卧式铣床上用端铣刀铣削时，普遍采用压板装夹工件进行铣削加工。

（1）压板的结构和装夹

压板的结构如图 4－9 所示。

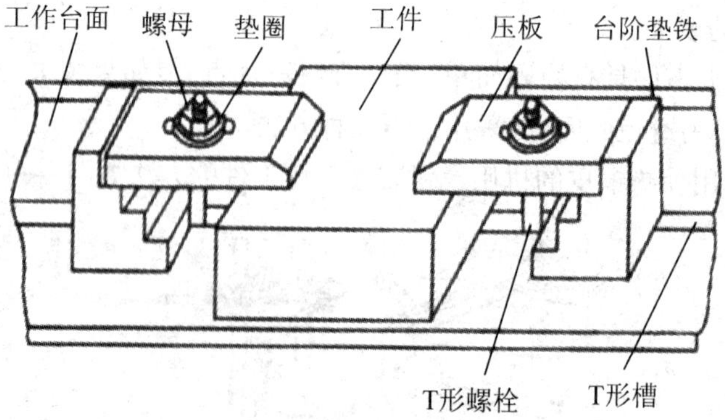

图 4－9　压板的结构

压板通过 T 形螺栓、螺母和台阶垫铁将工件压紧在工作台台面上，螺母和压板之间垫有垫圈。压紧工件时，压板至少选用两块，将压板的一端压在工件上，另一端压在台阶垫铁上。压板位置要适当，以免压紧力不当而影响铣削质量或造成事故。

(2)用压板装夹工件时的注意事项

1)如图4－10(a)所示,压板螺栓应尽量靠近工件,使螺栓到工件的距离小于螺栓到垫铁的距离,这会增大夹紧力。

2)如图4－10(b)所示,垫铁的选择要正确,高度要与工件相同或高于工件,否则会影响夹紧效果。

3)如图4－10(c)所示,压板夹紧工件时,应在工件和压板之间垫放铜皮,以避免损伤工件的已加工表面。

4)如图4－10(d)所示,压板的夹紧位置要适当,应尽量靠近加工区域和工件刚度较好的位置。若夹紧位置有悬空,应将工件垫实。

5)如图4－10(e)所示,每个压板的夹紧力大小应均匀,以防止压板夹紧力的偏移而使压板倾斜。

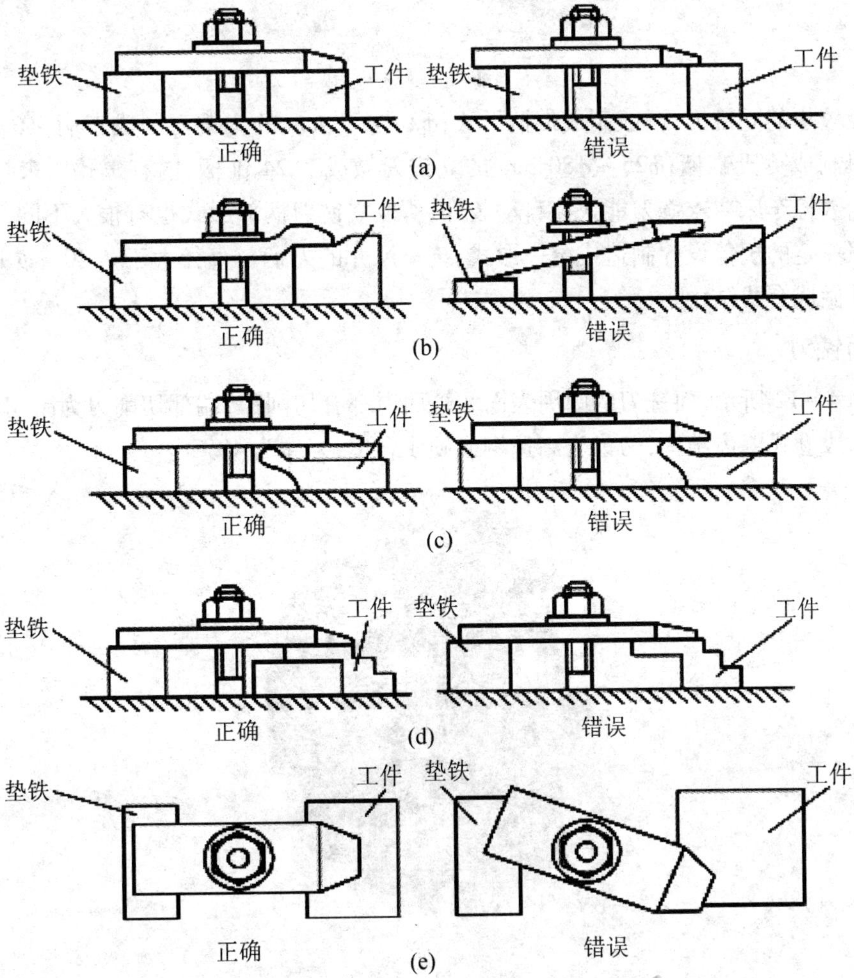

图4－10 装夹注意事项

6)夹紧力的大小应适当,过大时会使工件变形,过小时达不到夹紧效果。

二、数控铣床用铣平面的常用刀具

1. 立铣刀

立铣刀是数控车床上用得最多的一种铣刀,其结构如图 4-11 所示。

立铣刀的圆柱表面和端面上都有切削刃,可同时进行切削或单独进行切削。

立铣刀圆柱表面的切削刃为主切削刃,端面上的切削刃为副切削刃。主切削刃一般为螺旋齿,可以增加切削平稳性,提高加工精度。由于普通立铣刀端面中心处无切削刃,所以立铣刀不能做轴向进给,端面刃主要用来加工与侧面相垂直的底平面。

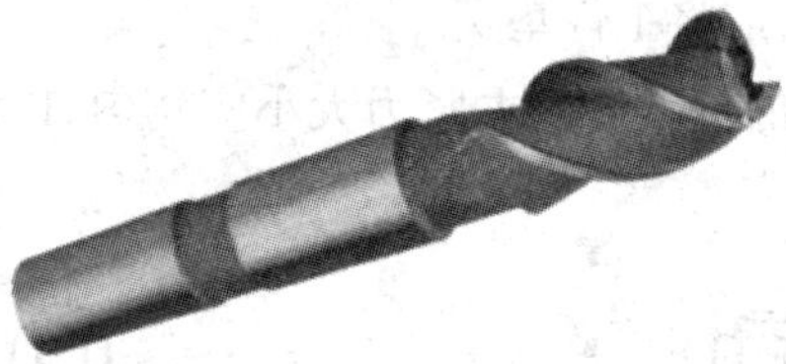

图 4-11　立铣刀

直径较小的立铣刀,一般制成带柄形式;$\phi2 \sim \phi71$ mm 的立铣刀制成直柄;$\phi6 \sim \phi63$ mm 的立铣刀制成莫氏锥柄;$\phi25 \sim \phi80$ mm 的立铣刀做成 7:24 锥柄,内有螺孔用来拉紧刀具。但是由于数控车床要求铣刀能快速自动装卸,所以立铣刀柄部形式也有很大不同,是由专业厂家按照一定的规范设计制造成统一形式、统一尺寸的刀柄。直径大于 $\phi40 \sim \phi160$ mm的立铣刀可做成套式结构。

2. 面铣刀

如图 4-12 所示,面铣刀的圆周表面和端面上都有切削刃,端部切削刃为副切削刃。面铣刀多制成套式镶齿结构,刀齿为高速钢或硬质合金,刀体为 40 Cr。

图 4-12　面铣刀

高速钢面铣刀按国家标准规定,直径为 80 ~ 250 mm,螺旋角 β 为 10°,刀齿数为 10 ~ 26。

硬质合金面铣刀与高速钢面铣刀相比,铣削速度较高、加工效率高,加工表面质量也比较好,并可加工带有硬皮和淬硬层的工件,所以得到广泛应用。硬质合金面铣刀按刀片和刀齿的安装方式不同,可分为焊接式、机夹式和可转位式3种。

数控加工中广泛使用可转位式面铣刀。目前先进的可转位式数控面铣刀的刀体趋向于用轻质高强度铝、镁合金制造,切削刃采用大前角、负刃倾角,可转位刀片带有三维断屑槽形,便于排屑。

三、平面铣削的铣削参数

铣削参数如图4-13所示。

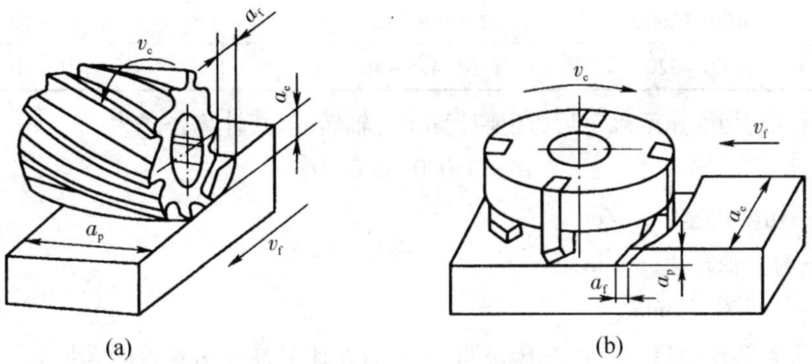

图4-13 铣削参数

1. 背吃刀量(端铣)或侧吃刀量(圆周铣)的选择

背吃刀量和侧吃刀量的选取主要由加工余量和表面质量的要求决定:

(1)当在要求工件表面粗糙度值Ra为12.5~25 μm时,圆周铣削的加工余量小于5 mm,端铣的加工余量小于6 mm,粗铣一次进给就可以达到要求。但余量较大、数控铣床刚性较差或功率较小时,可分两次进给完成。

(2)当在要求工件表面粗糙度值Ra为3.2~12.5 μm时,可分粗铣和半精铣两步进行,粗铣的背吃刀量与侧吃刀量取同。粗铣后留0.5~1 mm的余量,在半精铣时完成。

(3)当在要求工件表面粗糙度值Ra为0.8~3.2 μm时,可分为粗铣、半精铣和精铣三步进行。半精铣时背吃刀量与侧吃刀量取1.5~2 mm;精铣时,圆周侧吃刀量可取0.3~0.5 mm,端铣背吃刀量取0.5~1 mm。

(4)进给速度v_f的选择。

进给速度v_f与每齿进给量f_z有关。即$v_f = nZf_z$,每齿进给量参考切削用量手册见表4-2。

表4-2 每齿进给量

工件材料	每齿进给量/(mm·z^{-1})			
	粗铣		精铣	
	高速钢铣刀	硬质合金铣刀	高速钢铣刀	硬质合金铣刀
钢	0.1~0.15	0.10~0.25	0.02~0.05	0.10~0.15
铸铁	0.12~0.20	0.15~0.30		

(5)铣削速度选择(见表4-3)。

表 4-3　铣削速度 v_c 的推荐范围

工件材料	硬度 HBS	切削速度 v_c/(m·min^{-1})	
		高速钢铣刀	硬质合金铣刀
钢	<225	18~42　20	66~150　80
	225~325	12~36	54~120
	325~425	6~21	36~75
铸铁	<190	21~36	66~150
	190~260	9~18	45~90
	260~320	4.5~10	21~30

实际编程中,切削速度确定后,还要计算出主轴转速,其计算公式为

$$n = 1\,000\, v_c/(\pi D)$$

式中　v_c——切削线速度,m/min;

n——为主轴转速,r/min;

D——刀具直径,mm。

计算的主轴转速最后要参考车床说明书,查看车床最高转速是否能满足需要。

四、平面铣削工艺

1. 顺铣和逆铣

顺铣:铣刀与工件接触部位的旋转方向与工件进给方向相同,如图 4-14 所示。

逆铣:铣刀与工件接触部位的旋转方向与工件进给方向相反,如图 4-15 所示。

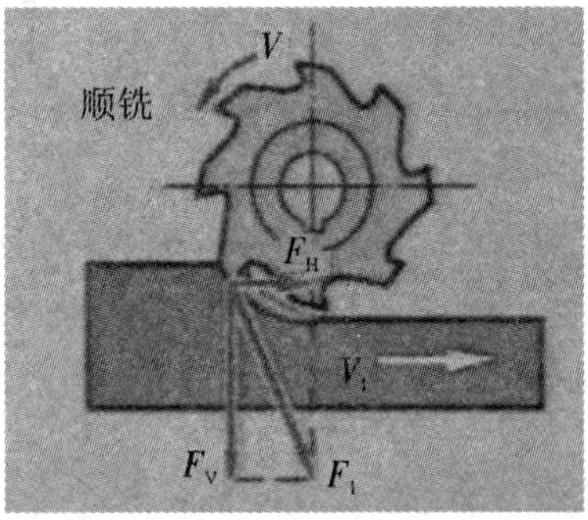

图 4-14　顺铣

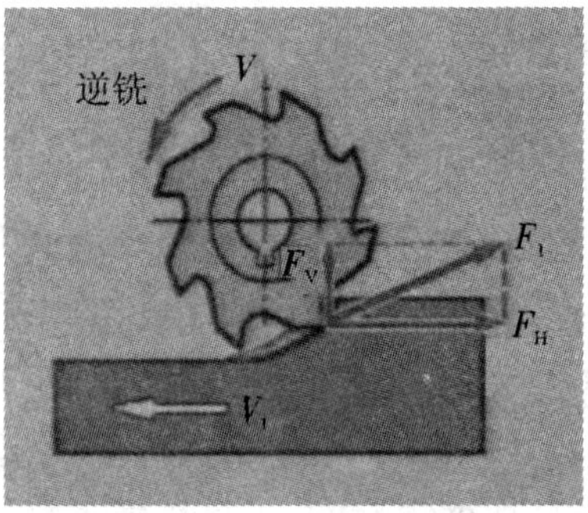

图 4-15　逆铣

2. 顺铣和逆铣的选择原则

(1)机床精度好、刚性好、精加工,适用顺铣;反之适用逆铣。

(2)零件内拐角处精加工要用顺铣。

(3)粗加工:逆铣;精加工:顺铣较好 。

3. 平面铣削加工走刀路线的确定

数控铣削加工中,进给路线的确定对零件的加工精度和表面质量有直接的影响,确定进给路线是保证铣削加工精度和表面质量的工艺措施之一。进给路线的确定与工件表面状

况、要求的零件表面质量、车床进给结构的间隙、刀具耐用度以及零件轮廓形状等有关。

在平面加工中，能使用的进给路线也是多种多样的，比较常用的有两种。如图 4－16 和图 4－17 所示分别为平行加工和环绕加工。

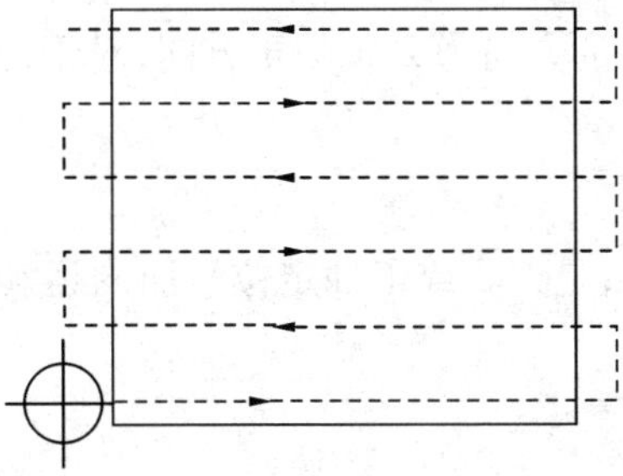

图 4－16　平行加工

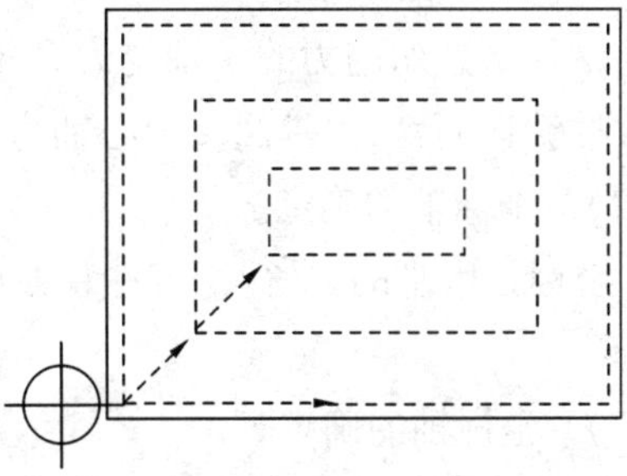

图 4－17　环绕加工

4. 平面铣削工作过程

分析零件图→明确加工内容→确定平面加工方案→制订加工工艺→实施零件平面加工→监测加工过程→评估加工质量。

五、数控铣床坐标系

1. 坐标系确定原则

根据 GB/3051—1999 标准，坐标系确定原则如下：

(1)刀具相对于静止工件运动原则。

(2)确定数控机床上运动方向和距离的坐标系为数控铣床坐标系。

1)标准坐标系是一个用 X,Y,Z 表示直线进给运动的直角坐标系，用右手法则判定，如图 4－18 所示。

2)大拇指指向 X 轴的正方向，食指指向 Y 轴的正方向，中指指向 Z 轴的正方向。

3)坐标系的各个坐标轴通常与机床的主要导轨相平行。

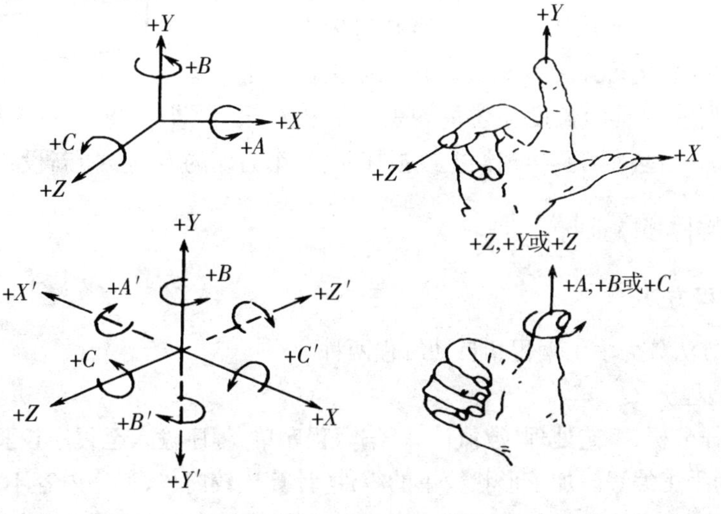

图 4－18　笛卡儿坐标系

2. 运动部件正方向规定

机床某一运动部件的正方向，规定为增大刀具与工件距离的方向。

（1）Z 坐标轴的确定。

通常把传递切削力的主轴定为 Z 轴，刀具远离工件的方向为 Z 轴的正方向；对于刀具旋转的数控铣床而言，刀具回转中心轴为 Z 轴。

（2）X 坐标轴的确定。

X 坐标是水平的，平行于工件装夹面且与 Z 轴垂直，是刀具或工件定位平面内运动的主要坐标。

（3）Y 坐标轴的确定。

Y 坐标轴垂直于 X 坐标轴和 Z 坐标轴，Y 轴的正方向根据 X，Z 的正方向按右手定则确定。

3. 数控铣床坐标系及坐标原点

（1）数控铣床坐标系。

数控机床坐标原点与机床坐标轴 X，Y，Z 组成的坐标系称为机床坐标系。机床坐标系是机床固有的坐标系，在机床出厂前已经预调好，不允许用户随意改动。

（2）数控铣床原点。

数控铣床的机床原点一般设在 X，Y，Z 轴回零的交汇点，如图 4－19 所示。

（3）机床参考点含义。

当发出回参考点的指令，装在各个方向滑板上的行程开关碰到相应的档块后，由数控系统控制滑板停止运动，完成回参考点的操作。由于参考点与机床原点的位置是固定的，找到了机床参考点，也就间接找到了机床原点，如图 4－19 所示，R 点为机床参考点。

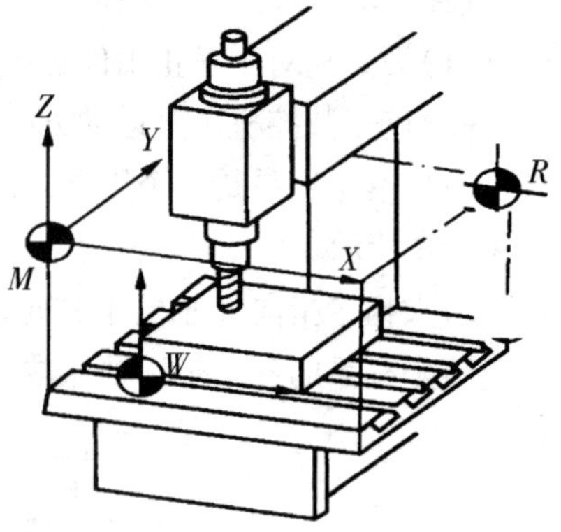

图 4－19　数控铣床的机床原点

（4）刀具相关点。

寻找机床参考点，就是使刀具相关点与机床参考点重合，从而使数控系统得知刀具相关点在机床坐标系中的坐标位置。所有刀具的长度补偿量均是刀尖相对该点长度，为刀长。当基准刀具出现误差或损坏时，整个刀库的刀具要重新设置。

六、数控程序的编制

1. 数控编程方法

数控编程方法分为手工编程和自动编程两种。

（1）手工编程。

从零件图样分析、工艺处理、数值计算、编写程序单、程序输入至程序校验等各步骤均由人工完成，称为手工编程。加工形状简单的零件，计算比较简单，程序内容不多，采用手工编程较容易完成，而且经济、及时，在点定位加工及由直线与圆弧组成的轮廓加工中，手工编程仍广泛应用。但对于形状复杂的零件，特别是具有非圆曲线、列表曲线及曲面的零件，用手工编程就有一定的困难，出错的机率增大，有的甚至无法编出程序，必须采用自动编程的方法编制程序。

(2)自动编程。

自动编程是利用计算机专用软件编制数控加工程序的过程。它包括数控语言编程和图形交互式编程。

1)数控语言编程。编程人员根据图样的要求，使用数控语言编写出零件加工源程序，送入计算机，由计算机自动地进行编译、数值计算、后置处理，编写出零件加工程序单，直至自动穿出数控加工纸带，或将加工程序通过直接通信的方式送入数控机床，指挥机床工作。数控语言编程为解决多坐标数控机床加工曲面、曲线提供了有效方法。但这种编程方法直观性差，编程过程比较复杂不易掌握，并且不便于进行阶段性检查。随着计算机技术的发展，计算机图形处理功能已有了极大的增强，“图形交互式自动编程”也应运而生。

2)图形交互式自动编程。它是利用计算机辅助设计(CAD)软件的图形编程功能，将零件的几何图形绘制到计算机上，形成零件的图形文件，或者直接调用由CAD系统完成的产品设计文件中的零件图形文件，然后再直接调用计算机内相应的数控编程模块，进行刀具轨迹处理，由计算机自动对零件加工轨迹的每一个节点进行运算和数学处理，从而生成刀位文件。之后，再经相应的后置处理，自动生成数控加工程序，并同时在计算机上动态地显示其刀具的加工轨迹图形。图形交互式自动编程极大地提高了数控编程效率，它使从设计到编程的信息流成为连续，可实现CAD/CAM集成。

2. 数控编程的内容

(1)分析零件图样，确定加工工艺过程；

(2)确定走刀轨迹，计算刀位数据；

(3)编写零件加工程序；

(4)校对程序及首件试加工。

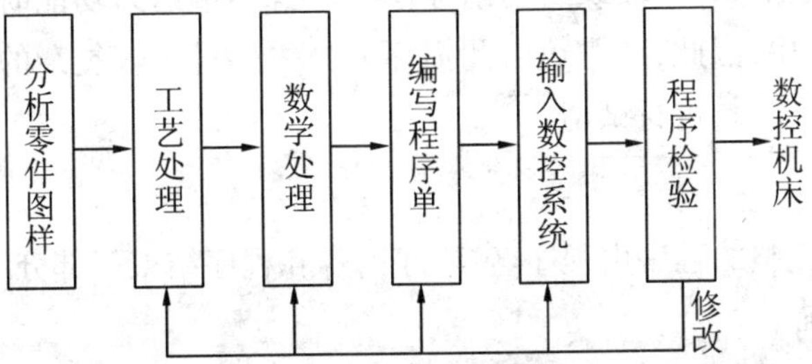

图4-20 数控编程过程

3. 数控编程的步骤(见图4-20)

(1)分析零件图样和工艺处理。

对零件图样进行分析以明确加工的内容及要求，选择加工方案，确定加工顺序、走刀路线，选择合适的数控机床，设计夹具，选择刀具，确定合理的切削用量等。

(2)数学处理。

在完成工艺处理的工作以后，根据零件的几何形状、尺寸、走刀路线及设定的坐标系，计算粗、精加工各运动轨迹，得到刀位数据。一般的数控系统均具有直线插补与圆弧插补功能。对于加工由圆弧与直线组成的较简单的零件轮廓加工，需要计算出零件轮廓线上各几何元素的起点、终点、圆弧的圆心坐标、两几何元素的交点或切点的坐标值；当零件图样所标尺寸的坐标系与所编程序的坐标系不一致时，需要进行相应的换算；对于形状比较复杂的非圆曲线（如渐开线、双曲线等）的加工，需要用小直线段或圆弧段逼近，按精度要求计算出其节点坐标值；自由曲线、曲面及组合曲面的数学处理更为复杂，需利用计算机进行辅助设计。

（3）编写零件加工程序单。

在加工顺序、工艺参数以及刀位数据确定后，就可按数控系统的指令代码和程序段格式，逐段编写零件加工程序单。编程人员应对数控机床的性能、功能、代码格式等非常熟悉，才能编写出正确的零件加工程序。对于形状复杂（如空间自由曲线、曲面）、工序很长、计算烦琐的零件采用计算机辅助数控编程。

（4）输入数控系统。

程序编写好之后，可通过键盘直接将程序输入数控系统。

（5）程序检验和首件试加工。

程序送入数控机床后，还需经过试运行和试加工两步检验后，才能进行正式加工。通过试运行，检验程序语法是否有错，加工轨迹是否正确；通过试加工可以检验其加工工艺及有关切削参数指定得是否合理，加工精度能否满足零件图样要求，加工工效如何，以便进一步改进。

试运行方法对带有刀具轨迹动态模拟显示功能的数控机床，可进行数控模拟加工，检查刀具轨迹是否正确，如果程序存在语法或计算错误，运行中会自动显示编程出错报警，根据报警号内容，编程员可对相应出错程序段进行检查、修改。对无此功能的数控机床可进行空运转检验。

试加工采用逐段运行加工的方法进行，即每按一次自动循环键，系统只执行一段程序，执行完一段停一下，通过一段一段的运行来检查机床的每次动作。要注意：当执行某些程序段，比如螺纹切削时，如果每一段螺纹切削程序中本身不带退刀功能时，螺纹刀尖在该段程序结束时会停在工件中，因此，应避免由此损坏刀具等。对于较复杂的零件，也先可采用石蜡、塑料或铝等易切削材料进行试切。

4. 程序的结构

程序结构：一个完整的程序由程序名、程序内容和程序结束三部分组成。

5. 数控编程规则

（1）小数点编程。

数控编程时，数字单位以公制为例分为两种：一种是以毫米为单位，另一种是以脉冲当量即机床的最小输入单位为单位。现在大多数机床常用的脉冲当量为 0.001 mm。

对于数字的输入，有些系统可省略小数点，有些系统则可以通过系统参数来设定是否可以省略小数点，而大部分系统小数点则不可省略。对于不可省略小数点编程的系统，当使用小数点进行编程时，数字以毫米（英制为英寸）、角度以度为输入单位，而当不用小数点编程时，则以机床的最小输入单位作为输入单位。

当应用小数点编程时，数字后面可以写“.0”，如 X50.0；也可以直接写“.”，如 X50.。

(2)公、英制编程(G21/G20)。

坐标功能字是使用公制还是英制,多数系统用准备功能字来选择,FANUC 系统采用 G21/G20 来进行公、英制的切换,其中 G21 表示公制,而 G20 则表示英制。

(3)绝对坐标与增量坐标。

在 FANUC 车床系统及部分国产系统中,直接以地址符 X,Z 组成的坐标功能字表示绝对坐标,而用地址符 U,W 组成的坐标功能字表示增量坐标。绝对坐标地址符 X,Z 后的数值表示工件原点至该点间的矢量值,增量坐标地址符 U,W 后的数值表示轮廓上前一点到该点的矢量值。

6. 准备功能指令

准备功能指令也称 G 指令,是建立车床工作方式的一种指令,用字母 G 加数字构成。进行零件平面加工所需的 G 指令见表 4-4。

表 4-4 FANUC oi Mate-MC 数控铣床/加工中心准备功能指令(部分)

指令	功 能	指令	功 能
G00 *	快速点定位	G54 * ~G59	工件坐标系选择
G01	直线插补	G90 *	绝对值编程
G17 *	*XY* 平面选择	G91	增量值编程
G18	*XZ* 平面选择	G94 *	每分钟进给
G19	*YZ* 平面选择	G95	每转进给
G20	英寸输入(SINUMERIK 用 G70)		
G21	毫米输入(SINUMERIK 用 G71)		

带“*”号的 G 指令表示接通电源时,即为 G 指令的状态。G00,G01;G17,G18,G19;G90,G91 由参数设定选择。

(1)编程平面指令(G17,G18,G19)。

应用数控铣床进行零件加工前,只有先指定一个坐标平面,即确定一个两坐标的坐标平面,才能使车床在加工过程中正常执行刀具半径补偿及刀具长度补偿功能,坐标平面选择指令的主要功能就是指定加工时所需的坐标平面。

坐标平面规定如图 4-21 所示。

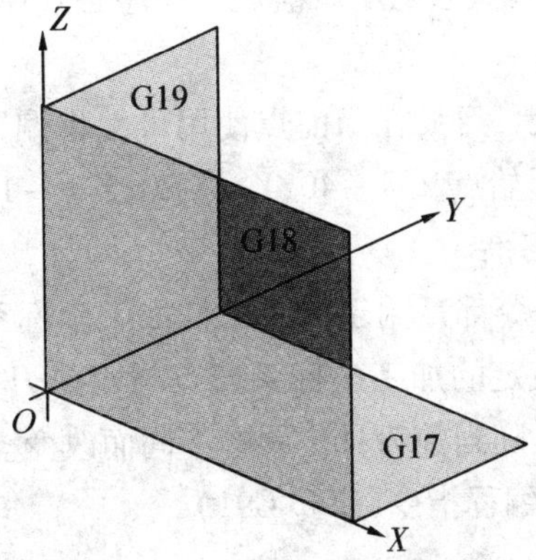

图 4-21 编程平面与坐标轴

G17——之后的程序都是以XY平面为切削平面，本指令为模态指令，G17为车床开机后系统默认状态，在编程时G17可省略。

G18——之后的程序都是以XZ平面为切削平面，指令为模态指令。

G19——之后的程序都是以YZ平面为切削平面，指令为模态指令。

（2）工件坐标系的设置指令（G54～G59/G92）。

1）格式：G54；

2）功能：G54～G59指令所设置加工坐标系为模态指令，其中任意一个坐标系指令作用和效果都是相同的，设定时可任选中一个，设定后，编程时使用的坐标系指令必须跟设定的一致。例如操作在对刀设定的工件坐标系为G54，那么编写的加工程序中坐标系指令也使用G54指令来设置工件坐标系。机床开机并回零后，G54为系统默认工件坐标系。

例题4.1，工件坐标系的应用。

N10 G54 G00 Z100；

N20 M03 S500；

N30 G00 X0 Y0；

……

N90 G00 Z100；

N100 G55；

N110 G00 X0 Y0；

……

N200 M30；

上例的N10～N90段程序，通过G54设定O1作为工件坐标原点来完成轮廓1的加工，N100～N200段程序，通过G55设定O2作为另一工件坐标原点最终完成轮廓2的加工。由此看出，编写加工程序时，可根据需要设定工件上任一点作为工件坐标原点。

（3）可编程偏置指令（G92）。

1）格式：G92*X*__ *Y*__ *Z*__；

2）功能：指定程序自动执行加工零件时编程坐标系原点在加工中的位置。“*X*__ *Y*__ *Z*__”为刀具当前点（执行G92程序段时，刀具所处的位置）偏离工件编程原点的方向和距离，为模态指令。该坐标系指令在断电、通上电后消失。程序必须在G92程序段起点处结束，否则程序将不能循环加工。

例题4.2，如图4－22所示，刀具在当前点使用可编程偏置指令G92 *X*40 *Y*20 *Z*15表示确立的加工原点在距离刀具起始点$X=-40$，$Y=-20$，$Z=-15$的位置上。

3）G92与G54～G59的区别：

G92指令与G54～G59指令都是用于设定工件加工坐标系的。G92指令是通过程序来设定、选用加工坐标系，它所设定的加工坐标系原点与当前刀具所在的位置有关，这一加工原点在机床坐标系中的位置是随当前刀具位置的不同而改变。

（4）绝对值编程与增量值编程指令（G90/G91）。

1）格式：

G90/G91；

2)功能:

G90 指令按绝对值编程方式设定坐标,即移动指令终点的坐标值 X,Y,Z 都是以当前坐标系原点为基准来计算。

G91 指令按增量值编程方式设定坐标,即移动指令终点的坐标值 X,Y,Z 都是以当前点为基准来计算的,当前点到终点的方向与坐标轴同向取正,反向取负。

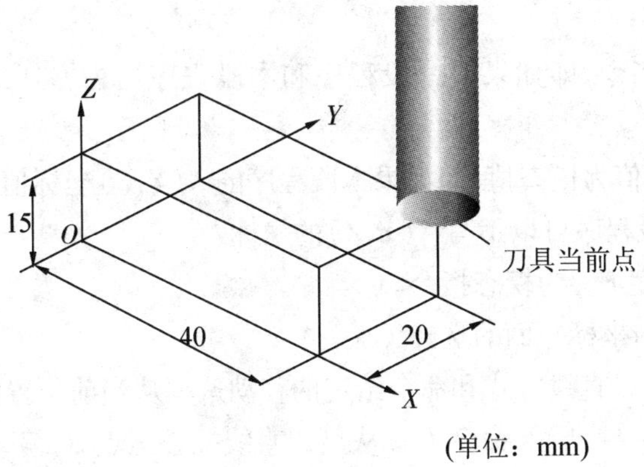

图 4-22　编程平面与加工原点

例题 4.3,根据如图 4-23 所示,编制加工程序。

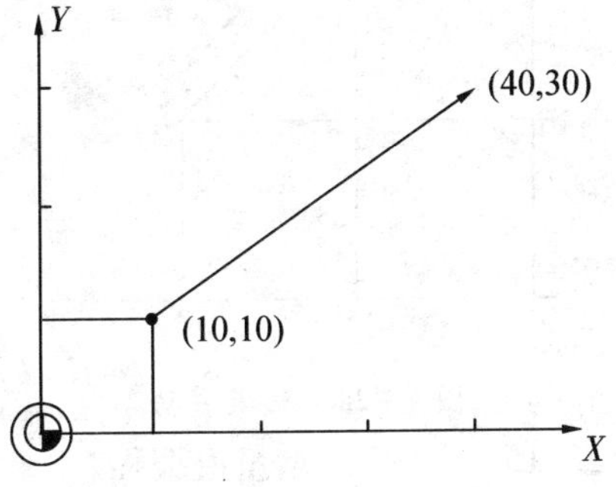

图 4-23　坐标移动

绝对值方式编程:

G90 G01 *X*40　*Y*30　*F*100;

增量值方式编程:

G91 G01 *X*30　*Y*20　*F*100;

执行该指令可使刀具顺着起点到终点的直线进行切削。“*X*__ *Y*__ *Z*__”为走刀的终点坐标。“*F*__”为刀具的进给速度,单位为 mm/min 或 mm/r。

(5)快速定位指令(G00)

1)格式:

G00 *X*__ *Y*___*Z*__;

2)功能:执行该指令可使刀具以系统内定的移动速度快速移动到“*X*__ *Y*__ *Z*__”点。

注意:为了确保安全、避免在考虑 G00 路径与工件(或毛坯)、夹具的安全关系浪费过多的时间,禁止编程时采用三轴联动进行快速定位。

例题 4.4,将刀具由坐标系原点 1(*X*0,*Y*0,*Z*0)移动至点 2(45,30,20),则输入程序:G00

X45 Y30 Z20。

(6)直线插补指令(G01)。

1)格式:

G01 X__Y__Z__F__;

X,Y,Z:目标点坐标

F:进给速度

G01 指令为模态指令,即如果上一段程序和本段程序均为 G01,则本段中的 G01 可以不写。

X__ Y__ Z__坐标值为模态值,即如果本段程序的 X(Y,Z)坐标值与上一段程序的 X(Y,Z)坐标值相同,则本段程序可以不写 X(Y,Z)的坐标。

指令中的进给速度 F__为模态指令。

G01 指令的应用与坐标平面的选择无关。

2)功能:直线插补以直线方式和命令给定的移动速率从当前位置移动到命令位置。

例题 4.5,如图 4-24 所示,命令刀具从点 A 直线插补至点 B,编写程序。

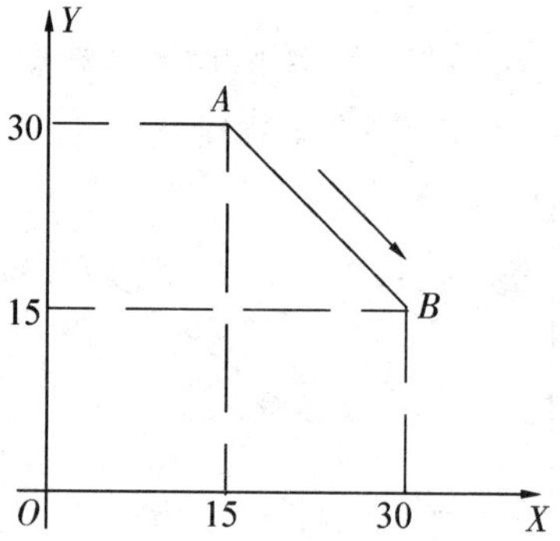

图 4-24 刀具移动

程序:N30 G91 G01 X15 Y-15; 增量值编程

提示:G01 指令中缺省的坐标轴视为该轴不运动,如上例中的 Z 轴不动;若 F 缺省,则按系统设置的速度进给或按前面程序段中 F 指定的速度进给。

(7)刀具长度补偿指令(G43,G44,G49)。

刀具长度补偿是用来补偿假定的刀具长度与实际的刀具长度之间的差值,系统规定除 Z 轴之外,其他轴也可以使用刀具长度补偿,但同时规定长度补偿只能同时加在一个轴上,要对补偿轴进行切换,必须先取消对前面轴的补偿。

1)格式:

G43α__H__;　　α 指 X,Y,Z 任意一轴,刀具长度补偿为"+"

G44α__H__;　　刀具长度补偿为"-"

G49 或 H00;　　取消刀具长度补偿

以上指令中用 G43,G44 指令偏移的方向,用 H 指令偏置量存储器的偏置号。执行程序前,需在与地址 H 所对应的偏置量存储器中,存入相应的偏置值。以 Z 轴补偿为例,若指令 G00 G43 Z100.0 H01;并于 H01 中存入"-200.0",则执行该指令时,将用 Z 坐标值 100. 与 H01 中所存"-200."进行"+"运算,即 100.0+(-200.0)=-100,并将所求结果作为 Z

轴移动值，取消长度补偿用 G49 或 *H*00。若指令中忽略了坐标轴，则隐含为 *Z* 轴且为 *Z*0。

2）刀具自参考点下刀时的补偿。

数控（加工中心）铣床总是从参考点换刀的。对于立式加工中心而言，在使用 G54 ~ G59工件坐标系时，若仅于 *X*，*Y* 方向偏置 G54 坐标原点位置而 *Z* 轴方向不偏置，则 *Z* 轴方向上刀具刀位点与工件坐标系中 *Z* = 0 平面之间的差值可以全部由刀具长度补偿加以解决，这是操作者在设置偏置值时一种常用的方法。此时，G54 的 *Z*0 平面与机床坐标系的 *Z*0 平面是一致的，即 G54 的 *Z*0 平面通过 *Z* 轴方向机床参考点。编程人员在编写程序时全然不管操作者是怎样设置补偿值，仍将 G54 的 *Z*0 平面规定在工件某一高度的位置上，操作人员不作 *Z* 轴方向上的工件零点偏置的操作，而是将全部差值（包括 *Z* 轴工件零点偏置值与装刀后主轴前端面到刀具刀位点的距离）让长度补偿功能一并加以解决。

以图 4 - 25 为例说明。设编程时编程员希望刀具自参考点下刀到工件坐标系中 *Z*40. 的位置，则程序段可以写成 G90G00G43　*Z*40. *H*01；操作人员在安装刀具和工件后，直接测量主轴自参考点下移时刀位点到（补偿面）*Z*0 平面的距离，若实测刀位点自 *Z* 轴参考点出发到达程序中 G92 *Z*0 平面位移为 - 320，直接将该值存于 H01 存储器中，执行该程序段时，刀具按 40. + (- 320.) = - 280. 即按 *Z* = - 280. 下刀，与预期的下刀点完全一致。

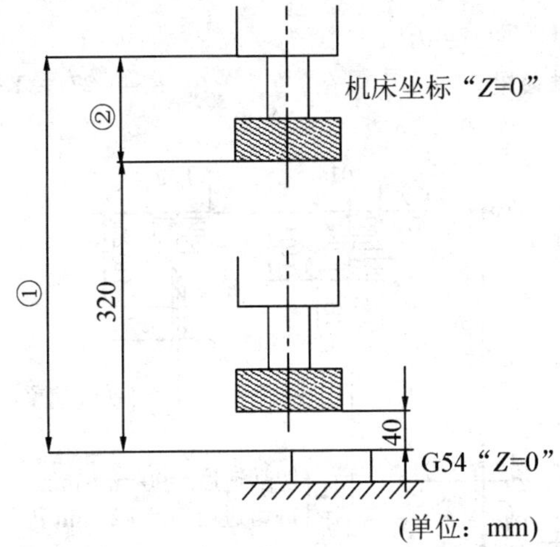

图 4 - 25　G43，G44，G49 的应用

程序编写的格式为

G90 G49 G54 G00 *X*__*Y*__；

G43 *H*__*Z*__M03 S__；

……

G90 G49 G28 *Z*0. T01 M06；

……

我们可以采用工件零点偏置值与刀具长度补偿值分别测量输入的方法。如图 4 - 27 所示，将图中①所示的长度值（负值），作为工件零点偏置值存入工件零点偏置存储器中，而将图中②所示的长度值(正值)作为刀具长度补偿值存入 H01 存储器中,其效果是完全一样的。如果采用机外预调刀具对刀,则后一种方法可能更为方便。

例题 4.6,在立式加工中心上铣削如图 4-26 所示的工件上表面和外轮廓,分别用 ϕ25 mm面铣刀和 ϕ 20 mm 立铣刀,走刀路线和切削用量如图 4-27 和 4-28 所示,在配置 FANUCOM 系统的立式加工中心上加工。试编制加工程序。

建立如图所示工件坐标系,编制加工程序如下:

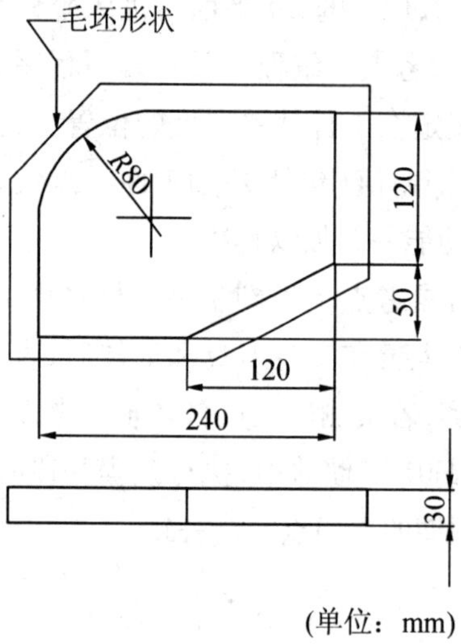

图 4-26 工件简图

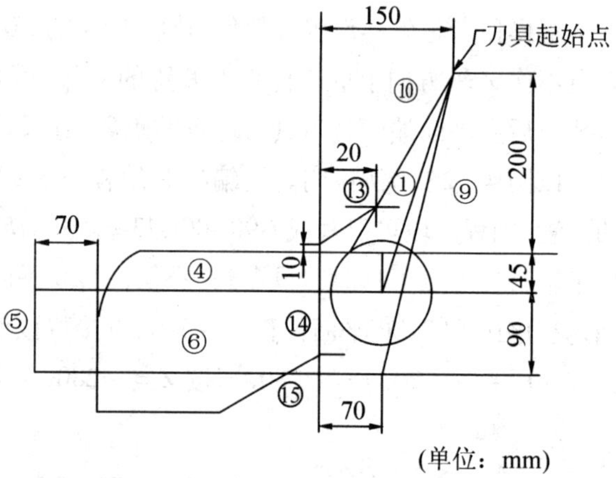

图 4-27 *XY* 平面走刀路径

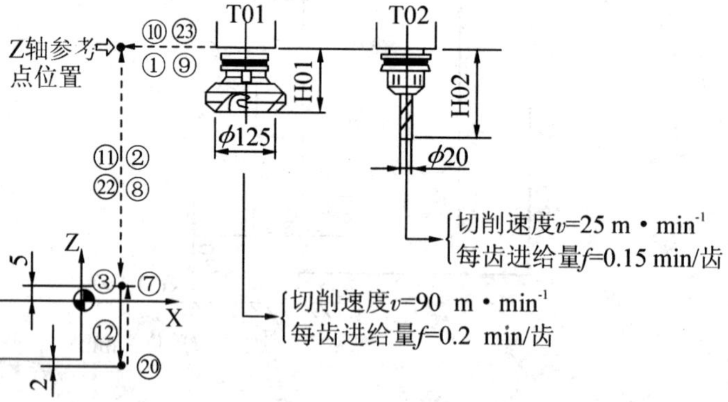

图 4-28 *Z* 轴方向刀具走刀路线

O1000;	程序名
N100;	程序初始设定
N0010 G17 G90 G40 G49 G21;	G 代码初始设定
N0020 G91 G28 Z0;	*Z* 轴回参考点
N0030 T01;	选择 T01 号刀
N0040 M06;	主轴换上最初使用的 T01 号刀
N101(PACE MILL);	铣顶面程序

```
N0050 T02;                                  选择 T02 号刀 )
N0060 G90 G54 GOO X70.0 Y-45.0 S230;        ①
N0070 G43 Z5.0 H01 M03;                     ②
N0080 G01 Z0 F2000;                         ③
N0090 X-310.0 F275                          ④
N0100 GOO Y-135.0;                          ⑤
N0110 G01 X70.0;                            ⑥
N0120 GOO Z5.0 M05;                         ⑦
N0130 G91 G28 Z0;                           ⑧
N0140 G90 X150.0 Y200.0;                    ⑨
N0150 G49;                                  取消长度补偿
N0160 M06;                                  换 T02 号刀
N102(END MILL)                              铣轮廓程序
N0170 T01;                                  选择 T01 号刀
N0180 G90 G54 COOX20.0 Y20.0 S400;          ⑩
N0190 G43 Z5.01 H02 M03;                    ⑪
N0200 Z-32.0 F2000 M08;                     ⑫
N0210 G41 G01 XO Y1O.0 D22 F180;            ⑬
N0220 Y-120.0;                              ⑭
N0230 X-120.0 Y-180.0;                      ⑮
N0240 X-240.0;                              ⑯
N0250 Y-90.O;                               ⑰
N0260 G02 X150.0 Y0 R90.0;                  ⑱
N0270 G01 X10.0;                            ⑲
N0280 GOO Z5.0 M09;                         ⑳
N0290 G40X20.0Y20.0M05;                     ㉑
N0300 G91 G28 Z0;                           ㉒
N0310 G90 X150.0 Y200.0;                    ㉓
N0320 G49;                                  取消长度补偿
N0330 M30;                                  程序结束
```

7. 辅助功能指令

辅助功能指令又称 M 指令，其主要是用来控制车床各种辅助动作及开关状态的，用地址字符 M 及两位数字表示。如主轴的转动与停止、冷却液的开与关闭等，通常是靠继电器的通断来实现控制过程。程序的每一个程序段中 M 代码只能出现一次，常用辅助功能 M 指令及其说明见表 4-5。

表 4-5　M 功能代码

M 代码	说明
M00	程序停止
M01	程序选择停止
M02	程序结束
M03	主轴正转
M04	主轴反转
M05	主轴停止
M08	冷却液开
M09	冷却液关
M30	程序结束(复位)并回到程序头

(1)程序控制 M 代码。

M00:程序停止指令,运行后自动运行暂停,当程序运行停止时,全部现存的模态信息保持不变。重新按下循环启动按键,CNC 就继续运行后续程序。此功能便于操作者进行工件的手动测量等操作为模态指令。

M01:程序选择性停止,为模态指令。在运行时,如已选定车床的选择性停止功能为开启状态,该指令等同于 M00,否则该指令无效。通常用于关键尺寸的检验或临时暂停。

M02,M30:都是程序结束指令,主轴、进给停止,冷却液关闭。在初期的数控系统中,M30 会附加一个程序复位(使光标回到程序首)动作,M02 则没有,现在的数控系统没有这个区别。

(2)其他 M 代码。

M03:主轴正转,使主轴以当前指定的主轴转速顺时针(CCW)旋转(逆着 Z 轴正向观察)。

M04:主轴反转,使主轴以当前指定的主轴转速逆时针(CW)旋转(逆着 Z 轴正向观察)。

M05:主轴停止。

M08:冷却液开。

M09:冷却液关。

8. 主轴转速功能指令

主轴转速功能指令也称 S 指令,其作用是指定车床主轴的转速,用字母 S 及后面若干位数字表示,单位为 r/min。

主轴转速指令格式:S__,指定主轴转速的大小,单位为 r/min,用字母 S 及其后面的若干位数字表示,是不能带小数点的。例如 S1000 表示 1 000 r/min。该指令与 M04(反转)、M03(正转)结合使用,M05 为主轴停止转动。这 4 个都为模态指令,其中 S 及其指令的数值在重新指令后才改变。

9. 进给速度功能指令

进给速度功能指令又称 F 指令,其作用是指定刀具的进给速度,用字母 F 加后面若干位数字表示。单位为 mm/min(G94 有效)或 mm/r(G95 有效)。

进给量指令。格式:F__,指令进给速度的大小。用字母 F 及其后面的若干位数字表示,单位为 mm/min 或 mm/r。该指令为模态指令,F 及其指令的数值在重新指令后才改变。

进给状态指令 G94:设置每分钟进给速度状态,G94 可以与其他 G 功能指令同时存在一个程序段中,其指定 F 字段设置的切削进给速度的单位是 mm/min,即每分钟进给速度。

进给状态指令 G95:设置每转进给速度状态,G95 可以与其他 G 功能指令同时存在一个程序段中,其指定 F 字段设置的切削进给速度的单位是 mm/r,即每转给速度。

七、数控铣床的面板与操作

主界面如图 4-29 所示。

图 4-29　数控铣床操作面板

界面可以分为 3 个区域:屏幕显示、屏幕字符输入键区、控制按钮和旋钮区。

1. 屏幕显示

屏幕显示如图 4-30 所示。

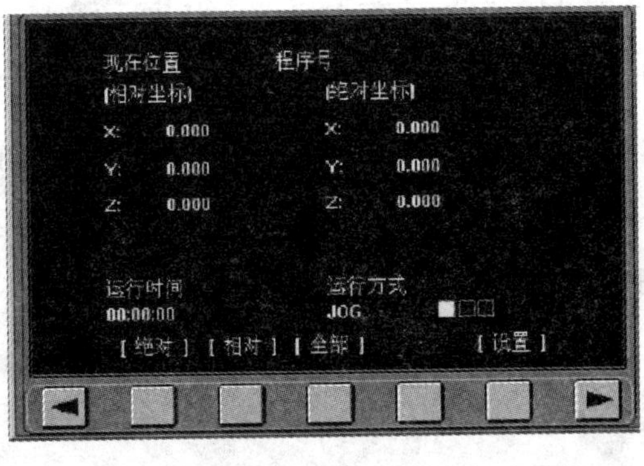

图 4-30　屏幕显示

(1)屏幕主显示区。

主要显示当前的加工状态,如当前机床系和工件系的 X,Y,Z 坐标值,主轴转速,进给速度,以及输入各种参数的值,当系统读入加工文件后,此区域还可以显示加工的 G 代码。

(2)屏幕下方为菜单区。

显示菜单，菜单的选择依靠下方的菜单软键，菜单有嵌套，一个菜单下可能有若干个子菜单，通过菜单，能访问到系统所有的功能和设置。操作菜单依靠下面介绍的菜单功能键。

(3)菜单功能键区。

中间的5个按钮对应着屏幕中的5个菜单，按下蓝色的菜单软键即选择了相对应的菜单命令。左边第一个按钮 的功能是向左滚动菜单。 按钮的功能是向右滚动菜单。

2. 屏幕字符输入键区

屏幕字符输入键区如图4－31所示。

图4－31　屏幕字符输入键区

屏幕字符键主要在撰写和修改程序时。

键为上档键，当按下此键后，在屏幕中将显示为■■■，表示现在处于上档2状态。再按下此键后，在屏幕中将显示为■■■，表示现在处于上档3状态。对于按钮 来说，当上档键没有按下时，输入屏幕的将是“O”字符，当按下上档键时，输入则为“P”。 键为退格键，用于删除前一字符，相当于键盘上的BackSpace键。 键用于输入在“插入”和“替换”间切换。 键用于删除当前文本。 则是向上翻页和向下翻页。 是回车键，相当于键盘上的Enter键。 键用于显示当前绝对坐标和相对坐标屏幕。 显示程序编辑屏幕。 显示报警信息。

各功能键的作用：

(1)位置功能键(POS)。

按功能键 后，按对应的软键可以显示以下内容，如图4－32所示。

按下软键【全部】后会显示如图4－32所示的全部坐标显示画面。该画面中的 X,Y,Z

是刀具在工件坐标系中当前位置的相对坐标和绝对坐标。这些坐标值随刀具的移动而改变。在该画面中还显示下列的内容:当前位置指示;当前程序名称;各个软键名称;当前运行方式;当前运行时间。

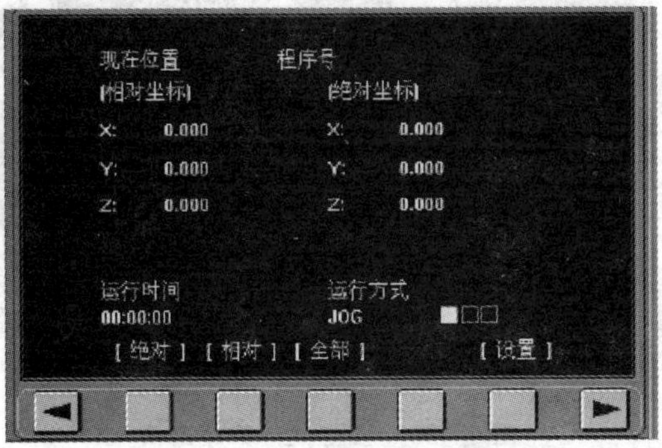

图 4-32　全部坐标显示画面

1)绝对坐标。当按软键【绝对】后,会显示绝对坐标显示画面,如图 4-33 所示。

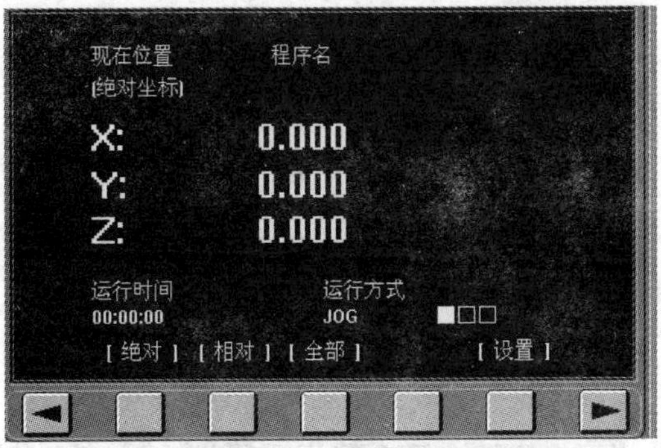

图 4-33　绝对坐标显示画面

2)相对坐标。当按下软键【相对】后,所显示的内容除坐标为相对坐标值外,其余与绝对位置显示画面相同,如图 4-34 所示。

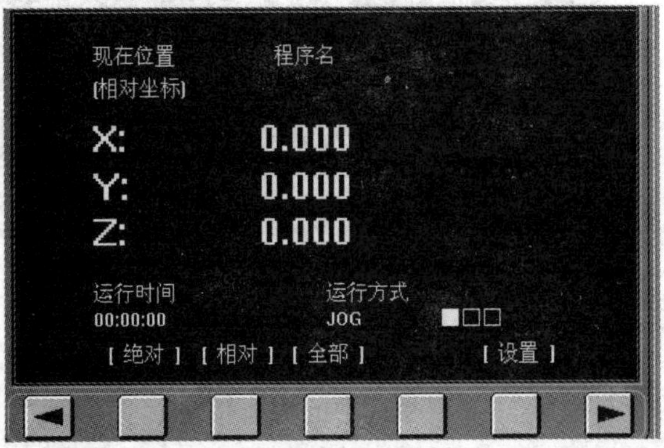

图 4-34　相对坐标显示画面

(2)程序功能键(PRGRM)。

按功能键 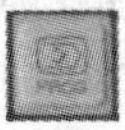 后,出现如图 4-35 所示的当前执行程序画面。

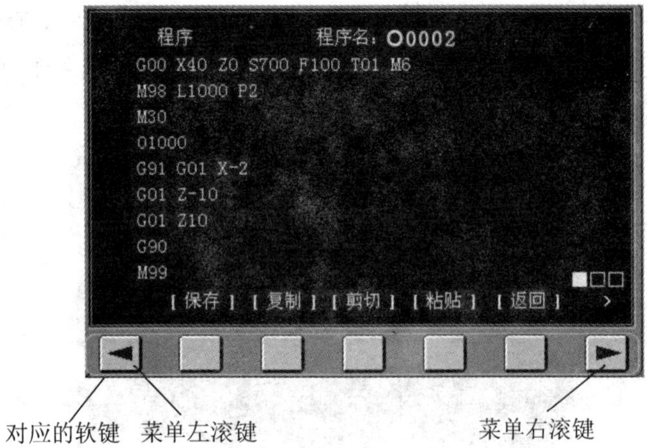

图 4－35 当前执行程序画面

软键对应功能：

1）软键菜单左滚键“＜” 显示左边还有的菜单按钮。上面的显示已经包括最左的菜单软键了。

2）软键【保存】 保存目前的程序。

3）软键【复制】 复制选中的程序指令。

4）软键【剪切】 剪切选中的程序指令。

5）软键【粘贴】 粘贴选中的程序指令。

6）软键【返回】 返回到主菜单屏幕。

7）软键菜单右滚键“＞” 显示右边还有的菜单按钮。按下以后显示画面如图4－36所示。

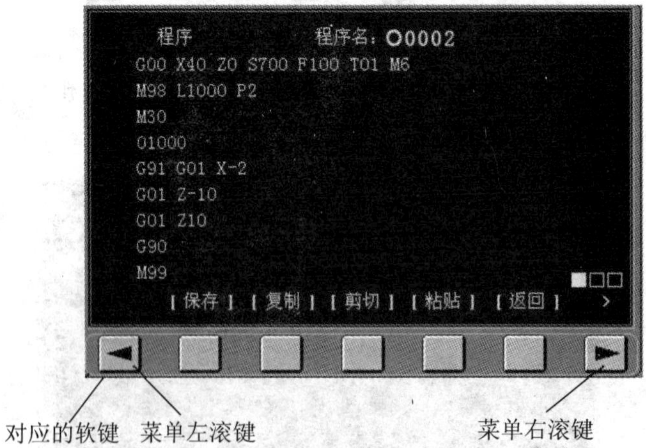

图 4－36 按下软键菜单右滚键后显示画面

8）软键【删除】 删除选中的程序指令。

9）软键【程序】 显示当前执行程序文件的属性。

再按  就又回到前面的程序显示状态。

10）软键【当前】 显示当前的加工代码，并把当前的加工代码行高度变亮显示，如图 4－37 所示。

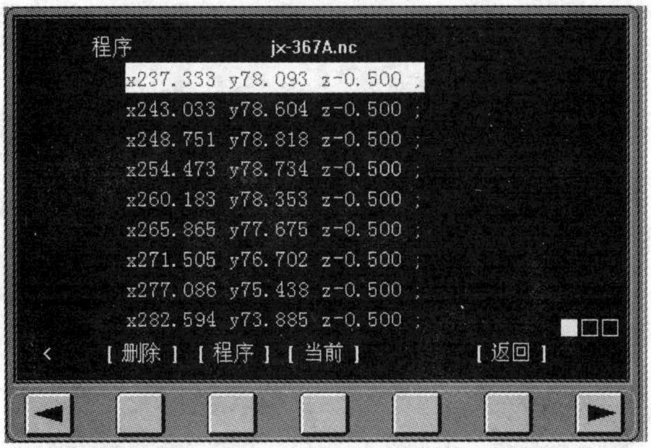

图 4－37 显示当前加工代码

(3)零点设置(OFSET)。

按功能键 以后,可以进行工件坐标系设置和显示,如图 4－38 所示。

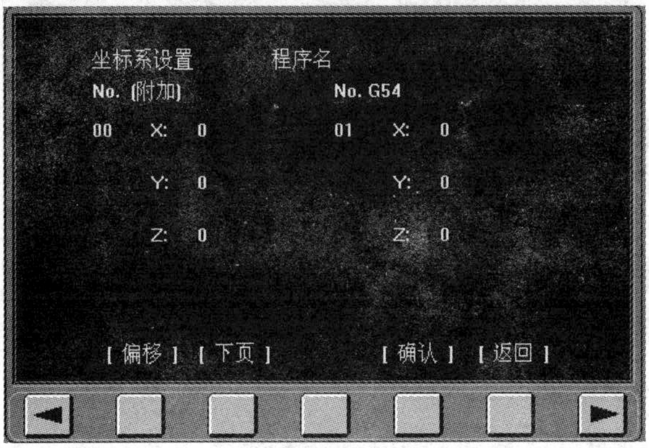

图 4－38 工作坐标系设置和显示画面

“附加”值显示当前对刀点位置,按下【确认】键后,程序便记住了输入的坐标值,如果程序中有“G54”标记,则程序采用预设的第一工件坐标系,按【下页】键可以继续设置 G55, G56,G57,G58 的值。

(4)参数设置(MENU)。

按下 按钮,将出现选项菜单设置屏幕,如图 4－39 所示。

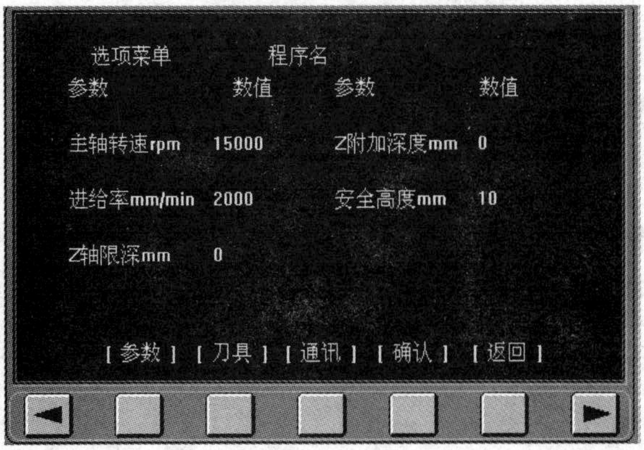

图 4－39 屏幕显示

软键【参数】 图 4－39 所示的就是参数设置屏幕。

软键【刀具】 显示刀具设置屏幕。

软键【通讯】 显示程序输入/输出设置屏幕。

3. 控制按钮和旋钮区

控制按钮和旋钮区如图 4－40 所示。

图 4－40 控制按钮和旋钮区

下面分别介绍各按钮和旋钮功能。

为运行模式选择旋钮，左起，“EDIT”为程序编辑模式，“DNC”运行方式下激活自动运行，可通过 RS232 接口与 PC 进行通讯；“Auto”为自动加工模式，是最常用的加工方式；“MDI”为手动程序输入模式；“HANDLE”为手轮模式；“JOG”为手动进给模式；“ZRM”为返回参考点模式。

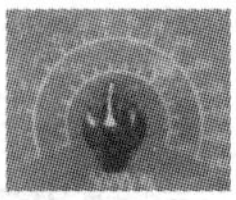

为进给速度倍率选择旋钮，按照刻度，从 0% ~200% 可调节。

为快速进给速度倍率选择旋钮，按照刻度，快速进给速度附加一个 25%，50%，100% 的速度。

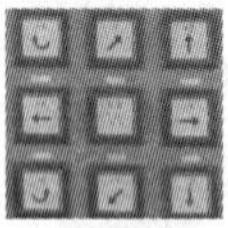

为运动轴选择旋钮及 JOG 控制按钮，“＋”表示运动轴向正方向运动，“－”表示运动轴向负方向运动，中间的按钮为快速进给开关。开启快速进给，进给速度将加快。

为紧急停止按钮。

为主轴控制按钮，该区在手动连续进给、手轮工作方式下可以正向、反向启动主轴和停止主轴运动。还可以实现主轴的升降速换档，主轴换档必须在主轴停转状态下运行。

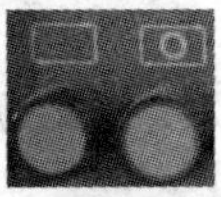
为NC程序运行控制开关，从左到右分别是循环启动状态和进给暂停并且程序运行停止状态。

该功能为数据保护，用于防止零件程序、偏置值、参数和存储的设定数据被错误地存储、修改或清除。

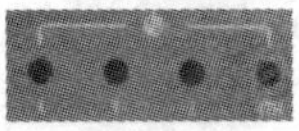
为运行指示灯区，符合一定的条件，相应的指示灯会亮起。当 X,Y,Z 三轴处于参考点位置时，各轴的 HOME 指示灯都会亮起。

为电源开关和电源指示灯，“ON”“OFF”按钮分别用于开、关电源。

八、数控铣床操作步骤

1. 开启电源

在进行加工前，要先开启电源，即让电机运行并初始化，然后处于等待命令的状态。开启的方法是按下  键，当按钮上的红灯亮时，说明现在机床的电源开启，可以进行运动和加工。点击  按钮后，机床将切断电源，同时红色电源灯熄灭。

选择主菜单的“设置”项，将出现系统设置对话框，如图4－41所示。

系统设置对话框显示和整个程序相关的一些选项：

(1)“启动时显示欢迎屏幕”：决定本程序启动时是否显示欢迎屏幕，如去掉前面的勾，则启动时将不显示欢迎屏幕。

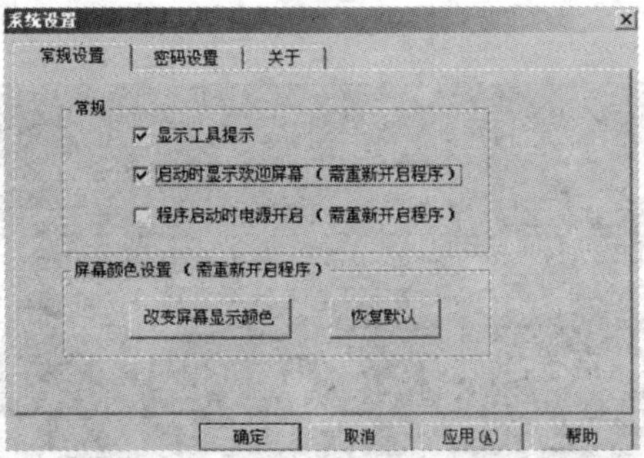

图4－41 系统设置对话框

(2)“显示工具提示”：决定程序运行时是否显示按钮的工具提示。按钮的工具提示会告诉用户按钮的功能和作用。开启工具提示后，只要把鼠标放置在按钮上一会儿，将出现相应的工具提示，如图4－42所示。

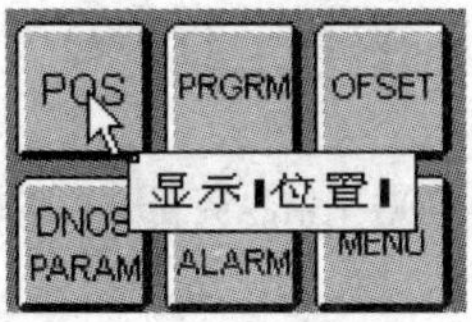

图4－42 工具提示

（3）“程序启动时电源开启”：决定程序启动后电源是否处于已经开启状态。

（4）“屏幕颜色设置”：可以改变屏幕显示的字体的颜色，“恢复默认”按钮可以恢复默认的屏幕字体颜色。

（5）打开“密码设置”选项卡，显示密码设置界面，可以更改锁定 NC 机床的密码。

2. 读入程序或撰写程序

当选择了菜单中的【通讯】子菜单，将出现如下屏幕，如图 4－43 所示。

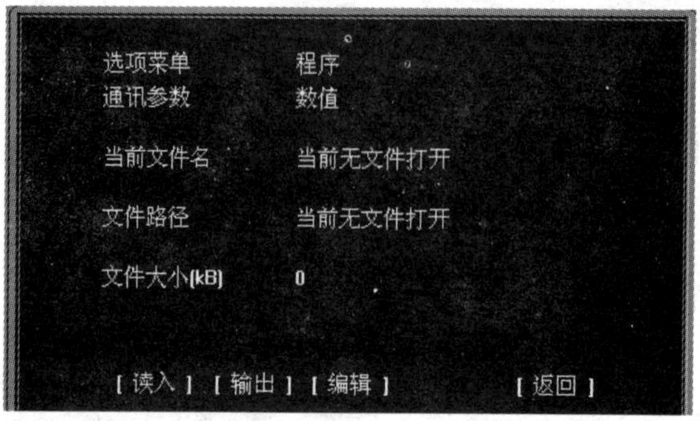

图 4－43　屏幕显示

点击【读入】按钮弹出【打开文件】对话框。用于程序读入已经编制好的加工代码文件。“输出”按钮用于将修改好的加工文件重新保存。【编辑】按钮显示程序编辑屏幕，显示当前读入的程序文件内容。如果输入文件成功，则在【通讯】屏幕上将显示文件名，文件大小和文件的路径。

3. 对刀和设置参数

成功的输入了加工文件后，接着进行对刀和参数设置。按下 MENU 按钮，将出现选项菜单设置屏幕，如图 4－44 所示。

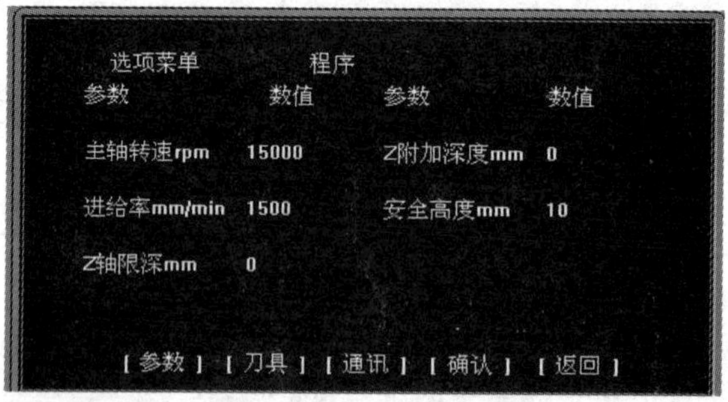

图 4－44　屏幕显示

默认显示的是【参数】子菜单屏幕，此时可以修改的系统参数有：

（1）进给率。

进给率默认为 1 500 mm/min，可以设置一个 200～4 000 之间的数作为加工时的进给率

（2）主轴转速范围。

主轴转速范围默认为 6 000～24 000 rpm，只能由主轴转速旋钮调节主轴速度。

（3）Z 轴限深。

Z 轴限深默认 0 代表 Z 轴无限深，Z 轴限深表示加工过程中 Z 轴所能下到的最深值。

(4)Z 附加深度。

Z 附加深度表示 Z 值在当前基础上再往下增加的深度。

(5)安全高度。

在加工过程中保证刀具离开工件表面一定距离的值。数值是刀具高度相对于零点位置的相对值。如默认值 10,表示刀具的安全高度是在 Z 零点位置上方 10 mm 处。安全高度是 G81 等固定循环中 Z 方向起始位置,用户可以更改此值。

加工前,可能还要设置某些加工参数,如进给率、Z 轴限深等。这可以进入“选项菜单”菜单,然后修改进给率的数值,以及 Z 轴限深、Z 附加深度等参数,还可以设置刀具参数。修改了参数后要记得按下【确认】键,使修改生效,否则修改将不起作用。

当选择了菜单中的【刀具】子菜单,将出现刀具设置屏幕,如图 4-45 所示。

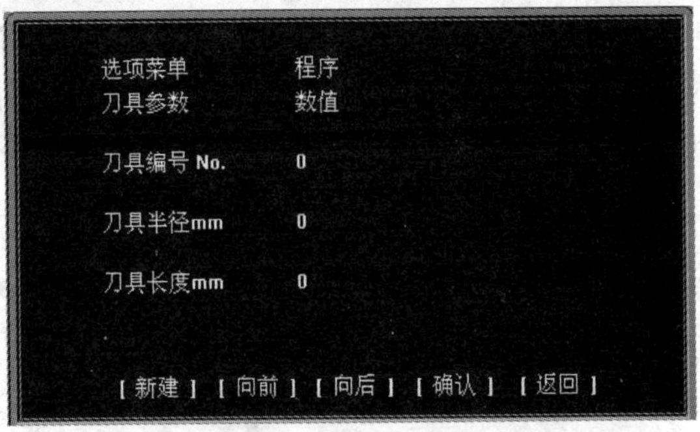

图 4-45 刀具设置屏幕

选择【新建】键将新建一把刀具,填入刀具半径和刀具长度值,用于刀具半径补偿和刀具长度补偿,“向前”和“向后”分别选择前一把刀具和后一把刀具,按【确认】将保存用户填入的刀具参数值,否则无效。按下 按钮,将出现坐标系设置屏幕,如图 4-46 所示。

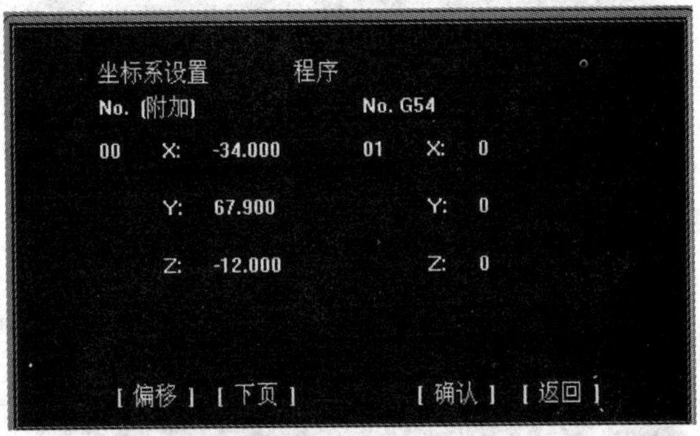

图 4-46 坐标系设置屏幕

“附加”值显示当前对刀点位置,按下【确认】后,程序便记住了输入的坐标值,如果程序中有“G54”标记,则程序采用预设的第一工件坐标系,按【下页】可以继续设置 G55,G56,G57,G58 的值。

对刀时可以使用增量点动和连续点动。选择运行模式 0.1 ~ 100JOG,使当前的进刀方式是增量点动。点动的增量值将从 0.1 mm 到 100 mm。选择了适合的点动增量后,按下 等按钮,机床将沿着相应的方向运动,运动的距离为选择的点动增量。选择运行模式 JOG 时为连续进给。当选择了连续的进刀方式后,按下 等按钮,机床将沿相应的方向不断地运动,直到用户再次按下 等按钮才停止。连续点动还可以采用不同的速度,默认的为低速,按下了 按钮后,表明现在处于快速进刀中。再次按下 按钮,速度又恢复为默认速度。当走到了需要下刀的位置后,进入“坐标系设置”菜单,可以看到“附加”栏,按下【确认】命令,则屏幕上的 X,Y,Z 值将变为对刀点的机床坐标。此时对刀过程完成。如果用户知道对刀点的坐标,也可以不用走刀,直接在“附加”栏屏幕中输入对刀点的 X,Y,Z 坐标值,然后按下【确认】键,使设置生效。

4. 选择加工方式

用户可以根据自己的需要来选择加工方式。自动加工方式使用最为普遍,将“运行模式”旋钮打到“Auto”,启用自动加工模式。系统从输入的加工文件中读取代码自动进行加工。将“运行模式”旋钮打到“Step”,启用单段加工,此种加工方式一般用于程序的调试,每次启动加工只加工一行加工代码。手动加工方式和自动方式类似,用户在撰写好加工文件并保存后,可以选择手动方式进行加工。

5. 进行加工

准备工作完成后,进行加工。确认当前的加工方式已经选为“自动加工”,“单段加工”,“手动加工”中的一种后,单击 按钮启动加工过程。加工开始后,机床将先回零然后移动到对刀点,开始加工。加工开始后,面板下方将出现进度条,提示用户当前的加工完成情况,如图 4 - 47 所示。

图 4 - 47　铣床面板

加工过程中可以暂停,按下 按钮,可以暂停当前加工过程。暂停后,将从当前加工位置抬刀,主轴停止转动。如要继续加工,可以再次按下 按钮,恢复加工过程。 如果在加工过程中出现了问题或者其他问题需要停止加工,可以按下 按钮,系统将弹出如图 4 - 48所示对话框,提示加工过程已经被中断。停止加工后程序将复位,如要继续加工必须重新开始。

图 4－48　加工中断提示框

加工完成后，将弹出对话框提示加工完成，如图 4－49 所示。

图 4－49　加工完成提示框

任务实施一

加工如图 4－1 所示钢板，工件材料为 45[#]钢。生产规模为单件，要求表面平整。

一、分析零件图，明确加工内容

图 4－1 所示零件的加工部分仅为零件的上表面，适于在普通铣床上加工，也适于在数控铣床上加工；其中 $8_{-0.036}^{\ 0}$ 和 Ra＝6.3 μm 为重点保证的尺寸和表面质量。

二、确定加工方案

机床：立式数控铣床。

夹具：平口钳定位和夹紧。

铣削参数的选择：

铣削参数包括切削速度 V、进给量 F、铣削宽度 a_e、铣削深度 a_p 4 个要素。参数的选用由工艺条件决定。

铣削时，采用的铣削用量，应在保证工件加工精度和刀具耐用度不超过铣床允许的动力和扭矩前提下，获得最高的生产率和最低的成本。在铣削过程中，如果能在一定的时间内切除较多的金属，就有较高的生产率，从刀具耐用度的角度考虑，切削用量选择的次序是：根据侧吃刀量 a_e 先选大的背吃刀量 a_p，再选大的进给速度 F，最后再选大的铣削速度 V（最后转换为主轴转速 S）和立铣刀的铣削深度与铣削宽度，如图4－50所示。

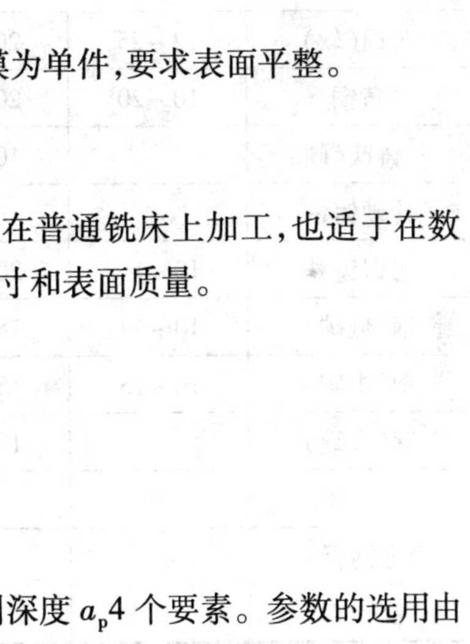

图 4－50　选择切削用量

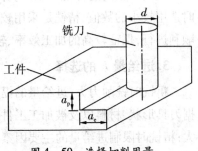

对于高速铣床（主轴转速在 10 000 r/min 以上），为发挥其高速旋转的特性、减少主轴的重载磨损，其切削用量选择的次序应是：$V \rightarrow F \rightarrow a_p(a_e)$。

1. 铣削深度 a_p 的选择

当铣削宽度 $a_e < d/2$（d 为铣刀直径）时，取 $a_p = (1/3 \sim 1/2)d$；铣削宽度 $d/2 \leq a_e < d$ 时，取 $a_p = (1/4 \sim 1/3)d$；铣削宽度 $a_e = d$（即全径切削）时，取 $a_p = (1/5 \sim 1/4)d$。

当车床的刚性较好，且刀具的直径较大时，a_p 可取得更大。

2. 铣削速度 V 的选择

在背吃刀量选好后，铣削速度 V 应在保证合理的刀具耐用度、车床功率等因素的前提下确定，具体见表 4－6。主轴转速 n(r/min) 与铣削速度 V(m/min) 及铣刀直径 D(mm) 的关系为：$n = 1\ 000\ V/(\pi D)$。

表 4－6　铣刀的铣削速度 V　　（单位：mm/min）

工件材料	铣刀刃口材料					
	碳素钢	高速钢	超高速钢	合金钢	碳化钛	碳化钨
铝合金	75～150	180～300		240～460		300～600
镁合金		180～270				150～600
钼合金		45～100				120～190
黄铜（软）	12～25	20～25		45～75		100～180
黄铜	10～20	20～40		30～50		60～130
灰铸铁（硬）		10～15	10～20	18～28		45～60
冷硬铸铁			10～15	12～18		30～60
可锻铸铁	10～15	20～30	25～40	35～45		75～110
钢（低碳）	10～14	18～28	20～30		45～70	
钢（中碳）	10～15	15～25	18～28		40～60	
钢（高碳）		10～15	12～20		30～45	
合金钢					35～80	
合金钢（硬）					30～60	
高速钢			12～25		45～70	

铣削参数的选择是一项经验性极强的技术，上述列举的数据只能作为参考。通常，粗铣时选用较小的数值、精铣是采用较大的数值，再根据实际切削进行调整，可保证加工的安全、顺利进行，保证较高的加工效率、较高的加工质量、较高的刀具寿命。

3. 进给量 F 的选择

粗铣时铣削力大，进给量的提高主要受刀具强度、车床、夹具等工艺系统刚性的限制，根据刀具形状、材料以及被加工工件材质的不同，在强度刚度许可的条件下，进给量应尽量取大；精铣时限制进给量的主要因素是加工表面的粗糙度，为了减小工艺系统的弹性变形，减小已加工表面的粗糙度，一般采用较小的进给量，具体见表 4－7。进给速度 F 与铣刀每齿进给量 f_z、铣刀齿数 Z 及主轴转速 S(r/min) 的关系为

$$F = f_z \times Z\ (\text{mm/r}) \text{ 或 } F = n \times f_z \times Z\ (\text{mm/min})$$

表 4-7 铣刀每齿进给量 f_Z 推荐值 (单位:mm/Z)

工件材料	工件材料硬度(HB)	硬质合金		高速钢	
		端铣刀	立铣刀	端铣刀	立铣刀
低碳钢	150~200	0.2~0.35	0.07~0.12	0.15~0.3	0.03~0.18
中、高碳钢	220~300	0.12~0.25	0.07~0.1	0.1~0.2	0.03~0.15
灰铸铁	180~220	0.2~0.4	0.1~0.16	0.15~0.3	0.05~0.15
可锻铸铁	240~280	0.1~0.3	0.06~0.09	0.1~0.2	0.02~0.08
合金钢	220~280	0.1~0.3	0.05~0.08	0.12~0.2	0.03~0.08
工具钢	HRC36	0.12~0.25	0.04~0.08	0.07~0.12	0.03~0.08
镁合金铝	95~100	0.15~0.38	0.08~0.14	0.2~0.3	0.05~0.15

根据以上铣削参数的选择,需要确定铣削速度 V(主轴转速 n)和进给量 F 的参数,加工的材料为 45#钢(属于中碳钢),所用刀具为高速钢立铣刀,查表得出以下参数:

铣刀的铣削速度 $V=15\sim25$(m/min);铣刀每齿进给量 $f_z=0.03\sim0.15$(mm/Z)

由以上参数,确定直径 $D=12$ mm 的 3 刃立铣刀的主要铣削参数为

$$n=1\,000V/(\pi D)=400\sim660\text{(m/min)}$$

$$F=n\times f_z\times Z=36\sim300\text{(mm/min)}$$

由此,制作出以下的加工工序单,见表 4-8。

表 4-8 加工工序清单

序号	加工内容	刀具规格		主轴转速	进给速度	刀具半径补偿/mm
		类型	材料	$r\cdot mini^{-1}$	$mm\cdot mini^{-1}$	
1	粗、精加工	ϕ12 mm 三刃立铣刀	高速钢	400~660	36~300	无

精加工时应该适当提高转速和进给量,提高加工效率。

量具:三用游标卡尺和深度千分尺。

刀具路径:采用平行加工方法,降低工件坐标系原点或修改程序控制尺寸精度。

三、制订加工工艺

1. 编制工艺方案和编制 NC 加工程序

(1)工艺方案。

在立式数控铣床用立铣刀加工,使用通用量具测量控制尺寸精度,通过降低工件坐标系原点或修改程序控制加工余量。

(2)NC 加工程序编制。

1)选择编程原点:根据基准统一原则,编程坐标系原点选择在零件上表面的中心。

2)工程图样的 NC 编程处理:根据图纸和毛坯,确定进刀、退刀位置。加工时,尽可能选择进刀点在工件外,加工完毕后刀具退至工件外,如图 4-51 所示为铣刀铣平面轨迹。

3)坐标计算:计算并标示各个基点、节点坐标。

4)编写程序单:编写并检查加工程序单,见表 4-9。

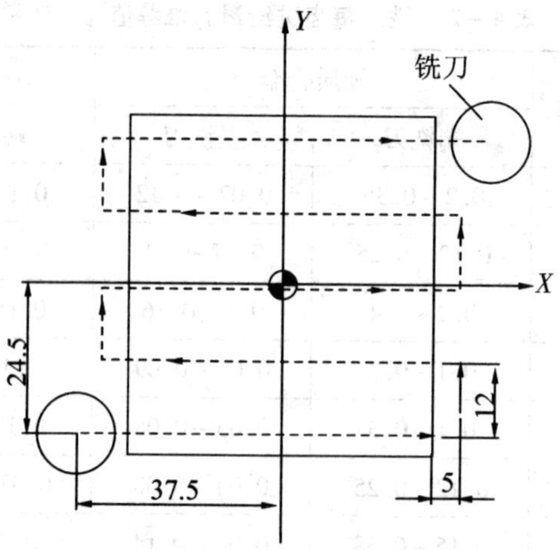

图 4-51　铣刀铣平面轨迹

表 4-9　加工程序单

程序段号	FANUC　0i 系统程序	SIMENS 802D 系统程序	程序说明
	O0001	BB1. MPF	主程序名
N10	G54G90G40G17G64G21;	G54G90G40G17G64G71;	程序初始化
N20	M03S500;		主轴正转,500r/min
N30	M08;		开冷却液
N40	G00Z100;		Z 轴快速定位
N50	X-37.5Y-24.5;		XY 快速定位
N60	Z5;		快速下刀
N70	G01Z-0.3F100;		Z 轴定位到加工深度 Z-0.3
N80	G91;		启用相对坐标编程方式
N90	X70;		X 方向进给
N100	Y12;		Y 方向进给
N110	X-65;		X 方向进给
N120	Y12;		Y 方向进给
N130	X65;		X 方向进给
N140	Y12;		Y 方向进给
N150	X-65;		X 方向进给
N160	Y12;		Y 方向进给
N170	X70;		X 方向进给
N180	G90;		返回绝对坐标编程方式
N190	G0Z100M09;		快速提刀至安全高度,关冷却液
N200	M30;		程序结束

2. 领取和检查毛坯材料

60 mm×60 mm×25 mm 的45#钢。

3. 借领和检查完成工作所需的工、夹、量具

(1)刀具及配套的刀柄；
(2)平口钳及扳手、平行等高垫铁；
(3)游标卡尺、深度千分尺；
(4)毛巾(或纱头)、手套、平光眼镜等。

4. 工作场地的准备工作

(1)检查工作场地的附属设施，如工具台、工件储运架、空气压缩机及气管路等；
(2)检查选用机器设备并查看使用记录；
(3)检查机器设备是否运转良好。

四、实施零件加工

1. 开启车床

注意事项：
(1)检查机器设备是否运转良好；
(2)检查工作台是否在合适位置；
(3)检查按键是否完好。

2. 安装夹紧平口钳，利用平行垫铁定位、夹紧工件

注意事项：
(1)安装平口钳时，车床工作台面与平口钳底面必须擦拭干净；
(2)紧固平口钳时，扳手只能拉不能推；
(3)安装工件时，平口钳钳口工作面及导轨面、平行垫铁工作面必须擦拭干净；
(4)安装平口钳和工件时，轻拿轻放，防止碰伤手脚和车床工作台面；
(5)扳手、铁块等不能放在工作台面。

3. 安装夹紧刀具和刀柄

注意事项：

(1)刀具、弹簧夹、强力铣夹头三者的配合接触部位必须擦拭和通过高压气吹干净才可装配夹紧；

(2)一般情况下，刀柄光滑部分应尽量装入弹簧夹孔；

(3)强力铣夹头安装到主轴前，检查拉钉是否紧固；

(4)刀具装夹到主轴后，启动主轴，检查刀具是否有跳动；加工精密零件的精加工刀具，必须用千分表(或百分表)检查刀尖的圆跳动和端面跳动。

4. 对刀，设定工件坐标系(G54)

注意事项：

(1)手轮的×100 档用来快速靠近工件,碰触工件必须用×1 档;

(2)观察刀具与工件的细小距离时,刀具必须停止移动;

(3)刀具碰触到工件侧边后,先提高刀具到离开工件,才进行下一步操作;

(4)FANUC 系统在测量 G54 时,要看清是否在 G54、G55 都显示的界面;

(5)检验对刀设定是否正确,首先独立检验 X、Y 轴,移动刀具到安全空间后再单独检验 Z 轴;

5. 录入程序,检查程序

6. 抬刀试运行程序,测试、调试程序的可行性

7. 撤消抬刀和空运行,在毛坯表层试切,检验加工程序及相关数据设定是否正确

8. 加工零件

注意事项:加工时,应确保持冷却充分和排屑顺利。

9. 控制零件尺寸

注意事项:需正确使用量具。

10. 结束工作

加工完毕后,将工件取出,去除毛刺,同时清扫车床,擦净刀具、量具等相关工件,并按规定摆放整齐。

任务实施二

加工如图 4-52 所示零件的上表面及台阶面(其余表面已加工)。毛坯为 100mm × 80mm × 32mm 长方块,材料为 45#钢,单件生产。

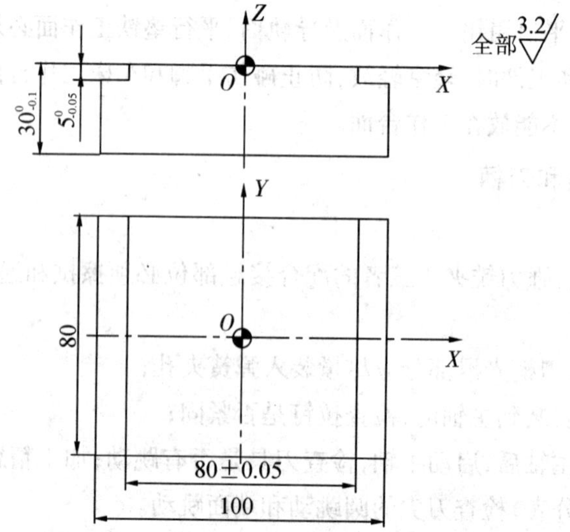

(单位: mm)

图 4-52 平面铣削零件

一、分析零件图样

该零件包含了平面、台阶面的加工，尺寸精度为 IT10 级，表面粗糙度 Ra 全部为 3.2μm，没有形位公差项目的要求，整体加工要求不高。

二、工艺分析

1. 加工方案的确定

根据图样加工要求，上表面的加工方案采用端铣刀粗铣→精铣，台阶面用立铣刀粗铣→精铣。

2. 确定装夹方案

加工上表面、台阶面时，可选用平口虎钳装夹，工件上表面高出钳口 10 mm 左右。

3. 确定加工工艺

加工工艺见表 4－10。

表 4－10 数控加工工序卡片

数控加工工艺卡片			产品名称	零件名称	材 料	零件图号		
					45#钢			
工序号	程序编号	夹具名称	夹具编号	使用设备		车 间		
		虎 钳						
工步号	工步内容		刀具号	主轴转速 r·min⁻¹	进给速度 mm·min⁻¹	背吃刀量 mm	侧吃刀量 mm	备 注
1	粗铣上表面		T01	250	300	1.5	80	
2	精铣上表面		T01	400	160	0.5	80	
3	粗铣台阶面		T02	350	100	4.5	9.5	
4	精铣台阶面		T02	450	80	0.5	0.5	

4. 进给路线的确定

铣削上表面时的走刀路线如图 4－53 所示。

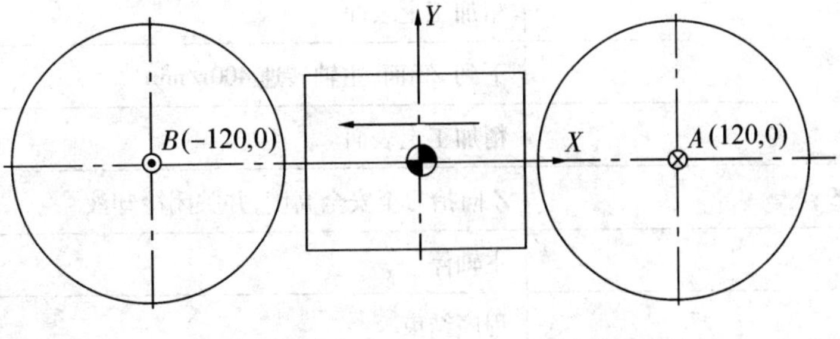

图 4－53 铣削上表面时的刀具进给路线

5. 刀具及切削参数的确定

刀具及切削参数见表 4－11。

表 4-11 数控加工刀具卡

数控加工刀具卡片		工序号	程序编号	产品名称		零件名称		材　料		零件图号
								45#		
序号	刀具号	刀具名称		刀具规格/mm		补偿值/mm		刀补号		备　注
				直径	长度	半径	长度	半径	长度	
01	T01	端铣刀(8 齿)		ϕ125	实测					硬质合金
02	T02	立铣刀(3 齿)		ϕ20	实测					高速钢

三、参考程序编制

1. 工件坐标系的建立

以图 4-32 所示的上表面中心作为 G54 工件坐标系原点。

2. 基点坐标计算

3. 参考程序

(1)上表面加工。

上表面加工使用面铣刀,其参考程序见表 4-12。

表 4-12 上表面加工程序

程　序	说　明
O4002	程序名
N10 G90 G54 G00 X120 Y0;	建立工件坐标系,快速进给至下刀位置
N20 M03 S250;	启动主轴,主轴转速 250r/min
N30 Z50 M08;	主轴到达安全高度,同时打开冷却液
N40 G00 Z5;	接近工件
N50 G01 Z0.5 F100;	下到 Z0.5 面
N60 X-120 F300;	粗加工上表面
N70 Z0 S400;	下到 Z0 面,主轴转速 400r/min
N80 X120 F160;	精加工上表面
N90 G00 Z50 M09;	Z 向抬刀至安全高度,并关闭冷却液
N100 M05;	主轴停
N110 M30;	程序结束

(2)台阶面加工。

台阶面加工使用立铣刀,其参考程序见表 4-13。

表 4－13 台阶面加工程序

程 序	说 明
O4003	程序名
N10 G90 G54 G00 X－50.5 Y－60;	建立工件坐标系,快速进给至下刀位置
N20 M03 S350;	启动主轴
N30 Z50 M08;	主轴到达安全高度,同时打开冷却液
N40 G00 Z5;	接近工件
N50 G01 Z－4.5 F100;	下刀 $Z-4.5$
N60 Y60;	粗铣左侧台阶
N70 G00 X50.5;	快进至右侧台阶起刀位置
N80 G01 Y－60;	粗铣右侧台阶
N90 Z－5 S450;	下刀 $Z-5$
N100 X50;	走至右侧台阶起刀位置
N110 Y60 F80;	精铣右侧台阶
N120 G00 X－50;	快进至左侧台阶起刀位置
N130 G01 Y－60;	精铣左侧台阶
N140 G00 Z50 M05 M09;	抬刀,并关闭冷却液
N150 M05;	主轴停
N160 M30;	程序结束

资讯单

<table>
<tr><td>学习领域</td><td colspan="3">数控机床的编程与操作</td></tr>
<tr><td>学习情境四</td><td>零件平面外轮廓的数控铣削加工</td><td>学　时</td><td>20</td></tr>
<tr><td>资讯方式</td><td colspan="3">学生分组查询资料，找出问题的答案</td></tr>
<tr><td>资讯问题</td><td colspan="3">1. 数控编程分为哪几种？
2. 数控编程的步骤有哪些？
3. 数控铣削加工工序如何划分？
4. 数控铣削外轮廓时进给路线是怎样的？
5. 数控零件平面外轮廓的数控铣削加工时，切削用量如何选择？
6. 数控铣削时，铣刀刀具半径如何补偿？
7. 数控铣削时如何装夹？
8. 请默写出 G02，G03 的指令格式。
9. 平面的测量有哪些方式？</td></tr>
<tr><td>资讯引导</td><td colspan="3">以上资讯问题请查阅以下书籍：
《数控机床的编程与操作》，主编：杨清德，中国邮电出版社。
《数控车削技术》，主编：孙梅，清华大学出版社。
《数控车削工艺与编程操作》，主编：唐萍，机械工业出版社。</td></tr>
</table>

请沿此线剪下

决策单

<table>
<tr><td>学习领域</td><td colspan="3">数控机床的编程与操作</td><td colspan="4"></td></tr>
<tr><td>学习情境四</td><td colspan="3">零件平面外轮廓的数控铣削加工</td><td>学　时</td><td colspan="3">20</td></tr>
<tr><td colspan="8">方案讨论</td></tr>
<tr><td rowspan="6">方案对比</td><td>组号</td><td>工作流程的正确性</td><td>知识运用的科学性</td><td>内容的完整性</td><td>方案的可行性</td><td>人员安排的合理性</td><td>综合评价</td></tr>
<tr><td>1</td><td></td><td></td><td></td><td></td><td></td><td></td></tr>
<tr><td>2</td><td></td><td></td><td></td><td></td><td></td><td></td></tr>
<tr><td>3</td><td></td><td></td><td></td><td></td><td></td><td></td></tr>
<tr><td>4</td><td></td><td></td><td></td><td></td><td></td><td></td></tr>
<tr><td>5</td><td></td><td></td><td></td><td></td><td></td><td></td></tr>
<tr><td>方案评价</td><td colspan="7">评语：</td></tr>
<tr><td>班级</td><td></td><td>组长签字</td><td></td><td>教师签字</td><td></td><td colspan="2">月　　日</td></tr>
</table>

请沿此线剪下

请沿此线剪下

请沿此线剪下

计划单

<table>
<tr><td>学习领域</td><td colspan="5">数控机床的编程与操作</td></tr>
<tr><td>学习情境四</td><td colspan="3">零件平面外轮廓的数控铣削加工</td><td>学 时</td><td>20</td></tr>
<tr><td>计划方式</td><td colspan="5">分组讨论，制订各组的实施操作计划和方案</td></tr>
<tr><td>序 号</td><td colspan="3">实施步骤</td><td colspan="2">使用资源</td></tr>
<tr><td>1</td><td colspan="3"></td><td colspan="2"></td></tr>
<tr><td>2</td><td colspan="3"></td><td colspan="2"></td></tr>
<tr><td>3</td><td colspan="3"></td><td colspan="2"></td></tr>
<tr><td>4</td><td colspan="3"></td><td colspan="2"></td></tr>
<tr><td>5</td><td colspan="3"></td><td colspan="2"></td></tr>
<tr><td>制订计划
说明</td><td colspan="5"></td></tr>
<tr><td rowspan="3">计划评价</td><td>班 级</td><td></td><td>第 组</td><td>组长签字</td><td></td></tr>
<tr><td>教师签字</td><td colspan="2"></td><td>日 期</td><td></td></tr>
<tr><td colspan="5">评语：</td></tr>
</table>

请沿此线剪下

请沿此线剪下

请沿此线剪下

实施单

学习领域	数控机床的编程与操作			
学习情境四	零件平面外轮廓的数控铣削加工		学　时	20
实施方式	分组实施，按实际的实施情况填写此单			
序号	实施步骤		使用资源	
1				
2				
3				
4				
5				
6				
7				
8				
9				
10				
实施说明：				
班　　级		第　　组	组长签字	
教师签字			日　　期	

请沿此线剪下

请沿此线剪下

请沿此线剪下

作业单

<table>
<tr><td>学习领域</td><td colspan="5">数控机床的编程与操作</td></tr>
<tr><td>学习情境四</td><td colspan="3">零件平面外轮廓的数控铣削加工</td><td>学　时</td><td>20</td></tr>
<tr><td>作业方式</td><td colspan="5">课余时间独立完成</td></tr>
<tr><td>1</td><td colspan="5">加工平面零件都用哪几种常见的铣刀？</td></tr>
<tr><td colspan="6">作业解答：</td></tr>
<tr><td>2</td><td colspan="5">切削用量三要素如何选择？</td></tr>
<tr><td colspan="6">作业解答：</td></tr>
<tr><td rowspan="4">作业评价</td><td>班　　级</td><td></td><td>第　组</td><td>组长签字</td><td></td></tr>
<tr><td>学　　号</td><td></td><td>姓　名</td><td colspan="2"></td></tr>
<tr><td>教师签字</td><td colspan="2"></td><td>日　　期</td><td></td></tr>
<tr><td colspan="5">评语：</td></tr>
</table>

请沿此线剪下

请沿此线剪下

请沿此线剪下
请沿此线剪下
请沿此线剪下

检查单

<table>
<tr><td>学习领域</td><td colspan="5">数控机床的编程与操作</td></tr>
<tr><td>学习情境四</td><td colspan="3">零件平面外轮廓的数控铣削加工</td><td>学 时</td><td>20</td></tr>
<tr><td>序号</td><td>检查项目</td><td colspan="2">检查标准</td><td>学生自检</td><td>教师检查</td></tr>
<tr><td>1</td><td>目标认知</td><td colspan="2">工作目标明确,工作计划具体结合实际,具有可操作性</td><td></td><td></td></tr>
<tr><td>2</td><td>理论知识</td><td colspan="2">掌握数控车削的基本理论知识,会进行平面零件编程</td><td></td><td></td></tr>
<tr><td>3</td><td>基本技能</td><td colspan="2">能够运用知识进行完整的工艺设计、编程,并顺利完成加工任务</td><td></td><td></td></tr>
<tr><td>4</td><td>学习能力</td><td colspan="2">能在教师的指导下自主学习,全面掌握数控加工的相关知识和技能</td><td></td><td></td></tr>
<tr><td>5</td><td>工作态度</td><td colspan="2">在完成任务过程中的参与程度,积极主动地完成任务</td><td></td><td></td></tr>
<tr><td>6</td><td>团队合作</td><td colspan="2">积极与他人合作,共同完成工作任务</td><td></td><td></td></tr>
<tr><td>7</td><td>工具运用</td><td colspan="2">熟练利用资料单进行自学,利用网络进行查询</td><td></td><td></td></tr>
<tr><td>8</td><td>任务完成</td><td colspan="2">保质保量,圆满完成工作任务</td><td></td><td></td></tr>
<tr><td>9</td><td>演示情况</td><td colspan="2">能够按要求进行演示,效果好</td><td></td><td></td></tr>
<tr><td rowspan="3">检查评价</td><td>班 级</td><td></td><td>第 组</td><td>组长签字</td><td></td></tr>
<tr><td>教师签字</td><td colspan="2"></td><td>日 期</td><td></td></tr>
<tr><td colspan="5">评语:</td></tr>
</table>

评价单

学习领域	数控机床的编程与操作				
学习情境四	零件平面外轮廓的数控铣削加工			学 时	20
评价类别	项目	子项目	个人评价	组内互评	教师评价
专业能力（60%）	资讯（10%）	搜集信息（5%）			
		引导问题回答（5%）			
	计划（10%）	计划可执行度（3%）			
		数控加工工艺的安排（4%）			
		数控加工方法的选择（3%）			
	实施（15%）	遵守安全操作规程（5%）			
		工艺编制（6%）			
		程序编写（2%）			
		所用时间（2%）			
	检查（10%）	工艺准确（5%）			
		程序准确（5%）			
	过程（5%）	使用工具规范性（2%）			
		加工过程规范性（2%）			
		工具和仪表管理（1%）			
	结果（10%）	加工出零件（10%）			
社会能力（20%）	团结协作（10%）	小组成员合作良好（5%）			
		对小组的贡献（5%）			
	敬业精神（10%）	学习纪律性（5%）			
		爱岗敬业、吃苦耐劳精神（5%）			
方法能力（20%）	计划能力（10%）	考虑全面、细致有序（10%）			
	决策能力（10%）	决策果断、选择合理（10%）			
检查评价	班 级		第 组	组长签字	
	教师签字		日 期		
	评语：				

请沿此线剪下

请沿此线剪下

请沿此线剪下

请沿此线剪下

教学反馈单

学习领域	数控机床的编程与操作			
学习情境四	零件平面外轮廓的数控铣削加工	学　时		20
序号	调查内容	是	否	理由陈述
1	你是否明确本学习情境的学习目标?			
2	你对零件平面加工刀具是否熟悉?			
3	资讯单中的问题,你是否都熟悉?			
4	你对本小组成员之间的合作是否满意?			
5	你是否完成本学习情境的任务?			
你的意见对改进教学非常重要,请写出你的建议和意见。				
被调查人签名		调查时间		

请沿此线剪下

请沿此线剪下

知识拓展

一、圆弧插补指令(G02,G03)

以小组形式查阅资料学习以下内容:

1. 含义

G02 ________________________　G03 ________________________

2. 格式

(1)*XY* 平面圆弧插补指令(见图 4－54)。

$$G17\begin{Bmatrix}G02\\G03\end{Bmatrix}X\_\ Y\_\qquad\begin{Bmatrix}R\_\\I\_\ J\_\end{Bmatrix}F\_$$

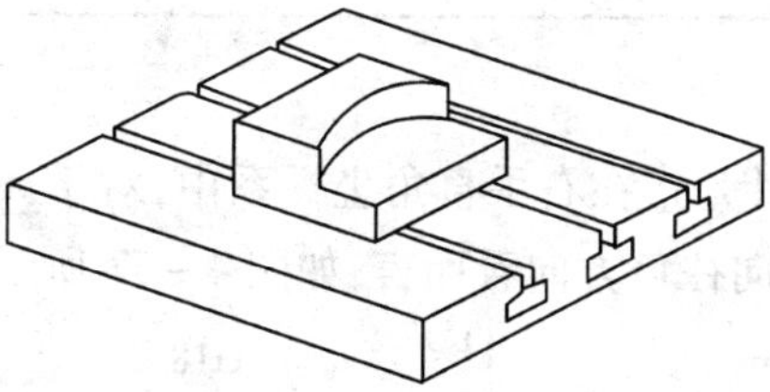

图 4－54　*XY* 插补平面

(2)*ZX* 平面圆弧插补指令(见图 4－55)。

$$G18\begin{Bmatrix}G02\\G03\end{Bmatrix}X\_\ Y\_\qquad\begin{Bmatrix}R\_\\I\_\ J\_\end{Bmatrix}F\_$$

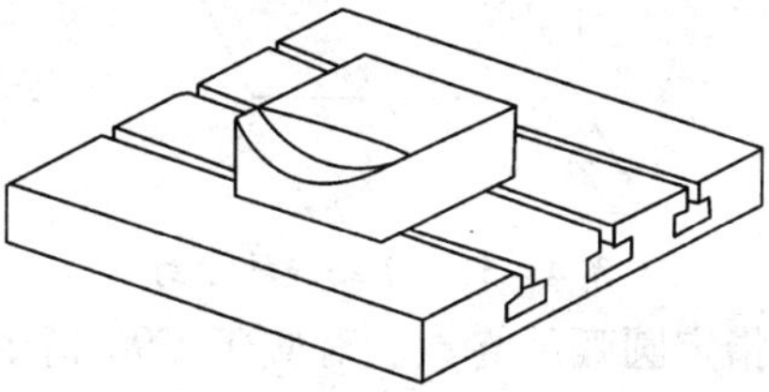

图 4－55　*ZX* 插补平面

(3)*YZ* 平面圆弧插补指令(见图 4－56)。

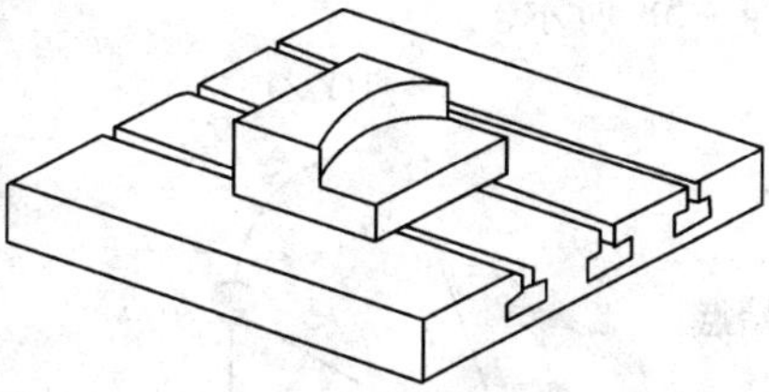

图 4－56　*YZ* 插补平面

$$G19\begin{Bmatrix}G02\\G03\end{Bmatrix}X\_\ Y\_\qquad\begin{Bmatrix}R\_\\I\_\ J\_\end{Bmatrix}F\_$$

3. 参数含义(见表 4-14)

表 4-14

项目	指定内容	命令	意义
1	平面指定	G17	*XY* 平面圆弧指定
		G18	*ZX* 平面圆弧指定
		G19	*YZ* 平面圆弧指定
2	回转方向	G02	顺时针转 *CW*
		G03	反时针转 *CCW*
3	G90 方式	*X*,*Y*,*Z* 中的两轴	零件坐标系中的终点位置
	终点位置 G91 式	*X*,*Y*,*Z* 中的两轴	从始点到终点的距离
4	从始点到圆心的距离	*I*,*J*,*K* 中的两轴	始点到圆心的距离
	圆弧半径	*R*	圆弧半径
5	进给速度	*F*	沿圆弧的速度

4. 说明

(1)所谓顺时针和反时针是指在右手直角坐标系中,对于 *XY* 平面(*ZX* 平面, *YZ* 平面)从 *Z* 轴(*Y* 轴, *X* 轴)的正方向往负方向看而言,如图 4-57 所示。

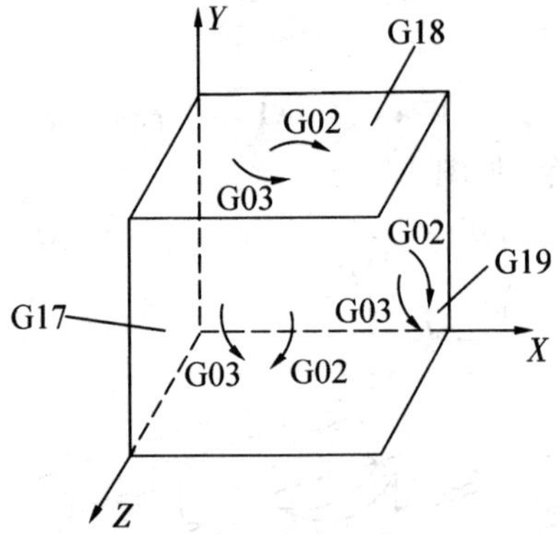

图 4-57 主轴旋转方向

(2)用地址 *X*,*Y* 或者 *Z* 指定圆弧的终点。对应于 G90 指令的是用绝对值表示,对应于 G91 指令的是用增量值表示,增量值是从圆弧的始点到终点的距离值。圆弧中心用地址 *I*, *J*, *K* 指定。它们分别对应于 *X*,*Y*,*Z*。但 *I*,*J*,*K* 后面的数值是从圆弧始点到圆心的矢量分量,是含符号的增量值,如图 4-58 所示。

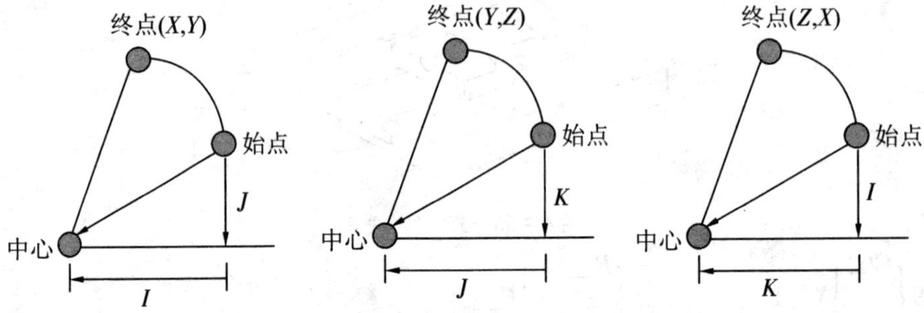

图 4-58 圆心位置矢量分量示意图

5. 注意事项

(1) $I0$, $J0$, $K0$ 可以省略。

(2) R 是圆弧半径，当圆弧所对应的圆心角为 0°～180°时，R 取正值；圆心角为 180°～360°时，R 取负值；如图 4－59 所示，从始点经路径 1 到终点 R 为 +50，从始点经路径 2 到终点 R 为 −50。

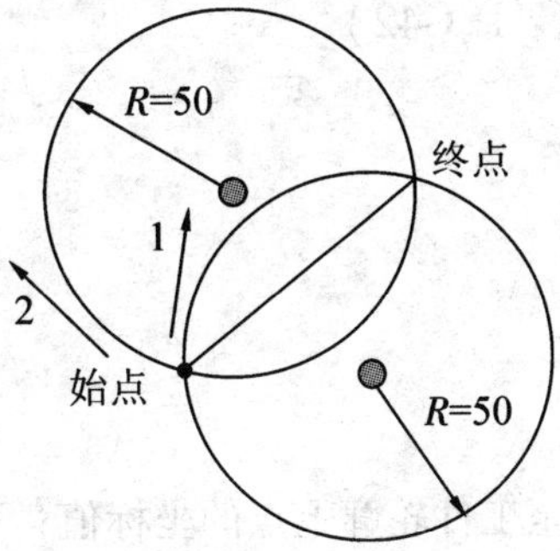

图 4－59　圆弧半径正负情况的确定

1)的圆弧小于 180°时：

G91 G02 *X*60.0 *Y*20.0 *R*50.0 *F*300.0;

2)的圆弧大于 180°时：

G91 G02 *X*60.0 *Y*20.0 *R*－50.0 *F*300.0;

(3) X, Y, Z 同时省略表示终点和始点是同一位置，用 I, J, K 指令圆心时，为 360°的圆弧。

(4) 刀具实际移动速度相对于指令速度的误差在 ±2% 以内，而指令速度是刀具沿着半径补偿后的圆弧运动的速度。

(5) I, J, K 和 R 同时使用时，R 有效，I, J, K 无效。

(6) 如果在规定的平面上指令了不存在的轴，则会产生报警。

例题 4.7，如图 4－60 所示，刀具轨迹从 A 到 B 到 C 到 D，程序如下：

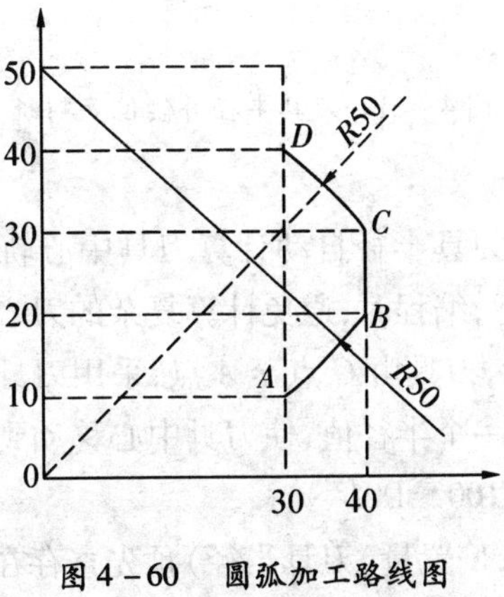

图 4－60　圆弧加工路线图

(1) I, J, K 方式。

G90 G17 G03 *X*40.0 *Y*20.0 *I*－30.0 *J*40 F100;

G01 *Y*30.0;

G03 X30.0 Y40.0 I-40.0 J-30.0;

(2)R 方式。

G90 G17 G03 X40.0 Y20.0 R50.0 F100;
G01 Y30.0;
G03 X30.0 Y40.0 R50.0;

二、刀具半径补偿指令(G41、G42)

1. 格式

$$\begin{Bmatrix} G41 \\ G42 \end{Bmatrix} \begin{Bmatrix} G00 \\ G01 \end{Bmatrix} X\_\_Y\_\_D\_\_$$

2. 指令说明

(1)X__ Y__ 表示刀具移动至工件轮廓上点的坐标值;

(2)D__为刀具半径补偿寄存器地址符,寄存器存储刀具半径补偿值;

(3)如图 4-61(a)所示,沿刀具进刀方向看,刀具中心在零件轮廓左侧,则为刀具半径左补偿,用 G41 指令;

(4)如图 4-61(b)所示,沿刀具进刀方向看,刀具中心在零件轮廓右侧,则为刀具半径右补偿,用 G42 指令;

(5)通过 G00 或 G01 运动指令建立刀具半径补偿。

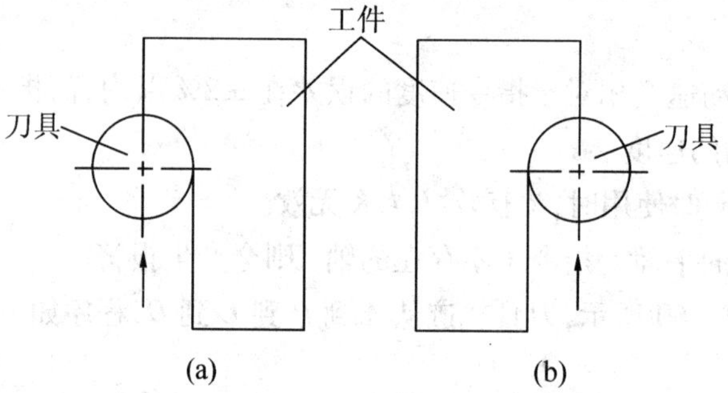

图 4-61 刀具半径补偿位置判断

3. 功能

数控系统根据工件轮廓和刀具半径自动计算刀具中心轨迹,控制刀具沿刀具中心轨迹移动,加工出所需要的工件轮廓,编程时,避免计算复杂的刀心轨迹。

例题 4.8,如图 4-62 所示,刀具由 O 点至 A 点,采用刀具半径左补偿指令 G41 后,刀具将在直线插补过程中向左偏置一个半径值,使刀具中心移动到 B 点,其程序段为

G41 G01 X50 Y40 F100 D01

D01 为刀具半径偏置代码,偏置量(刀具半径)预先寄存在 D01 指令指定的寄存器中。

运用刀具半径补偿指令,通过调整刀具半径补偿值来补偿刀具的磨损量和重磨量,如图 4-63 所示,r_1 为新刀具的半径,r_2 为磨损后刀具的半径。此外运用刀具半径补偿指令,还可以实现使用同一把刀具对工件进行粗、精加工,如图 4-64 所示,粗加工时刀具半径 r_1 为

$r+\Delta$,精加工时刀具半径补偿值为 r_2 为 r,其中 Δ 为精加工余量。

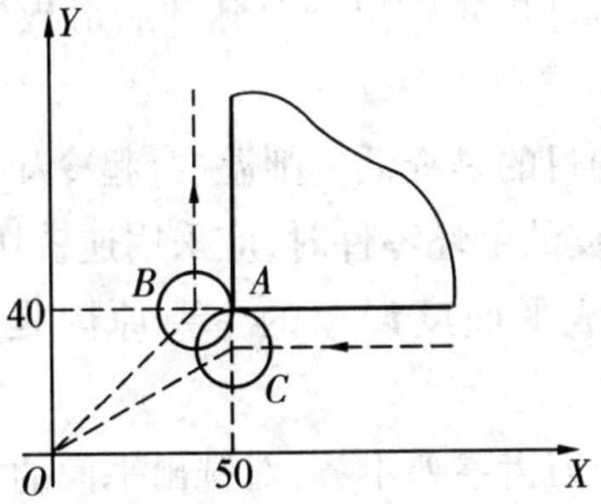

图 4-62 刀具半径补偿过程

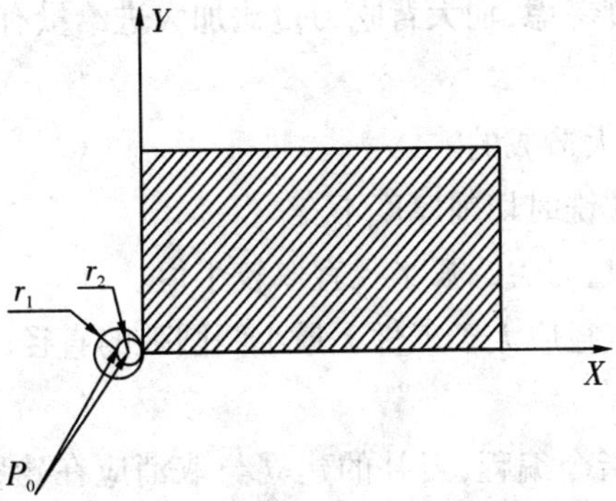

图 4-63 刀具磨损后的刀具半径补偿

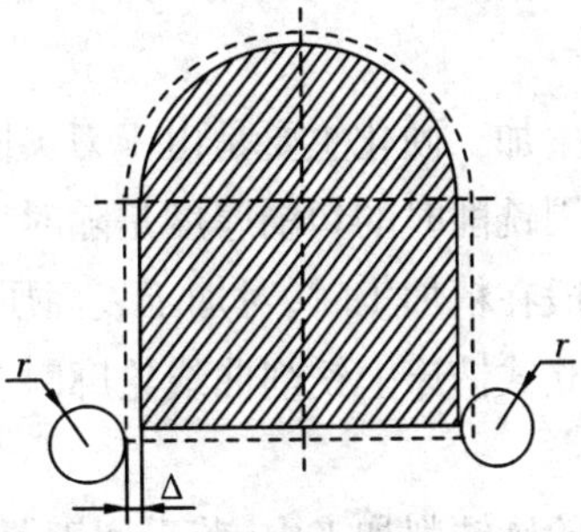

图 4-64 粗、精加工的刀具半径补偿

三、取消刀具半径补偿指令(G40)

1. 格式

$$\left\{\begin{matrix} G00 \\ G01 \end{matrix}\right\} G40 \quad X\_\_\ Y\_\_$$

2. 功能

该指令用于取消刀具半径补偿

3. 指令说明

(1)指令中的 X__ Y__表示刀具轨迹中取消刀具半径补偿点的坐标值;

(2)通过 G00 或 G01 运动指令取消刀具半径补偿;

(3)G40 必须和 G41 或 G42 成对使用。

思考与练习

一、判断题

1. 数控铣床高速钢刀具用于承受冲击力较大的场合,常用于高速切削。 ( )
2. 如果数控铣床主轴轴向窜动超过公差,那么铣削时会产生较大的振动。 ( )
3. 子程序的第一个程序段为最后一个程序段必须用 G00 指令进行定位。 ( )

4. 数控铣床加工时工件材料的强度、硬度超高，则刀具寿命越低。 (　　)

5. 目前数控装置的脉冲当量(即每输出一个脉冲后滑板的移动量)一般为0.01 mm，高精度的数控系统可达0.001 mm。 (　　)

6. 精加工时，使用切削液的目的是降低切削温度，起冷却作用。 (　　)

7. 在铣床上加工表面有硬皮的毛坯零件时，应采用逆铣切削。 (　　)

8. 用端铣方法铣平面，造成平面度误差的主要原因是铣床主轴的轴线与进给方向不垂直。 (　　)

9. 用端铣刀铣平面时，铣刀刀齿参差不齐，对铣出平面的平面度好坏没有影响。 (　　)

10. 在切削加工中，从切削力和切削功率的角度考虑，加大背吃刀量比加大进给量有利。 (　　)

11. 产生加工硬化主要是由于刀尖圆弧半径太大造成的。 (　　)

12. 圆周铣削时的切削厚度是随时变化的，而端铣时切削厚度不变。 (　　)

13. 一般在精加工时，对加工表面质量要求高时，刀尖圆弧半径宜取较小值。 (　　)

14. 在立式铣床上铣削曲线轮廓时，立铣刀的直径应大于工件上最小凹圆弧的直径。 (　　)

15. 在轮廓铣削加工中，若采用刀具半径补偿指令编程，刀补的建立与取消应在轮廓上进行，这样的程序才能保证零件的加工精度。 (　　)

16. 光栅尺是一种能够间接检测直线位移或面位移的伺服系统反馈元件。 (　　)

17. 盲孔铰刀端部沉头孔的作用是容纳切屑。 (　　)

18. 对于同一G代码而言，不同的数控系统所代表的含义不完全一样，但对于同一功能指令(如公制/英制尺寸转换，直线/旋转进给转换等)则与数控系统无关。 (　　)

19. 尺寸公差、形状和位置公差是零件的几何要素。 (　　)

20. 磨削加工可以获得较高的精度和较细的表面粗糙度。 (　　)

二、选择题

1. 钻削时的切削热大部分由(　　)传散出去

A. 刀具　　B. 工件　　C. 切屑　　D. 空气

2. 选择加工表面的设计基准作为定位基准称为(　　)。

A. 基准统一原则　　B. 互为基准原则　　C. 基准重合原则　　D. 自为基准原则

3. 有些高速钢铣刀或硬质合金铣刀的表面涂敷一层Tie或Tin等物质，其目的是(　　)。

A. 使刀具更美观　　B. 提高刀具的耐磨性

C. 切削时降低刀具的温度　　D. 抗冲击

4. 材料是钢，欲加工一个尺寸为6F8，深度为3 mm的键槽，键槽侧面表面粗糙度Ra为1.6 μm，最好采用(　　)。

A. $\phi6$ mm键槽铣刀一次加工完成

B. $\phi6$ mm键槽铣刀分粗精加工两遍完成

C. ϕ5 mm 键槽铣刀沿中线直一刀然后精加工两侧面

D. ϕ5 mm 键槽铣刀顺铣一圈一次完成

5. 铣削外轮廓,为避免切入/切出产生刀痕,最好采用(　　　)。

A. 法向切入/切出　B. 切向切入/切出　C. 斜向切入/切出　D. 直线切入/切出

6. 主轴转速 n(r/min)与切削速度 v(m/min)的关系表达式是(　　　)。

A. $n = \pi vD/1\ 000$　B. $n = 1\ 000\pi vD$　C. $v = \pi nD/1\ 000$　D. $v = 1\ 000\pi nD$

7. 通常用球刀加工比较平滑的曲面时,表面粗糙度的质量不会很高。这是因为(　　　)。

A. 行距不够密　B. 步距太小

C. 球刀刀刃不太锋利　D. 球刀尖部的切削速度几乎为零

8. 按一般情况,制作金属切削刀具时,硬质合金刀具的前角(　　　)高速钢刀具的前角。

A. 大于　B. 等于　C. 小于　D. 平行于

9. 绝大部分的数控系统都装有电池,它的作用是(　　　)。

A. 给系统的 CPU 运算提供能量,更换电池时一定要在数控系统断电的情况下进行

B. 在系统断电时,用它储存的能量来保持 RAM 中的数据,更换电池时一定要在数控系统断电的情况下进行

C. 为检测元件提供能量,更换电池时一定要在数控系统断电的情况下进行

D. 在突然断电时,为数控铣床提供能量,使机床能暂时运行几分钟,以便退出刀具,更换电池时一定要在数控系统断电的情况下进行

10. 在立式铣床上利用回转工作台铣削工件的圆弧面时,当找正圆弧面中心与回转工作台中心重合时,应转动(　　　)。

A. 工作台　B. 主轴　C. 回转工作台　D. 纵向手轮

11. 在数控铣刀的(　　　)内设有自动拉退装置,能在数秒钟内完成装刀、卸刀,使换刀显得较方便。

A. 主轴套筒　B. 主轴　C. 套筒　D. 刀架

12. 为保障人身安全,在正常情况下,电气设备的安全电压规定为(　　　)。

A. 42 V　B. 36 V　C. 24 V　D. 12 V

13. 当选择粗基准时,重点考虑如何保证各加工表面(　　　),使不加工表面与加工表面间的尺寸、位置符合零件图要求。

A. 对刀方便　B. 切削性能好　C. 进/退刀方便　D. 有足够的余量

14. 周铣时用(　　　)方式进行铣削,铣刀的耐用度较高,获得加工面的表面粗糙度值较小。

A. 对称铣　B. 逆铣　C. 圆周铣　D. 顺铣

15. 在数控加工中,刀具补偿功能除对刀具半径进行补偿外,在用同一把刀进行粗.精加工时,还可进行加工余量的补偿,设刀具半径为 r,精加工时半径方向的余量为 Δ,则最后一次粗、精加工走刀的半径补偿量为(　　　)。

A. $r+\Delta$　B. r　C. Δ　D. $2r+\Delta$

16. 数控铣床切削精度检验(　　　),对机床几何精度和定位精度的一项综合检验。
   A. 又称静态精度检验,是在切削加工条件下
   B. 又称动态精度检验,是在空载条件下
   C. 又称动态精度检验,是在切削加工条件下
   D. 又称静态精度检验,是在空载条件下
17. 数控铣床一般采用机夹刀具,与普通刀具相比,机夹刀具有很多特点,但(　　　)不是机夹刀具的特点。
   A. 刀具要经常进行重新刃磨
   B. 刀片和刀具几何参数和切削参数的规范化、典型化
   C. 刀片及刀柄高度的通用化、规则化、系列化
   D. 刀片及刀具的耐用度及其经济寿命指标的合理化
18. 磨削薄壁套筒内孔时夹紧力方向最好为(　　　)。
   A. 径向　　B. 倾斜方向　　C. 任意方向　　D. 轴向
19. 数控系统的报警大体可以分为操作报警,程序错误报警,驱动报警及系统错误报警,某个数控车床在启动后显示“没有 Z 轴反馈”这属于(　　　)。
   A. 操作错误报警　　B. 程序错误报警　　C. 驱动错误报警　　D. 系统错误报警
20. 当铣削加工时,为了减小工件表面粗糙度 Ra 的值,应该采用(　　　)。
   A. 顺铣　　B. 逆铣
   C. 顺铣和逆铣都一样　　D. 依被加工表面材料决定
21. 测量反馈装置的作用是为了(　　　)。
   A. 提高机床的安全性　　B. 提高机床的使用寿命
   C. 提高机床的定位精度. 加工精度　　D. 提高机床的灵活性
22. 砂轮的硬度取决于(　　　)。
   A. 磨粒的硬度　　B. 结合剂的黏结强度
   C. 磨粒粒度　　D. 磨粒率
23. 用高速钢铰刀铰削铸铁时,由于铸铁内部组织不均引起振动,容易出现(　　　)现象。
   A. 孔径收缩　　B. 孔径不变　　C. 孔径扩张
24. 滚珠丝杠副消除轴向间隙的目的主要是(　　　)。
   A. 减小摩擦力矩　　B. 提高使用寿命　　C. 提高反向传动精度　　D. 增大驱动力矩
25. 通常夹具的制造误差就是工件在该工序中允许误差的(　　　)。
   A. 1 ~3 倍　　B. 1/10 ~1/100　　C. 1/3 ~1/5　　D. 等同值
26. 采用固定循环编程可以(　　　)。
   A. 加快切削速度,提高加工质量　　B. 缩短程序的长度,减少程序所占的内存
   C. 减少换刀次数,提高切削速度　　D. 减少吃刀深度,保证加工质量
27. 数控铣床的刀具补偿功能,分为(　　　)和刀尖圆弧半径补偿。
   A. 刀具直径补偿　　B. 刀具长度补偿　　C. 刀具软件补偿　　D. 刀具硬件补偿
28. 对位置精度较高的孔系加工时,特别要注意孔的加工顺序的安排,主要是考虑到

(　　)。

A. 坐标轴的反向间隙　　B. 刀具的耐用度

C. 控制振动　　D. 加工表面质量

29. 在传统加工中,从刀具的耐用度方面考虑,在选择粗加工切削用量时,首先应选择尽可能大的(　　),从而提高切削效率。

A. 背吃刀量　　B. 进给速度　　C. 切削速度　　D. 主轴转速

30. 采用球头刀铣削加工曲面,减小残留高度的办法是(　　)。

A. 减小球头刀半径和加大行距　　B. 减小球头刀半径和减小行距

C. 加大球头刀半径和减小行距　　D. 加大球头刀半径和加大行距

31. 数控铣床主轴锥孔的锥度通常为 7:24,之所以采用这种锥度是为了(　　)。

A. 靠磨擦力传递扭矩　　B. 自锁

C. 定位和便于装卸刀柄　　D. 以上几种情况都是

32. 下列说法正确的是(　　)。

A. 标准麻花钻头的导向部分外径一致,即外径从切削部分到尾部直径始终相同

B. 标准麻花钻头的导向部分外径有倒锥量,即外径从切削部分到尾部逐渐减小

C. 标准麻花钻头的导向部分外径有倒锥量,即外径从切削部分到尾部逐渐加大

D. 标准麻花钻头的导向部分外径一致,在尾部的夹持部分有莫氏锥度

33. 镗削椭圆孔时,将立铣头转过 $-\alpha$ 角度后利用进给来达到(　　)。

A. 工作台垂直向进给　　B. 主轴套筒进给

C. 工作台横向进给

34. 闭环控制系统直接检测的是(　　)。

A. 电机轴转动量　　B. 丝杠转动量　　C. 工作台的位移量　　D. 电机转速

35. 铣削平面零件的外表面轮廓时,常采用沿零件轮廓曲线的延长线切向切入和切出零件表面,以便于(　　)。

A. 提高效率　　B. 减少刀具磨损

C. 提高精度　　D. 保证零件轮廓光滑

36. FANUC 系统中,准备功能 G81 表示(　　)循环。

A. 取消固定　　B. 钻孔　　C. 镗孔　　D. 攻螺纹

37. 短 V 形架对圆柱定位,可限制工件的(　　)自由度。

A. 2 个　　B. 3 个　　C. 4 个　　D. 5 个

38. 采用削边销而不采用普通销定位主要是为了(　　)。

A. 避免过定位　　B. 避免欠定位　　C. 减轻质量　　D. 定位灵活

39. 铣刀直径选得大些,可(　　)。

A. 提高效率　　B. 降低加工表面粗糙度

C. 容易发生振动　　D. A, B, C

40. 当用 G02/G03 指令,对被加工零件进行圆弧编程时,下面关于使用半径 R 方式编程的说法不正确的是(　　)。

A. 整圆加工不能采用该方式编程

B. 该方式与使用 I,J,K 效果相同

C. 大于180°的弧 R 取正值

D. R 可取正值也可取负值,但加工轨迹不同

三、问答题

1. 数控铣削加工的工艺装备包括哪些?
2. 数控铣床与加工中心的区别是什么?
3. 常见的铣削类型有哪些?
4. 简述数控铣削加工的实现过程。
5. 举例说明数控铣床坐标系的判断方法及原则。
6. 说明数控铣床上机床原点、工件原点与参考点的关系。

四、编程题

毛坯为120 mm×60 mm×10 mm板材,5 mm深的外轮廓已粗加工过,周边留2 mm余量,要求加工出如图4-65所示的外轮廓及 ϕ20 mm的孔。工件材料为铝。

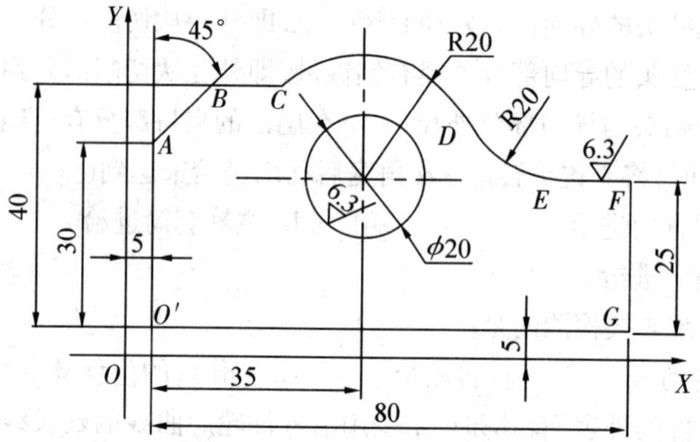

(单位:mm)

图4-65 工件

箱体类零件的数控铣削加工

任务描述

如图 5－1 所示，对工件进行不同要求的加工，工件外形尺寸与表面粗糙度已达到图纸要求，材料为 45#钢，确定数控加工工艺并编写数控加工程序。

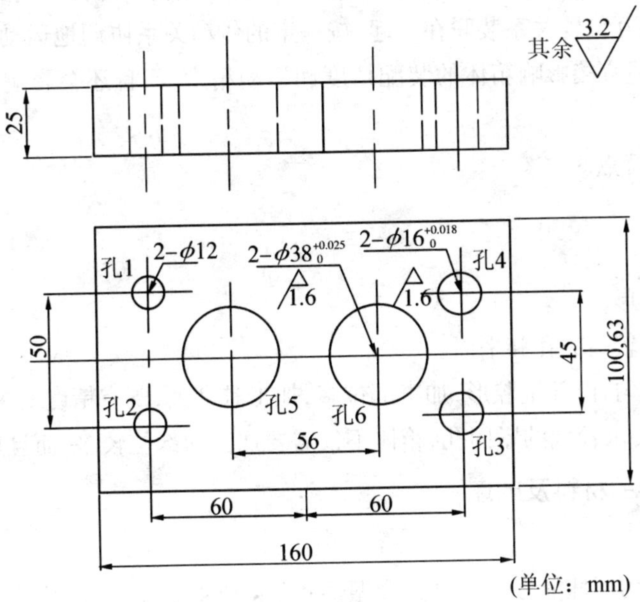

图 5－1　盖板零件图

学习目标

☆知识目标：

(1) 熟悉数控刀具系统种类；

(2) 熟悉固定循环指令的格式及其应用；

(3) 掌握箱体类零件加工工艺的编制方法。

☆技能目标：

(1) 掌握刀具的装卸方法；

(2) 掌握分度工作台的调整方法；

(3) 掌握箱体类零件的各种加工方法。

学时安排

资讯	计划	决策	实施	检查	评价
4	2	2	6	2	2

知识链接

一、箱体类零件的认识

1. 箱体类零件的功用和结构特点

(1)功用。

箱体类零件是机器或箱体部件的基础件。它将机器或箱体部件中的轴、轴承、套和齿轮等零件按一定的相互位置关系装联在一起,按一定的传动关系协调地运动。因此,箱体类零件的加工质量,不但直接影响箱体的装配精度和运动精度,而且还会影响机器的工作精度、使用性能和寿命。

(2)主要结构特点。

1)形状复杂;

2)体积较大;

3)壁薄容易变形;

4)有精度要求较高的孔和平面。

5)壁薄且不均匀,内部呈腔形,加工部位多,加工难度大,既有精度要求较高的孔系和平面,也有许多精度要求较低的紧固孔,箱体不仅需要加工的部位较多,而且加工难度也较大。

2. 箱体类零件的材料及毛坯

(1)材料。

铸铁:易成形、切削性能好、价格低、吸振性和耐磨性好。

焊接件:单件小批生产、缩短生产周期。

铸钢件:大负荷的箱体。

铝镁合金或其他铝合金材料:特定条件的工件。

(2)毛坯。

单件小批:木模手工造型,精度低,余量大。

大批量:金属模机器造型,精度高,余量小。

铝合金箱体:压铸,精度很高,余量很小。

二、箱体类零件的主要技术要求

箱体类零件的主要技术要求是为了保证箱体的装配精度,达到机器设备对它提出的要求,主要有以下方面。

1. 孔的尺寸精度、几何形状精度和表面粗糙度

轴承支撑孔应有较高的尺寸精度、几何形状精度和较小的表面粗糙度要求，否则将影响轴承外圈与箱体上孔的配合精度，使轴的旋转精度降低；若是主轴支撑孔，还会进一步影响机床的加工精度。一般机床床头箱，主轴支撑孔精度为 IT6 级，表面粗糙度 Ra 为 0.8 ~ 1.6 μm，其他支撑孔精度为 IT6 ~ IT7 级，表面粗糙度 Ra 为 1.6 ~ 3.2 μm。几何形状精度一般应在孔的公差 1/2 ~ 1/3 范围内，要求高的应不超过孔的公差。

2. 支撑孔之间的孔距尺寸精度及相互位置精度

在箱体上有齿轮啮合关系的相邻孔之间，应有一定的孔距尺寸精度及平行度要求，否则会影响齿轮的啮合精度，工作时会产生噪声和振动，并影响齿轮寿命。这项精度主要取决于传动齿轮副的中心距和齿轮啮合精度。一般机床的中心距公差为 0.02 ~ 0.08 mm，轴心线平行度为 0.03 ~ 0.1 mm。

箱体上同轴线孔应有一定的同轴度要求。同轴线孔的同轴度超差，会给箱体中轴的装配带来困难，且使轴的运转情况恶化，轴承磨损情况加剧，温度升高。影响机器的精度和正常运转。同轴度为 0.03 ~ 0.1 mm。

3. 主平面的形状精度、相互位置精度和表面粗糙度

箱体的主平面就是装配基面或加工中的定位基面，它们直接影响箱体与机器总装时的相对位置及接触刚性，影响箱体加工中的定位精度，有较高的平面度和平面粗糙度。如一般机床箱体装配基面和定位基面的平面度为 0.03 ~ 0.1 mm，表面粗糙度 Ra 为 1.6 ~ 3.2 μm。其他平面对装配基面也有一定的尺寸精度和平面度要求，如平面的平行度为 0.05 ~ 0.2 mm，平面间的垂直度为 0.1 mm。

4. 支撑孔与主平面的尺寸精度及相互位置精度

箱体上各孔对装配基面有一定的尺寸精度和平面度要求；对断面有一定的垂直度要求。如车床主轴孔轴心线对装配基面在水平平面内有偏斜，则加工时会产生锥度；主轴孔轴心线对端面的垂直度超差，装配将会引起机床主轴的端面跳动等。

三、箱体类零件的平面加工方法

1. 刨削

特点：精度为 IT6 ~ IT10 级，表面粗糙度 Ra 为 12.5 ~ 1.6 μm，结构简单方便，通用性好。

切削速度低，有空行程，单刃加工，生产率低，适用于单件小批生产。

宽刃精刨可代替刮削，速度低，余量小，变形小，Ra 为 1.6 ~ 0.8 μm，精度高，生产率高。

2. 铣削

特点：精度为 IT6 ~ IT10 级，表面粗糙度 Ra 为 12.5 ~ 0.8 μm，生产率较高。

方法：

端铣　刀齿数多，精度高，粗糙度值小；刚性好，生产率高，应用多。

周铣　通用性好，适用广，单件小批应用多。

3. 磨削

特点：速度高、进给量小、精度为 IT5 ~ IT9 级，表面粗糙度 Ra 为 1.6 ~ 0.2 μm，是半精加工常用方法。

周磨　发热小，排屑与冷却好，精度高，间断进给，生产率低，适用于加工和精加工。

端磨　磨头刚性好，弯曲变形小，磨粒多，生产率高，冷却条件差，磨削精度较低，适用于大批生产中精度不高零件的加工，如图 5 - 2 所示。

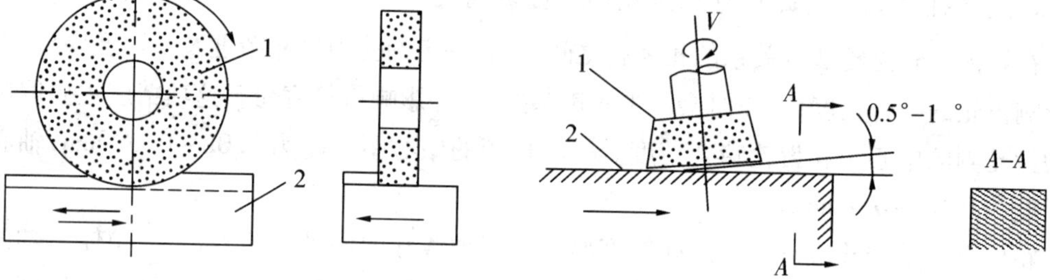

图 5 - 2　磨削加工示意图

4. 刮削

特点：未淬火件，精度 IT5 级以上，表面粗糙度 Ra 为 0.1 ~ 1.6 μm，可存润滑油。

粗刮为 1 ~ 2 点/cm^2，半精刮为 2 ~ 3 点/cm^2，精刮可达 3 ~ 4 点/cm^2。

刮削劳动强度大，生产率低；切削力小，变形小，精度表面质量高，适用于单件小批量。

四、箱体类零件的加工工艺分析

1. 主要表面加工方法的选择

箱体的主要表面有平面和轴承支承孔。

主要平面的加工，对于中、小件，一般在牛头刨床或普通铣床上进行。对于大件，一般在龙门刨床或龙门铣床上进行。刨削的刀具结构简单，机床成本低，调整方便，但生产率低；在大批量生产时，多采用铣削；当生产批量大且精度又较高的工件时可采用磨削。单件小批生产精度较高的平面时，除一些高精度的箱体仍需手工刮研外，采用宽刃精刨。当生产批量较大或为保证平面间的相互位置精度，可采用组合铣削和组合磨削。

箱体支承孔的加工，对于直径小于 50 mm 的孔，一般不铸出，可采用钻→扩（或半精镗）→铰（或精镗）的方案。对于已铸出的孔，可采用粗镗→半精镗→精镗（用浮动镗刀片）的方案。由于主轴轴承孔精度和表面质量要求比其余轴孔高，所以，在精镗后，还要用浮动镗刀片进行精细镗。对于箱体上的高精度孔，最后精加工工序也可采用珩磨、滚压等工艺方法。

2. 拟定工艺过程的原则

（1）先面后孔的加工顺序。

箱体主要是由平面和孔组成，先加工平面，后加工孔，是箱体加工的一般规律。因为主要平面是箱体往机器上的装配基准，先加工主要平面后加工支承孔，使定位基准与设计基准和装配基准重合,从而消除因基准不重合而引起的误差。

另外,先以孔为粗基准加工平面,再以平面为精基准加工孔,这样,可为孔的加工提供稳定可靠的定位基准,并且加工平面时切去了铸件的硬皮和凹凸不平,对后序孔的加工有利,可减少钻头引偏和崩刃现象,对刀调整也比较方便。

(2)粗、精加工分阶段进行。

粗、精加工分阶段进行的原则:对于刚性差、批量较大、要求精度较高的箱体,一般要粗、精加工分阶段进行,即在主要平面和各支承孔的粗加工之后再进行主要平面和各支承孔的精加工。这样,可以消除由粗加工所造成的内应力、切削力、切削热、夹紧力对加工精度的影响,并且有利于合理地选用设备等。

(3)合理地安排热处理工序。

为了消除铸造后铸件中的内应力,在毛坯铸造后安排一次人工时效处理,有时甚至在半精加工之后还要安排一次时效处理,以便消除残留的铸造内应力和切削加工时产生的内应力。对于特别精密的箱体,在机械加工过程中还应安排较长时间的自然时效(如坐标镗床主轴箱箱体)。箱体人工时效的方法,除加热保温外,也可采用振动时效。

3. 定位基准的选择。

(1)粗基准的选择。

在选择粗基准时,通常应满足以下要求:

1)在保证加工面均有余量的前提下,应使重要孔的加工余量均匀,孔壁的厚薄尽量均匀,其余部位均有适当的壁厚;

2)装入箱体内的回转零件(如齿轮、轴套等)应与箱壁有足够的间隙;

3)注意保持箱体必要的外形尺寸。此外,还应保证定位稳定,夹紧可靠。

(2)精基准的选择。为了保证箱体零件孔与孔、孔与平面、平面与平面之间的相互位置和距离尺寸精度,箱体类零件精基准选择常用两种原则:基准统一原则、基准重合原则。

1)一面两孔(基准统一原则)。在多数工序中,箱体利用底面(或顶面)及其上的两孔作定位基准,加工其他的平面和孔系,以避免由于改变基准而带来的累积误差。

2)三面定位(基准重合原则)。箱体上的装配基准一般为平面,而它们又往往是箱体上其他要素的设计基准,因此以这些装配基准平面作为定位基准,避免了基准不重合误差,有利于提高箱体各主要表面的相互位置精度。

4. 箱体零件的定位装夹方式

箱体零件的结构复杂,加工表面较多,其应按基准统一原则选择精基准方案。所采用的精基准方案主要有以下两种:

(1)三个互相垂直的平面。

底面具有较大的支承面积,为第一基准,限制 3 个自由度;某个侧面长度较大,为第二基准,限制两个自由度;某个端面为第三基准,限制一个自由度。

(2)一面两孔。

一个平面和两个与平面垂直的孔,如图 5 – 3 所示,定位元件为两块长条支承板

(限制 3) +短圆柱销(限制 2) +短菱形销(限制 1)。

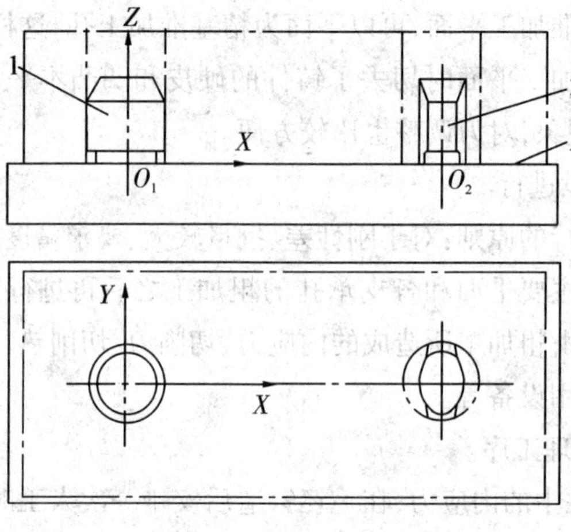

图 5-3　一面两孔定位方法

五、箱体类零件加工顺序

1. 加工顺序的安排

(1)先面后孔。

提供可靠精基准,加工余量均匀。钻孔可减少钻头偏斜引起的误差,扩孔或铰孔防止崩刀,对刀调整方便。

(2)粗精加工。

消除粗加工的切削力、夹紧力、切削热、内应力的影响,合理选用设备,提高生产率。

(3)合理安排热处理。

铸造件采用人工时效,改善加工性能,消除内应力;高精度箱体在粗加工后再次人工时效,消除内应力;人工时效方法有加热保温、振动时效。

2. 不同箱体类零件的加工顺序确定

(1)箱盖加工顺序。

粗精铣箱盖结合面→铣隔油槽→粗精铣排气孔平面→钻螺纹通孔→攻螺纹。

(2)箱体加工顺序。

粗精铣箱体结合面→铣隔油槽→钻底座孔→锪底座孔→粗精铣窥视孔平面→钻螺纹通孔→钻通孔→铣键槽→攻螺纹→铣泄油孔平面→钻泄油孔通孔→攻泄油孔螺纹→铣底座通槽。

(3)合箱加工顺序。

钻孔→锪孔→攻铰锥销孔→粗、精铣轴承孔所在两侧面→铣合体另两侧面→粗、精镗两轴承孔→镗圆槽。

3. 箱体类零件加工的特点

(1)合理选择各工序的定位基准是保证零件加工精度的关键,对提高生产率、降低生产成本都有重要影响。

(2)选好第一道工序,创建或转换精基准是保证零件加工精度的关键,最初因毛坯的表面没有经过加工,只能以粗基准定位加工出精基准。在以后的工序中,则应采用精基准定位贯穿加工的全过程。

(3)选择定位基准时,一般根据零件主要表面的加工精度,特别是有位置精度要求的表面作精基准,同时,要确保工件装夹稳定可靠,控制好装夹变形,操作要方便,夹具要通用、简单。

(4)选择精基准应遵循:基准重合原则、基准统一原则、自为或互为基准原则。

(5)选择粗基准应遵循:便于加工转化为精基准;面积较大;平整光洁,无浇口、冒口、飞边等缺陷的表面;能保证各加工面有足够的加工余量。

(6)在具体选择基准时,应根据具体情况进行分析,要保证主、次要表面的加工精度。

六、数控铣床的固定循环指令

1. 固定循环指令

铣削常用固定循环指令包括 G73,G74,G76,G80～G89。

(1)钻镗固定循环指令。

数控加工中,某些加工动作循环已经典型化。例如,钻孔、镗孔的动作是孔位平面定位、快速引进、工作进给、快速退回等。将这样一系列典型加工动作按预先编好程序存储在系统中,再用包含 G 代码的一个程序段调用,可简化编程工作。这种包含了典型动作循环的 G 代码称为固定循环指令。

1)固定循环动作组成(图 5－4、图 5－5 分别为 G99,G98 指令动作组成)。

①*X*,*Y* 轴快速定位到孔中心位置;

②*Z* 轴快速运行到靠近孔上方的安全高度平面 *R* 点(参考点);

③孔加工(工作进给);

④在孔底做需要的动作;

⑤退回到安全平面高度或初始平面高度;

⑥快速返回到初始点位置。

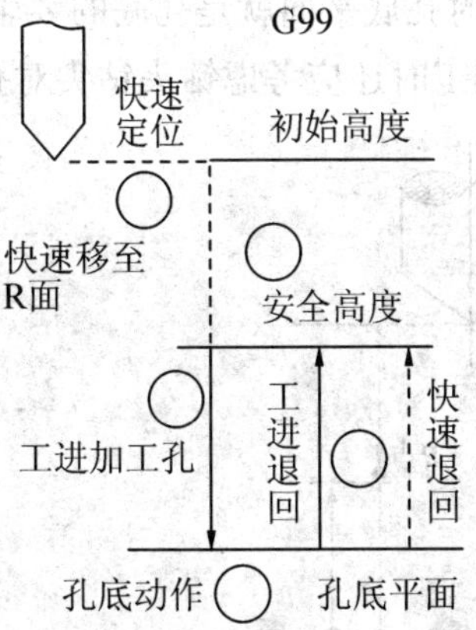

图 5－4 G99 指令固定循环动作

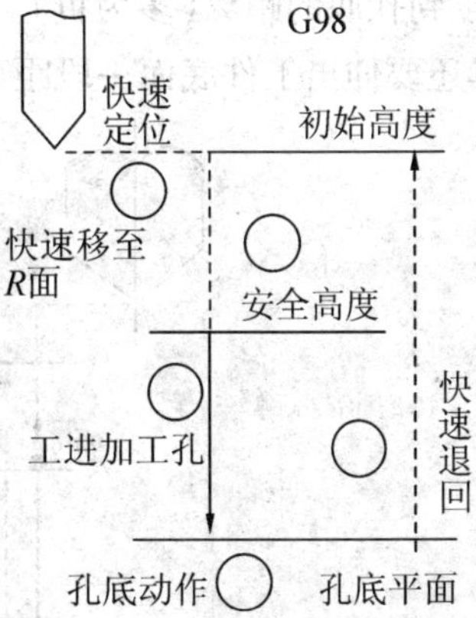

图 5－5 G98 指令固定循环动作

2)固定循环指令格式。

固定循环的程序格式通式:G90(G91)G98(G99)*G_X_Y_Z_R_Q_P_K_F_L_*;

其中包括：数据形式；返回点平面；孔加工方式；孔位置数据；孔加工数据；循环次数。

3）固定循环指令格式说明。

G98（G99） *G _X_Y_Z_R_Q_P_K_F_L_*；

①第一个G代码为返回点平面G代码。

G98为返回初始平面指令。

初始点是为安全下刀而规定的点。该点到零件表面的距离可以任意设定在一个安全高度上。执行循环指令前刀具所在的高度位置即视为初始点。

G99为返回安全（*R*点）平面指令。

*R*点平面是刀具下刀时由快进转为工进的转换起点，如图5－6所示。距工件表面的距离主要考虑工件表面尺寸的变化，一般可取2～5 mm。

②第二个G代码为孔加工方式代码，即固定循环代码G73，G74，G76和G81～ G89中的任一个。

③*X*，*Y*为孔位数据，指被加工孔的位置。孔位数据有两种形式：增量值和绝对值。

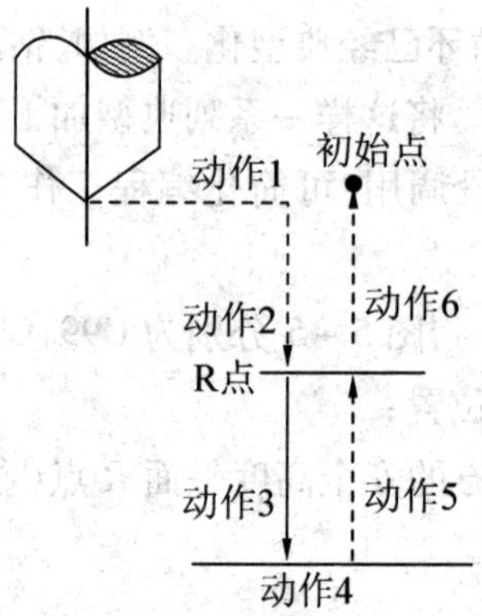

图5－6 *R*点平面位置示意图

④*Z*为孔底数据，如图5－7所示。当采用G90编程时，*Z*为孔底坐标。当采用G91编程时，*Z*为*R*点到孔底的距离（多为负）。加工盲孔时孔底平面就是孔底的*Z*轴高度；加工通孔时一般刀具还要伸出工件底面一段距离。钻削加工时还应考虑钻头钻尖对孔深的影响。

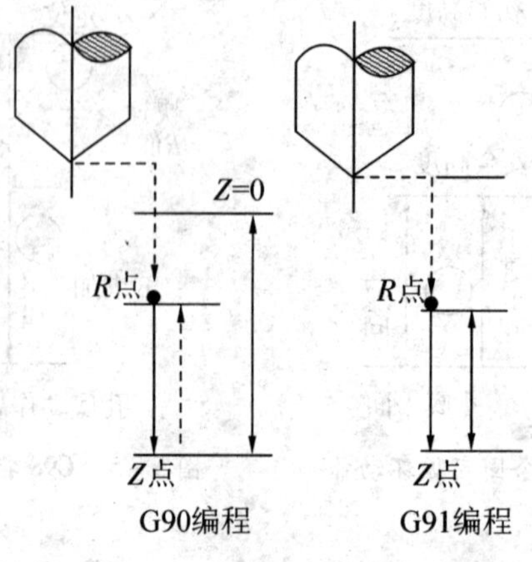

图5－7 孔底Z点的位置

⑤R 为安全平面位置。当采用 G90 指令时，R 面的坐标值；当采用 G91 指时，R 为初始点到 R 面的距离(常为负)。

⑥Q 在采用 G73 或 G83 指令时指定每次进给深度，在采用 G76 或采用 G87 指令时指定刀具的让刀量，是增量值。

⑦K 在采用 G73 或 G83 指令时指定每次退刀量，$K>0$。

⑧P 指定刀具在孔底的暂停时间，单位为 s。

⑨F 为切削进给速度。

⑩L 指定固定循环的次数。

注意事项：

G73 ~ G89，Z，R，P，Q 都是模态代码。

为了简化程序，若某些参数相同，则可不必重复。若为了程序看起来更清晰，不易出错，则每句指令的各项参数应写全(读、写程序)。

G80，G01 ~ G03 等代码可以取消固定循环。

固定循环指令分类：

钻孔类	一般钻孔	钻深孔($L/D>3$)	
镗孔类	粗镗孔	精镗孔	反镗孔

(2)一般钻孔循环指令 G81(见图 5-8)。

1)格式：G98(G99)G81*X_Y_Z_R_F_L_*；

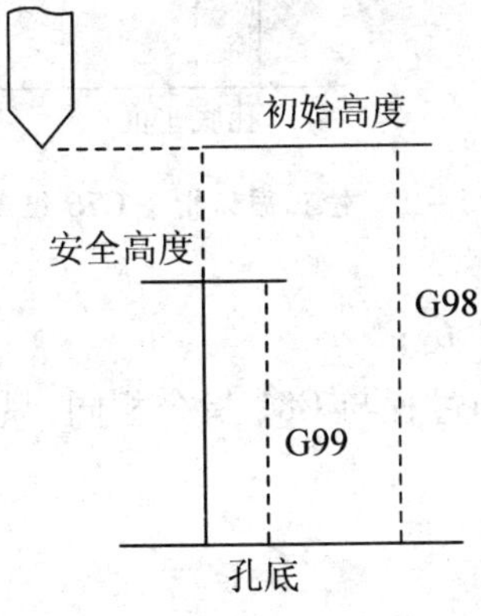

图 5-8　钻孔循环指令 G81 组成

2)动作分析：刀具以进给速度向下运动钻孔，到达孔底位置后，快速退回(无孔底动作)。

3)适用：用于一般定点钻孔加工。

(3)带停顿的钻孔循环指令(G82)。

1)格式：G98(G99)G82 *X_Y_Z_R_P_ F_L_*；

2)动作分析：与 G81 指令唯一的区别是有孔底暂停动作，暂停时间由 P 指定。

3)适用：执行该指令使孔的表面更光滑，孔底平整。该指令常用于加工沉头台阶孔。

(4)高速深孔加工循环指令(G73)。

1)格式：G98(G99)G73 *X_Y_Z_R_Q_K_F_L_*；

2)动作分析:该固定循环用于 Z 轴的间歇进给,有利于断屑。

3)适用:深孔加工。

参数:Q 值为每次的进给深度,退刀用快速方式,每次的退刀量为 K。

例:G98 G73 X10 Y20 Z60 R5 Q10 K3 F50;

(5)深孔加工循环指令(G83)。

与 G73 不同之处为在每次进刀后都返回安全平面高度处,更有利于钻深孔时的排屑。

K 为每次退刀后,再次进给时,由快速进给转换为切削进给时距上次加工面的距离。

(6)镗孔循环指令(G76)。

1)格式:精镗循环 G98(G99)G76 X_Y_Z_R_P_Q_F_L_;

2)动作分析:精镗时,主轴在孔底定向停止后,向刀尖反方向移动,然后快速退刀,退刀位置由 G98 或 G99 决定。带有让刀的退刀不会划伤已加工平面,保证了镗孔精度。刀尖反向位移量用地址 Q 指定。镗孔循环指令 G76 组成如图 5-9 所示。

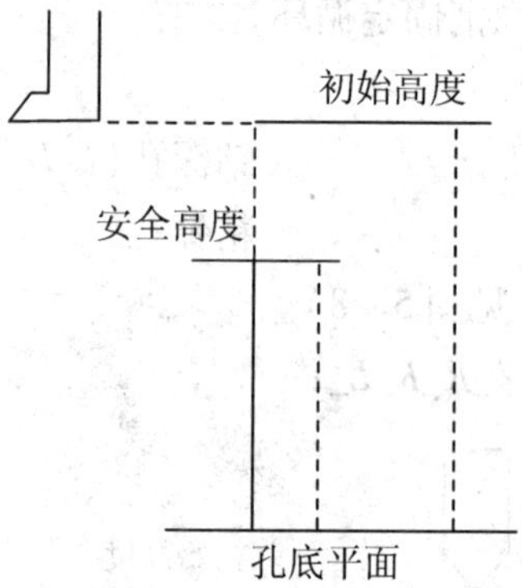

图 5-9 镗孔循环指令 G76 组成

(7)镗孔循环指令(G85)。

1)格式:G99 G85X_Y_Z_R_F_L_;

2)动作分析:格式该指令动作过程与 G81 指令相同,只是 G85 进刀和退刀都为指定进给速度,且回退时主轴不停转。

(8)镗孔循环指令(G86)。

1)格式:G98 G86X_Y_Z_R_F_L_;

2)动作分析:此指令与 G81 相同,但在孔底时主轴停止,然后快速退回。

注意:该指令退刀前没有让刀动作,退回时可能划伤已加工表面,因此只用于粗镗孔。

(9)镗孔循环(手镗)指令(G88)。

1)格式:G98(G99)G88 X_Y_Z_R_P_F_L_;

2)动作分析:在孔底暂停,主轴停止后,转换为手动状态,可用手动将刀具从孔中退出。到返回点平面后,主轴正转,再转入下一个程序段进行自动加工。

镗孔手动回刀,不需主轴准停

(10)镗孔循环指令(G89)。

1)格式:G98(G99) G89 X_Y_Z_R_P_F_L_;

2)动作分析:此指令与 G86 指令相同,但在孔底有暂停。(孔底延时、主轴停止)

2. 孔位置数据和孔加工数据的基本含义

(1)高速深孔加工循环指令(G73)。

1)格式:G98/G99 G73 *X*_ *Y*_ *Z*_ *R*_ *Q*_ *P*_ *K*_ *F*_ *L*_;

2)动作分析:G73 用于 Z 向的间歇进给,使深孔加工时容易排屑,减少退刀量,可以进行高效率的加工。

(2)高速深孔加工循环指令(G83)。

1)格式:G98/G99 G83 *X*_ *Y*_ *Z*_ *R*_ *Q*_ *P*_ *K*_ *F*_ *L*_;

2)动作分析:G83 用于 Z 的间歇进给,每次退刀至 R 面,排屑更易,冷却更充分。

(3)精镗循环指令(G76)。

1)格式:G98/G99 G76 *X*_ *Y*_ *Z*_ *R*_ *Q*_ *P*_ *I*_*J*_ *F*_ *L*_;

2)动作分析:精镗时,主轴在孔底定向停止后,向刀尖反方向移动(*I*:*X* 轴刀尖反向位移量;J:Y 轴刀尖反向位移量),然后快速退刀。这种带有让刀的退刀不会划伤已加工表面,保证了镗削精度。

3. 其他常用指令

(1)坐标系偏移指令(G52)。

1)格式:G52 *X*__*Y*__*Z*__;　　　　　(建立坐标系偏移)

　　　G52 *X*0 *Y*0 *Z*0;或 G52 P0;　　(撤消坐标系偏移)

含义:

(*X*___*Y*___*Z*___)是局部坐标系原点在当前坐标系中的绝对坐标,必须带小数点。

G52 *X*___*Y*___*Z*___;机床无动作,书写的位置无需考虑刀具的位置。

2)G52 功用图解:

如图 5 - 10 所示,当前坐标系 G54,建立一个局部坐标系,原点位置是 G54 中的(25,30,40),执行 G52 *X*25 *Y*30 *Z*40;后,即可实现这一目的。之后的 NC 程序的坐标值都是以 G54 的(25,30,40)点为参考点的。

3)编程应用注意事项:

G52 *X*___*Y*___*Z*___;起作用后,M30、复位键都不能够取消其功能,因此必须在程序中执行 G52 *X*0 *Y*0 *Z*0,或者在 MDI 方式下执行 G52 *X*0 *Y*0 *Z*0,建议接着进行一次回零操作。据此,建议调试程序先去掉 G52 *X*___*Y*___*Z*___,调试正确后再插入,可避免烦琐的撤消操作。

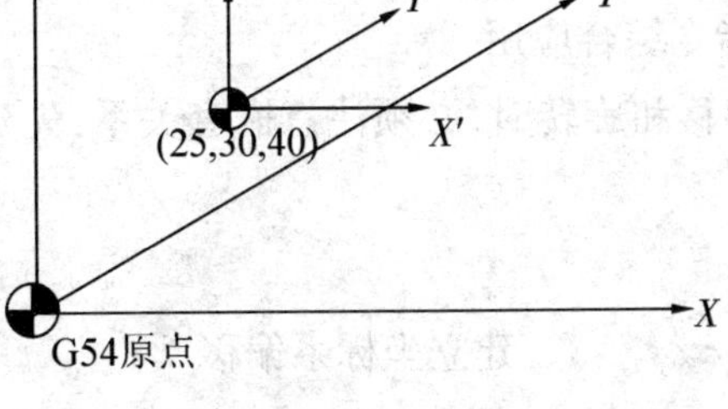

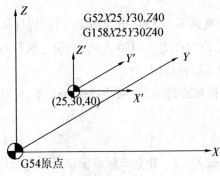

图 5 - 10　G52 指令的功用

G52 无论是否建立、撤销坐标系偏移，在执行时，机床无动作，但一般建议提高到安全高度后再执行该指令。

(2)坐标系旋转指令(G68,G69)。

G68 指令坐标系旋转，模态指令，独占一个程序段。G69 撤销 G68 方式下的坐标系旋转。

1)指令格式及含义。

格式：G68 *X*___*Y*___*Z*___*R*___；　建立坐标系旋转指令

　　　G69；　撤销坐标系旋转指令

含义：

*R*___的单位：度(°)，逆时针转角为"+"、反之为"-"，必须带小数点。

绝对旋转、增量旋转由系统参数选择，加工程序指令 G91,G90 对其没有意义。

2) G68 功用图解。

由图 5－11 可知，利用 G68 可以简化编程的坐标计算。编程时，将图形旋转摆放到合适位置，使坐标计算变得简单，再在程序中利用 G68 以相同的旋转中心转动一个相反的角度(使恢复图样到原图位置)即可。

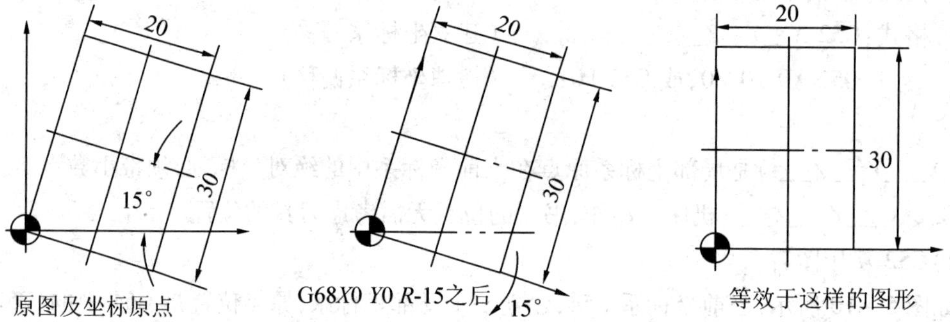

图 5－11　G68 指令功用图解

3)编程应用注意事项。

G68 虽然可以自由设定旋转中心，但是为了编程坐标便于计算，采用坐标系原点作为旋转中心；如果旋转中心与坐标系原点不重合，采用 G91 相对坐标编程。

在执行指令 G68 时，机床有动作，因此必须提高到安全高度后再执行该指令，G69 指令同理。

M30 指令和复位操作均撤销不了 G68 指令功能，因此程序调试正确前，不加入 G68 指令。在中途停止循环启动后，应立即进入 MDI 方式，必须先执行 G69，后执行回零操作。

(3)坐标系偏移、旋转指令综合应用

。当同时建立坐标系偏移和旋转时，必须注意嵌套关系：先建立的，后撤消；后建立的，先撤消。如：

……

G52X20. Y30.；　　建立坐标系偏移

G68X0Y0R21.5；　　后建立坐标系旋转

……

……

G0Z100.;

G69;　　　　　　　　　　　先撤消坐标系旋转

G52X0Y0;　　　　　　　　　后撤消坐标系偏移

……

(4)换刀指令。

1)格式:T__ M06;

T__预换刀具号

2)刀具 Z 向坐标设置含义。

加工中心机床在执行换刀指令前要确定各刀具的工件坐标系 Z 向补偿值。

刀具的工作坐标系 Z 向原点有两种设置方式:一种是将工件坐标系原点设定在工件的上表面;另一种是将工件坐标系原点设定在机床坐标系的零点处(设置 G54 等时,Z 后面为 0)。

将工件坐标系原点设定在机床坐标系的零点处,即不设基准刀具,每把刀具通过刀具长度补偿的方法使其仍以工件上表面为编程时的工件坐标系原点。每把刀具在使用时都必须有长度补偿指令,在取消刀具长度补偿时,Z 不允许为正,必须为 0 或负(如 G49 Z -50),否则主轴会出现 Z 轴正向超程。

3)各刀具 Z 向补偿值设置过程。

刀具旋转,移动 Z 轴,使刀具接近工件上表面(应在工件被切除的部位)。当刀具刀刃把黏在工件表面的薄纸片(浸有切削液)转飞时,记录每把刀具当前的 Z 轴机床(机械)坐标值(两把不同高度的刀具的 Z 向机械坐标值应为 H_1H_2)。使用薄纸片时,应把当前的机床坐标减去 0.01 ~0.02 mm,再把记录的 Z 轴机床(机械)坐标值(全部为负)设置到刀具相应的H 处。

(5)编程示例:如当前主轴刀位为 T2 号刀,计划将刀库中 T1 号刀掉出,并铣削某一工件,则编写如下程序(见表 5-1)。

表 5-1　编程示例

程序段号	FANUC 0i 系统程序	SIMENS 802D 系统程序	程序说明
	O1	FBC. MPF	主程序名
N10	T1M06;	T1M06;	换一号刀
N20	G54G90G40G17G64;	G54G90G40G17G64;	程序初始化
N30	M03S500;	M03S400;	主轴正转,500 r/min
N40	M08;	M08;	开冷却液
N50	G00G43Z100H01;	G00Z100D01;	Z 轴快速定位,执行长度补偿
N60	……	……	铣削轮廓
N70	……	……	
N80	……	……	

续 表

程序段号	FANUC 0i 系统程序	SIMENS 802D 系统程序	程序说明
N90	G00G49Z100;	G00Z100;	抬刀撤消高度补偿
N100	M09;	M09;	关冷却液
N110	M30;	M30;	程序结束

任务实施

如图 5－1 所示，对工件进行不同要求的加工，工件外形尺寸与表面粗糙度已达到图纸要求，材料为 45#钢，确定数控加工工艺并编写数控加工程序。

1. 加工方案的确定

(1) 工件选用机用平口钳装夹，校正平口钳固定钳口与工作台 X 轴方向平行，将 160 mm×25 mm 侧面贴近固定钳口后压紧，并校正工件上表面的平行度。

(2) 加工方法与刀具选择见表 5－2。

表 5－2　孔加工方案

加工内容	加工方法	选用刀具/mm
孔 1、孔 2	点孔→钻孔→扩孔	ϕ3 中心钻，ϕ10 麻花钻，ϕ12 麻花钻
孔 3、孔 4	点孔→钻孔→扩孔→铰孔	ϕ3 中心钻，ϕ10 麻花钻，ϕ15.8 麻花钻，ϕ16 机用铰刀
孔 5、孔 6	钻孔－扩孔－粗镗－精镗加工	ϕ20、ϕ35 麻花钻，ϕ37.5 粗镗刀，ϕ38 精镗刀

2. 选择机床设备

根据零件图样要求，选用加工中心加工此零件，可利用加工中心自动换刀的优势，缩短加工时间。

3. 确定切削用量

各刀具切削参数与长度补偿值见表 5－3。

表 5－3　刀具切削参数与长度补偿选用表

刀具参数	ϕ3 mm 中心钻	ϕ10 mm 麻花钻	ϕ20 mm 麻花钻	ϕ35 mm 麻花钻	ϕ12 mm 麻花钻	ϕ15.8 mm 麻花钻	ϕ16 mm 机用铰刀	ϕ37.5 mm 粗镗刀	ϕ38 mm 精镗刀
主轴转速 $r \cdot min^{-1}$	1200	650	350	150	550	400	250	850	1000
进给率 $mm \cdot min^{-1}$	120	100	40	20	80	50	30	80	40
刀具补偿	H1/T1	H2/T2	H3/T3	H4/T4	H5/T5	H6/T6	H7/T7	H8/T8	H9/T9

4. 确定工件坐标系和对刀点

在 *XOY* 平面内确定以 *O* 点为工件原点，*Z* 方向以工件上表面为工件原点，建立工件坐标系。采用手动对刀方法把编程原点作为对刀点。

5. 编写程序

O0003;	
N0010 G54 G90 G17 G21 G49 G40;	程序初始化
N0020 M03 S1200 T1;	主轴正转，转速为 1 200 r/min，调用 1 号刀
N0030 G00 G43 Z150. H1;	Z 轴快速定位，调用刀具 1 号长度补偿
N0040 X0 Y0;	X，Y 轴快速定位
N0050 G81 G99 X60. Y25. Z2. R2. F120;	点孔加工孔 1，进给率为 120 mm/min
N0060 Y25.;	点孔加工孔 2
N0070 X60. Y22.5;	点孔加工孔 3
N0080 Y22.5;	点孔加工孔 4
N0090 G49 G00 Z150.;	取消固定循环，取消 1 号长度补偿，Z 轴快速定位
N0100 M05;	主轴停转
N0110 M06 T2;	调用 2 号刀
N0120 M03 S650;	主轴正转，转速为 650 r/min
N0130 G43 G00 Z100. H2 M08;	Z 轴快速定位，调用 2 号长度补偿，切削液开
N0140 G83 G99 X60. Y25. Z30. R2. Q6. F100;	钻孔加工孔 1，进给率为 100 mm/min
N0150 Y 25.;	钻孔加工孔 2
N0160 X60. Y 22.5;	钻孔加工孔 3
N0170 Y22.5;	钻孔加工孔 4
N0180 G49 G00 Z150. M09;	取消固定循环，取消 2 号长度补偿，Z 轴快速定位，切削液关
N0190 M05;	主轴停转
N0200 M06 T3;	调用 3 号刀
N0210 M03 S350;	主轴正转，转速为 350 r/min
N0220 G43 G00 Z100. H3 M08;	Z 轴快速定位，调用 3 号长度补偿，切削液开
N0230 G83 G99 X28. Y0 Z35. R2. Q5. F40;	钻孔加工孔 5，进给率为 40 mm/min
N0240 X28.;	钻孔加工孔 6
N0250 G49 G00 Z150. M09;	取消固定循环，取消 3 号长度补偿，Z 轴快速定位，切削液关
N0260 M05;	主轴停转
N0270 M06 T4;	调用 4 号刀
N0280 M03 S150;	主轴正转，转速为 150 r/min
N0290 G43 G00 Z100 H4 M08;	Z 轴快速定位，调用 4 号长度补偿，切

	削液开
N0300 G83 G99 X28. Y0 Z42. R2. Q8. F20;	扩孔加工孔 5,进给率为 40 mm/min
N0310 X28.;	扩孔加工孔 6
N0320 G49 G00 Z150. M09;	取消固定循环,取消 4 号长度补偿,Z 轴快速定位,切削液关
N0330 M05;	主轴停转
N0340 M06 T5;	调用 5 号刀
N0350 M03 S550;	
N0360 G43 G00 Z100 H5 M08;	
N0370 G83 G99 X 60. Y25 Z 31. R2. Q8. F80;	
N0380 Y25.;	
N0390 G49 G00 Z150. M09;	
N0400 M05;	
N0410 M06 T6;	
N0420 M03 S400;	
N0430 G43 G00 Z100. H6 M08;	
N0440 G83 G99 X60. Y 22.5 Z 33. R2. Q8. F50;	
N0450 Y22.5;	
N0460 G49 G00 Z150. M09;	
N0470 M05;	
N0480 M06 T7;	
N0490 M03 S250;	
N0500 G43 G00 Z100. H7 M08;	
N0510 X0 Y0;	
N0520 G85 G99 X60. Y22.5 Z30. R2. F30;	
N0530 Y22.5;	
N0540 G49 G00 Z150 M09;	
N0550 M05;	
N0560 M06 T8;	
N0570 M03 S850;	
N0580 G43 G00 Z100. H8 M08;	
N0590 XO Y0;	
N0600 G85 G99 X28. Y0 Z26. R2. F80;	
N0610 X28.;	
N0620 G49 G00 Z150. M09;	
N0630 M05;	
N0640 M06 T9;	
N0650 M03 S1000;	

```
N0660 G43 G00 Z100. H9 M08;
N0670 X0 Y0;
N0680 G85 G99 X  28. Y0 Z  26. R2. F40;
N0690 X28.;
N0700 G49 G00 Z150. M09;
N0710 M02;
```

请沿此线剪下 请沿此线剪下 请沿此线剪下

资讯单

学习领域	数控机床的编程与操作		
学习情境五	箱体类零件的数控铣削加工	学 时	18
资讯方式	学生分组查询资料,找出问题的答案		
资讯问题	1. 箱体零件的材料及其力学性能是什么? 2. 分析箱体零件的结构工艺。 3. 阐述箱体零件定位基准的选择及定位方法。 4. 箱体零件加工顺序如何安排? 5. 加工箱体零件时,刀具是如何选择的? 6. 数控镗铣孔加工工艺术语有哪些,是如何定义的? 7. 数控镗铣孔加工的机床有哪些,应如何选择? 8. 孔加工的方法有哪些? 9. 对于不同孔径的孔,如何选择加工方法? 10. 箱体零件加工时进给加工路线如何确定? 11. 固定循环指令的动作组成及各位置参数有哪些? 12. 圆弧加工时有哪些常见的方法? 13. 箱体类零件加工时的注意事项有哪些? 14. 孔加工固定循环指令格式是什么? 15. 归纳 G73,G74,G76,G80 ~ G89 指令的用法。 16. 箱体类零件的编程思路是什么? 17. 简要归纳箱体类零件的加工方法。		
资讯引导	以上资讯问题请查阅以下书籍: 《数控机床的编程与操作》,主编:杨清德,中国邮电出版社。 《数控车削技术》,主编:孙梅,清华大学出版社。 《数控车削工艺与编程操作》,主编:唐萍,机械工业出版社。		

请沿此线剪下
请沿此线剪下
请沿此线剪下

决策单

<table>
<tr><td colspan="2">学习领域</td><td colspan="6">数控机床的编程与操作</td></tr>
<tr><td colspan="2">学习情境五</td><td colspan="3">箱体类零件的数控铣削加工</td><td>学　时</td><td colspan="2">18</td></tr>
<tr><td colspan="8">方案讨论</td></tr>
<tr><td rowspan="6">方案对比</td><td>组号</td><td>工作流程的正确性</td><td>知识运用的科学性</td><td>内容的完整性</td><td>方案的可行性</td><td>人员安排的合理性</td><td>综合评价</td></tr>
<tr><td>1</td><td></td><td></td><td></td><td></td><td></td><td></td></tr>
<tr><td>2</td><td></td><td></td><td></td><td></td><td></td><td></td></tr>
<tr><td>3</td><td></td><td></td><td></td><td></td><td></td><td></td></tr>
<tr><td>4</td><td></td><td></td><td></td><td></td><td></td><td></td></tr>
<tr><td>5</td><td></td><td></td><td></td><td></td><td></td><td></td></tr>
<tr><td>方案评价</td><td colspan="7">评语：</td></tr>
<tr><td>班级</td><td></td><td>组长签字</td><td></td><td>教师签字</td><td></td><td colspan="2">月　　日</td></tr>
</table>

请沿此线剪下
请沿此线剪下
请沿此线剪下

计划单

<table>
<tr><td>学习领域</td><td colspan="5">数控机床的编程与操作</td></tr>
<tr><td>学习情境五</td><td colspan="2">箱体类零件的数控铣削加工</td><td>学　时</td><td colspan="2">18</td></tr>
<tr><td>计划方式</td><td colspan="5">分组讨论,制订各组的实施操作计划和方案</td></tr>
<tr><td>序　号</td><td colspan="3">实施步骤</td><td colspan="2">使用资源</td></tr>
<tr><td>1</td><td colspan="3"></td><td colspan="2"></td></tr>
<tr><td>2</td><td colspan="3"></td><td colspan="2"></td></tr>
<tr><td>3</td><td colspan="3"></td><td colspan="2"></td></tr>
<tr><td>4</td><td colspan="3"></td><td colspan="2"></td></tr>
<tr><td>5</td><td colspan="3"></td><td colspan="2"></td></tr>
<tr><td>制订计划说明</td><td colspan="5"></td></tr>
<tr><td rowspan="3">计划评价</td><td>班　级</td><td></td><td>第　组</td><td>组长签字</td><td></td></tr>
<tr><td>教师签字</td><td colspan="2"></td><td>日　期</td><td></td></tr>
<tr><td colspan="5">评语:</td></tr>
</table>

请沿此线剪下

请沿此线剪下

请沿此线剪下

实施单

学习领域	数控机床的编程与操作		
学习情境五	箱体类零件的数控铣削加工	学 时	18
实施方式	分组实施,按实际的实施情况填写此单		
序号	实施步骤	使用资源	
1			
2			
3			
4			
5			
6			
7			
8			
9			
10			

实施说明：

班 级		第 组	组长签字	
教师签字			日 期	

请沿此线剪下

作业单

学习领域	数控机床的编程与操作		
学习情境五	箱体类零件的数控铣削加工	学 时	18
作业方式	课余时间独立完成		
1	箱体类零件的功用及特点有哪些?		
作业解答:			
2	简述 G73,G74,G76,G80～G89 指令用法的不同。		
作业解答:			

作业评价	班 级		第 组	组长签字		
	学 号		姓 名			
	教师签字		教师评分		日 期	
	评语:					

请沿此线剪下

请沿此线剪下

检查单

<table>
<tr><td>学习领域</td><td colspan="5">数控机床的编程与操作</td></tr>
<tr><td>学习情境五</td><td colspan="3">箱体类零件的数控铣削加工</td><td>学　时</td><td>18</td></tr>
<tr><td>序号</td><td>检查项目</td><td colspan="2">检查标准</td><td>学生自检</td><td>教师检查</td></tr>
<tr><td>1</td><td>目标认知</td><td colspan="2">工作目标明确,工作计划具体结合实际,具有可操作性</td><td></td><td></td></tr>
<tr><td>2</td><td>理论知识</td><td colspan="2">掌握数控车削的基本理论知识,会进行一般箱体类零件的编程</td><td></td><td></td></tr>
<tr><td>3</td><td>基本技能</td><td colspan="2">能够运用知识进行完整的工艺设计、编程,并顺利完成加工任务</td><td></td><td></td></tr>
<tr><td>4</td><td>学习能力</td><td colspan="2">能在教师的指导下自主学习,全面掌握数控加工的相关知识和技能</td><td></td><td></td></tr>
<tr><td>5</td><td>工作态度</td><td colspan="2">在完成任务过程中的参与程度,积极主动地完成任务</td><td></td><td></td></tr>
<tr><td>6</td><td>团队合作</td><td colspan="2">积极与他人合作,共同完成工作任务</td><td></td><td></td></tr>
<tr><td>7</td><td>工具运用</td><td colspan="2">熟练利用资料单进行自学,利用网络进行查询</td><td></td><td></td></tr>
<tr><td>8</td><td>任务完成</td><td colspan="2">保质保量,圆满完成工作任务</td><td></td><td></td></tr>
<tr><td>9</td><td>演示情况</td><td colspan="2">能够按要求进行演示,效果好</td><td></td><td></td></tr>
<tr><td rowspan="3">检查评价</td><td>班　　级</td><td></td><td>第　组</td><td>组长签字</td><td></td></tr>
<tr><td>教师签字</td><td colspan="2"></td><td>日　　期</td><td></td></tr>
<tr><td colspan="5">评语：</td></tr>
</table>

请沿此线剪下 请沿此线剪下 请沿此线剪下

评价单

学习领域	数控机床的编程与操作				
学习情境五	箱体类零件的数控铣削加工			学　时	18
评价类别	项目	子项目	个人评价	组内互评	教师评价
专业能力（60%）	资讯（10%）	搜集信息（5%）			
		引导问题回答（5%）			
	计划（10%）	计划可执行度（3%）			
		数控加工工艺的安排（4%）			
		数控加工方法的选择（3%）			
	实施（15%）	遵守安全操作规程（5%）			
		编制工艺（6%）			
		编写程序（2%）			
	检查（10%）	工艺准确（5%）			
		程序准确（5%）			
	过程（5%）	使用工具规范性（2%）			
		加工过程规范性（2%）			
		工具和仪表管理（1%）			
	结果（10%）	加工出零件（10%）			
社会能力（20%）	团结协作（10%）	小组成员合作良好（5%）			
		对小组的贡献（5%）			
	敬业精神（10%）	学习纪律性（5%）			
		爱岗敬业、吃苦耐劳精神（5%）			
方法能力（20%）	计划能力（10%）	考虑全面、细致有序（10%）			
	决策能力（10%）	决策果断、选择合理（10%）			
检查评价	班级	姓名	学号	教师签字	日期

请沿此线剪下

教学反馈单

学习领域	数控机床的编程与操作			
学习情境五	箱体类零件的数控铣削加工	学 时		18
序号	调查内容	是	否	理由陈述
1	你是否完成了本学习情境的学习任务?			
2	你是否熟悉箱体类零件的分类?			
3	你是否知道对刀的步骤?			
4	你是否喜欢这种上课方式?			
5	你是否掌握箱体类零件的编写程序?			

你的意见对改进教学非常重要,请写出你的建议和意见。

被调查人签名		调查时间	

请沿此线剪下

请沿此线剪下

知识拓展

一、箱体类零件的检测

1. 检测项目

(1)箱体各项尺寸的检测。

(2)箱体加工部位表面精度的检测。

(3)箱体孔的圆柱度、同轴度等的检测。

2. 检测工具

箱体类零件的检测工具主要有游标卡尺、千分尺、百分表等普通测量工具,投影万能测长仪、三坐标测量仪等专用测量工具。

3. 三坐标测量仪

(1)测量仪主机。

测量仪的基本硬件有多种结构形式:活动桥式;固定桥式;高架桥式;水平臂式;关节臂式。

(2)测量原理(见图5-12)。

1)在坐标空间中,可以用坐标来描述每一个点的位置。

2)多个点可以用数学的方法拟合成几何元素,如:面、线、圆、圆柱、圆锥等。

3)利用几何元素的特征,如:圆的直径、圆心点、面的法矢、圆柱的轴线、圆锥顶点等可以计算这些几何元素之间的距离和位置关系,进行形位公差的评价。

4)将复杂的数学公式编写成程序软件,利用软件可以进行特殊零件的检测,如:齿轮、叶片、曲线、曲面、数据统计等。

5)主要算法是最小二乘法。

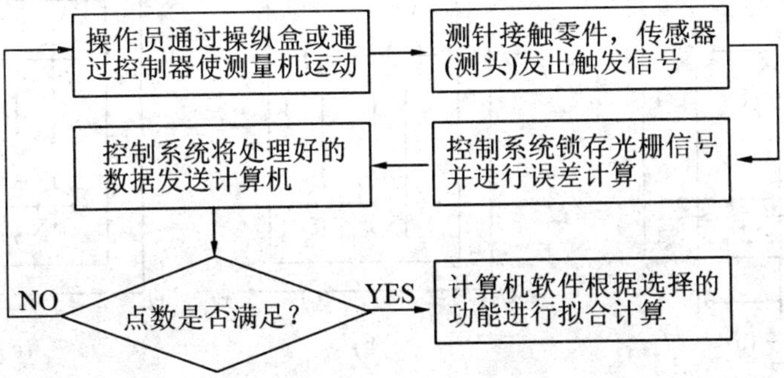

图5-12 测量点的过程

二、进给加工路线确定

进给加工路线分为孔加工进给加工路线和铣削进给加工路线,铣削进给加工路线加工平面、平面轮廓及曲面与项目四平面铣削加工一样。下面主要介绍加工中心的孔加工进给加工路线。

加工中心加工孔时，一般首先将刀具在 *XY* 平面内迅速、准确运动到孔中心线位置，然后再沿 *Z* 向运动进行加工。因此，孔加工进给路线的确定包括以下内容：

1. 在 *XY* 平面内的进给路线

加工孔时，刀具在 XY 平面内属点位运动，因此确定进给加工路线时主要考虑以下两点：

（1）定位要迅速。

例如，加工如图 5－13（a）所示零件，采用如图 5－13（b）所示进给加工路线比图 5－13（c）所示进给路线节省定位时间近一半。

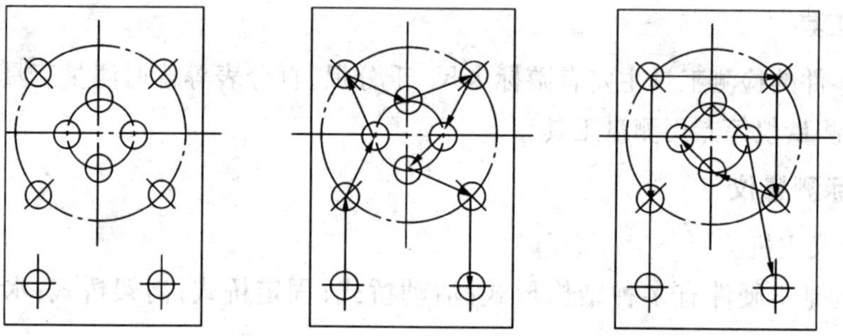

(a)　　(b)　　(c)

图 5－13　最短进给路线设计示例

（2）定位要准确。

安排进给加工路线要避免引入机械进给传动系统的反向间隙。加工如图 5－14（a）所示零件，图 5－14（b）的进给加工路线引入了机床进给传动系统的反向间隙，难以做到定位准确；图 5－14（c）是从同一方向趋近目标位置的，消除了机床传动系统反向间隙的误差，满足了定位准确，但非最短进给路线，没有满足定位迅速的要求。

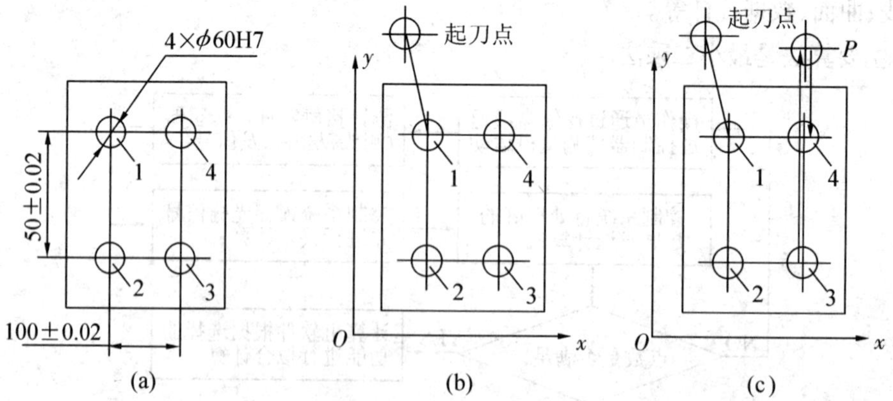

(a)　　(b)　　(c)

图 5－14　准确定位进给路线

因此，在具体加工中应抓住主要矛盾，若按最短路线进给能保证位置精度，则取最短路线；反之，应取能保证定位准确的路线。

2. *Z* 向（轴向）的进给路线

为缩短刀具的空行程时间，*Z* 向的进给分快速进给和加工进给。刀具在开始加工前，要快速移动到距待加工表面一定距离的 *R* 平面上，然后才能以加工进给速度进行切削加工。

如图 5－15(a)所示为加工单孔时刀具的进给加工路线。加工多孔时，为减少刀具空行程时间，切完前一个孔后，刀具只需退到 R 平面即可沿 X，Y 坐标轴方向快速移动到下一孔位，其进给加工路线如图 5－15(b)所示。

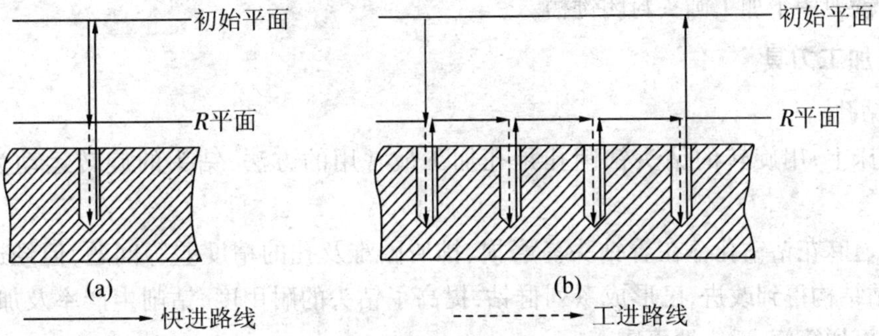

图 5－15 刀具 Z 向进给路线

在进给加工路线中，加工进给距离 Z_F 包括被加工孔的深度 H、刀具的切入距离 Za 和切出距离 $Z0$(加工通孔)，如图 5－16 所示。

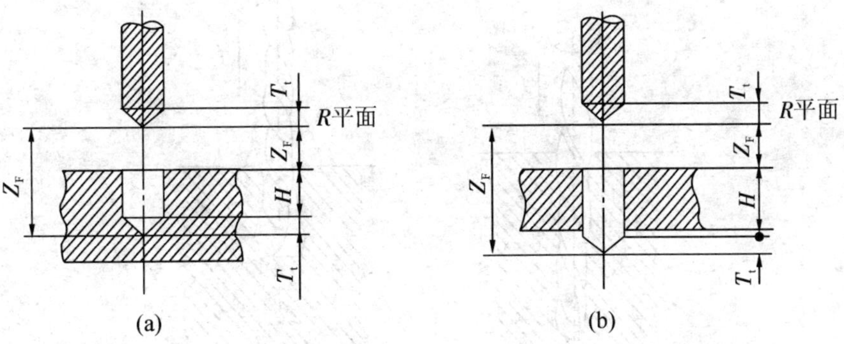

图 5－16 工作进给距离计算图

三、箱体类零件加工的常用刀具

1. 铣刀

(1)圆柱铣刀。

一般都是用高速钢整体制造，直线或螺旋线切削刃分布在圆周表面上，没有副切削刃，主要用于卧式铣床铣削宽度小于长度的狭长平面。

(2)面铣刀。

主切削刃分布在圆柱或圆锥面上，端面切削刃为副切削刃。按刀齿材料分为高速钢和硬质合金两大类。高速钢面铣刀一般用于加工中等宽度的平面。硬质合金面铣刀的切削效率及加工质量均比高速钢面铣刀高，故目前广泛使用硬质合金面铣刀加工平面。

(3)立铣刀。

立铣刀主要用于铣削凹槽、台阶面和小平面。

(4)三面刃铣刀。

三面刃铣刀主要用在卧式铣床上铣削台阶面和凹槽。

(5)锯片铣刀。

锯片铣刀用于铣削窄槽和板料、棒料、型材的切断。

(6)键槽铣刀。

键槽铣刀用于加工圆头封闭键槽。

2. 孔加工刀具

(1)钻孔。

在钻床上,用旋转的钻头钻削孔是孔加工最常用的方法,钻头的旋转运动为主切削运动。

用普通麻花钻钻孔存在着钻头易磨损、排屑困难及孔的精度差等问题,但经过长期实践,麻花钻结构得到改进,已形成系列群钻,提高了钻头的耐用度、钻削生产率及加工精度,并使操作更加简便,适应性更广。

钻孔加工精度为 IT13 ~ IT11 级,表面粗糙度 Ra 为 50 ~ 12.5 μm。常见钻孔方式如图 5 - 17所示。

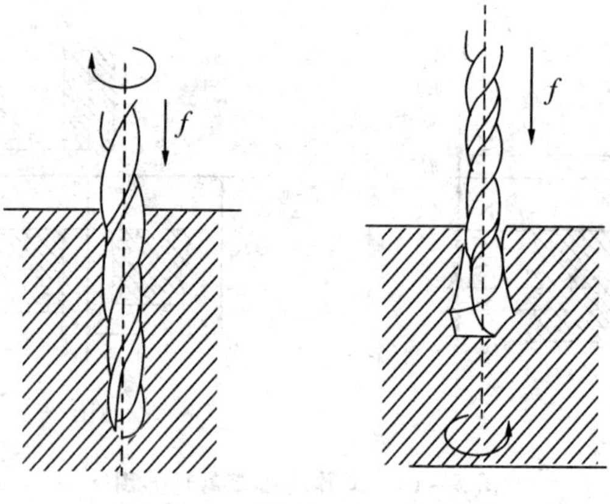

图 5 - 17　两种钻孔方式

(2)扩孔。

扩孔是用扩孔钻对工件上已有的孔进行加工,以扩大孔径,并提高加工质量。扩孔后,精度可达 IT10 - IT9 级,表面粗糙度值 Ra 为 6.3 - 3.2 μm。

特点:

1)切削深度小,切屑窄,易于排出,也不易刮伤已加工表面;

2)切削刃不必自外缘延伸到中心,避免了横刃及横刃引起的不良影响,生产率和加工质量较高;

3)由于容屑槽较浅窄,刀体上可做出 3 ~4 个刀齿,导向性好,切削平衡,可提高生产率。

(3)铰孔。

铰孔是用铰刀从工件孔壁上切削下微量金属的加工方法。铰孔的精度可达 IT8 ~ IT6 级,表面粗糙度 Ra 为 1.6 ~0.4 μm。

特点:

1)铰孔只能保证孔本身的精度,而纠正位置误差和原孔轴线歪斜的能力很差;

2)铰刀是定径刀具,较易保证铰孔的加工质量;

3)铰孔的适应性差,一把铰刀只能加工一种尺寸与公差的孔;

4)铰削可加工一般的金属工件,如普通钢、铸铁和有色金属,但不适宜加工淬火钢等硬度过高的材料。

铰刀分为

手用铰刀:为直柄,工作部分较长,导向性好,可防止铰孔时铰刀歪斜。

机用铰刀:适用于在车床、钻床、数控机床等机床上使用。

(4)拉孔。

拉刀是用拉刀在拉床加工工件的工艺方法。

加工精度:IT8 ~ IT7 级,表面粗糙度 Ra 为 0.4 ~ 0.8 μm。

根据工件加工面及截面形状不同,拉刀有多种形式。常用的圆孔拉刀如图 5 – 18 所示。

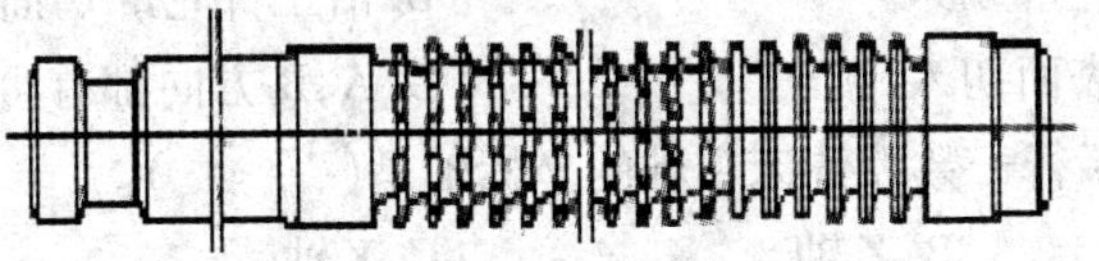

图 5 – 18 圆孔拉刀

思考与练习

一、选择题

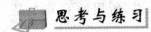

1. 数控系统常用的两种插补功能是(　　　)。

A. 直线插补和圆弧插补　　B. 直线插补和抛物线插补

C. 圆弧插补和抛物线插补　　D. 螺旋线插补和抛物线插补

2. G41 指令的含义是(　　　)。

A. 直线插补　　B. 圆弧插补

C. 刀具半径右补偿　　D. 刀具半径左补偿

3. G91 G00 X50.0 Y – 20.0 表示(　　　)。

A. 刀具按进给速度移至机床坐标系 X = 50 mm, Y = – 20 mm 点

B. 刀具快速移至机床坐标系 X = 50 mm, Y = – 20 mm 点

C. 刀具快速向 X 正方向移动 50 mm,向 Y 负方向移动 20mm

D. 编程错误

4. 数控铣床的坐标系采用(　　　)判定 X, Y, Z 的正方向,根据 ISO 标准,在编程时采用(　　　)的规则。

A. 右手法则、刀具相对静止而工件运动　　B. 右手法则、工件相对静止而刀具运动

C. 左手法则、工件随工作台运动　　D. 左手法则、刀具随主轴移动

5. 数控铣床的 T 指令是指(　　　)。

A. 主轴功能　　B. 辅助功能　　C. 进给功能　　D. 刀具功能

6. 在 CNC 系统中,(　　　)。

A. 不需要位置反馈环节　　B. 可要也可不要位置反馈环节

C. 需要位置反馈环节　　D. 除要位置反馈外，还要速度反馈

7. 加工箱体类零件平面时，应选择的数控机床是(　　)。

A. 数控车床　　B. 数控铣床　　C. 数控钻床　　D. 数控镗床

8. 定位基准有粗基准和精基准两种，选择定位基准应力求基准重合原则，即(　　)统一。

A. 设计基准，粗基准和精基准　　B. 设计基准，粗基准，工艺基准

C. 设计基准，工艺基准和编程原点　　D. 设计基准，精基准和编程原点

9. 采用 ϕ20 mm 立铣刀进行平面轮廓加工时，如果被加工零件是 80 mm × 80 mm × 60 mm的开放式凸台零件，毛坯尺寸为 95 mm × 95 mm × 60 mm；要求加工后表面无进出刀痕迹，加工切入时采用(　　)方向切入。

A. 垂直于工件轮廓切入　　B. 沿工件轮廓切面切入

C. 垂直于工件表面切入　　D. A，B 方向都有可

10. 通常情况下，平行于数控铣床主轴的坐标轴是(　　)。

A. *X* 轴　　B. *Z* 轴　　C. *Y* 轴　　D. 不确定

11. 程序原点是编程员在数控编程过程中定义在工件上的几何基准点，称为工件原点，加工开始时要以当前主轴位置为参照点设置工件坐标系，所用的 G 指令是(　　)。

A. G92　　B. G90　　C. G91　　D. G93

12. 数控铣床对铣刀的基本要求是(　　)。

A. 铣刀的刚性要好　　B. 铣刀的耐用性要高

C. 根据切削用量选择铣刀　　D. A，B 两项

13. 用数控铣床加工较大平面时，应选择(　　)。

A. 立铣刀　　B. 面铣刀　　C. 圆锥形立铣刀　　D. 鼓形铣刀

14. 指令 G40 的含义是(　　)。

A. 刀具半径右补偿　　B. 刀具补偿功能取消

C. 刀具长度补偿功能取消　　D. 刀具长度正补偿

15. 用于主轴旋转速度控制的代码是(　　)。

A. T　　B. G　　C. S　　D. F

16. 对于既要铣面又要镗孔的零件，(　　)。

A. 先镗孔后铣面　　B. 先铣面后镗孔

C. 同时进行　　D. 无所谓

17. 在切断、加工深孔或用高速钢刀具加工时，宜选择(　　)的进给速度。

A. 较高　　B. 较低

C. 数控系统设定的最低　　D. 数控系统设定的最高

18. 程序编制中，首件试切的作用是(　　)。

A. 检验零件图样的正确性

B. 检验零件工艺方案的正确性

C. 检验程序单或控制介质的正确性，并检验是否满足加工精度要求

D. 仅检验数控穿孔带的正确性

19. 编程员在数控编程过程中,定义在工件上的几何基准点称为(　　)。

A. 机床原点　　B. 绝对原点　　C. 工件原点　　D. 装夹原点

20. 在数控铣床上设置限位开关起的作用是(　　)。

A. 线路开关　　B. 过载保护　　C. 欠压保护　　D. 位移控制

21. 在数控铣床的加工过程中,要进行测量刀具和工件的尺寸、工件调头、手动变速等固定的手工操作时,需要运行(　　)指令。

A. MOO　　B. M98　　C. M02　　D. M03

22. 下列指令中,属于非模态代码的指令是(　　)。

A. G90　　B. G91　　C. G04　　D. G54

23. 加工中心与其他数控铣床的主要区别是(　　)。

A. 有刀库和自动换刀装置　　B. 机床转速高

C. 机床刚性好　　D. 进刀速度高

24. 在数控铣床上,下列划分工序的方法中错误的是(　　)。

A. 按所用刀具划分工序　　B. 以加工部位划分工序

C. 按粗、精加工划分工序　　D. 按不同的加工时间划分工序

25. 下列确定加工路线的原则中正确的说法是(　　)。

A. 加工路线最短

B. 使数值计算简单

C. 加工路线应保证被加工零件的精度及表面粗糙度

D. A,B,C 同时兼顾

26. 数控铣床长期不使用时,(　　)。

A. 应断电并保持清洁

B. 应每周通电一至两次,每次空运转一小时

C. 应清洗所有过滤器、油箱并更换润滑油

D. 应放松所有预紧装置

27. 编制数控铣床加工程序时,为了提高加工精度,一般采用(　　)。

A. 精密专用夹具　　B. 流水线作业法

C. 工序分散加工法　　D. 一次装夹,多工序集中

28. MDI 方式是指(　　)。

A. 自动加工方式　　B. 手动输入方式　　C. 空运行方式　　D. 单段运行方式

29. 为方便编程,数控加工的工件尺寸应尽量采用(　　)。

A. 局部分散标注　　B. 以同一基准标注　　C. 对称标注　　D. 任意标注

30. 下列设定工件坐标系的是(　　)。

A. G92　　B. G90　　C. G91　　D. G04

二、问答题

1. 对数控铣床而言,怎样进行回参考点操作?在手动连续进给方式下,若按压 $+X$, $+Y$

轴移动方向按钮，机床实际产生什么样的移动？

2. G90 G00 X20.0 Y15.0 与 G91 G00 X20.0 Y15.0 有什么区别？

三、编程题

毛坯为 70 mm×70 mm×18 mm 板材，六面已粗加工过，要求数控铣出如图 5－19 所示的槽，工件材料为 45#钢。

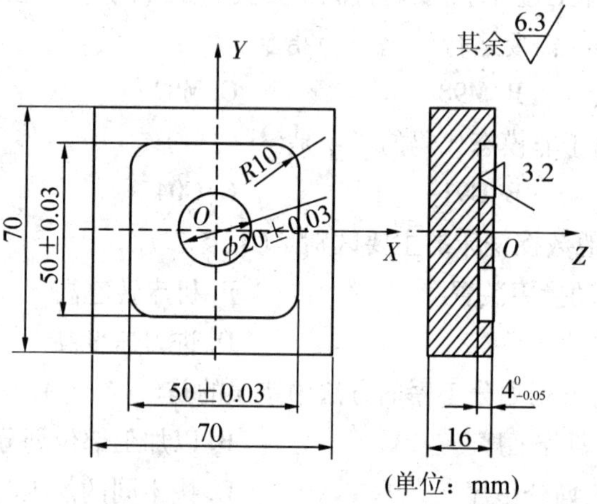

图 5－19 零件

◇学习情境六

槽类零件的数控铣削加工

任务描述

加工如图 6－1 所示槽类零件，分析数控加工工艺方案、编写加工程序。

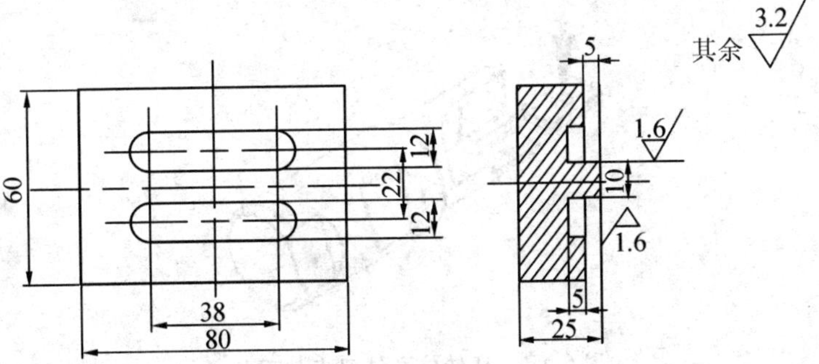

制图		材料	
审核		工艺	
数量			

图 6－1　封闭槽类零件

学习目标

☆知识目标：

(1) 熟悉可转位刀具的结构及选用方法，子程序的调用方法；

(2) 掌握坐标变换指令的使用。

☆技能目标：

(1) 使学生具备编制工艺的能力；

(2) 能使用子程序及坐标变换指令完成键槽类零件的加工；

(3) 掌握刀具的选择及应用方法。

学时安排

资讯	计划	决策	实施	检查	评价
4	2	2	4	2	2

知识链接

一、分层切深加工槽

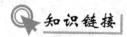

1. 可转位刀具的结构及选用方法

(1)机夹可转位刀片及代码。

1)机夹可转位刀片。

可转位刀具是将预先加工好并带有若干个切削刃的多边形刀片,用机械夹固的方法夹紧在刀体上的一种刀具。在使用过程中一个切削刃磨钝了后,只要将刀片的夹紧装置松开,转位或更换刀片,使新的切削刃进入工作位置,再经夹紧就可以继续使用。如图 6－2 所示为可转位立铣刀更换刀片。

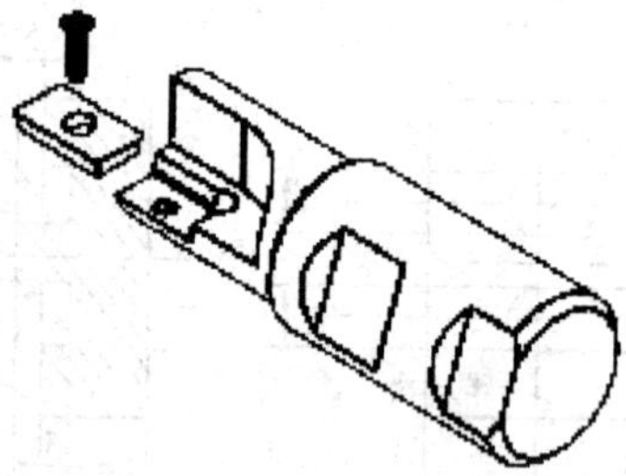

图 6－2　可转位立铣刀更换刀片

可转位刀具与焊接式刀具和整体式刀具相比有两个特征:其一是刀体上安装的刀片,至少有两个预先加工好的切削刃供使用;其二是刀片转位后的切削刃在刀体上位置不变,并具有相同的几何参数。

可转位刀片与焊接式刀具相比有以下特点:刀片成为独立的功能元件,其切削性能得到了扩展和提高;机夹固式避免了焊接工艺的影响和限制,利于根据加工对象选择各种材料的刀片,充分利用切削性能,提高了切削效率;切削刃空间位置相对刀体固定不变,节省了换刀、对刀等所需的辅助时间,提高了机床利用率。

可转位刀具切削效率高,辅助时间少,提高了工效,而且可转位刀具的刀体可重复使用,节约了钢材和制造费用,其经济性好。可转位刀具的发展极大地促进了刀具技术的进步,同时,可转位刀体的专业化、标准化生产又促进了刀体制造工艺的发展。

2)可转位刀片的表示方法。

硬质合金可转位刀片的国家标准是采用了 ISO 国际标准。产品型号的表示方法、品种规格、尺寸系列、制造公差以及测量方法等都和 ISO 标准相同。在国际标准规定的 9 个号位之后,加一短横线,再用一个字母和一个数字表示刀片断屑槽形式和宽度。可转位刀片的型号共用 10 个号位的内容来表示主要参数的特征。按照规定,任何一个型号刀片都必须用前 7 个号位,后 3 个号位在必要时才使用。对于铣刀片,第 10 号位属于标准要求标注的部分。不论有无第 8,9 两个号位,第 10 号位都必须用短横线“－”与前面号位隔开,并且其字母不得使用第 8,9 两个号位已使用过的(E,F,T,S,R,L,N)字母。第 8,9 两个号位如只使用其中一位，则写在第 8 号位上，中间不许空格。

可转位刀片型号表示方法如 CNMG120412 - NM4，APHW200460TR - A27，10 个号位表示的内容见表 6 - 1。

表 6 - 1 可转位刀片 10 个位号表示的内容

位号	表示内容	代表符号	备 注
1	刀片形状	一个英文字母	具体查《数控加工技师手册》
2	刀片主切削刃法向后角	一个英文字母	
3	刀片尺寸精度	一个英文字母	
4	刀片固定方式及有无断屑槽形	一个英文字母	
5	刀片主切削刃长度	两位数	
6	刀片厚度、主切削刃到刀片定位底面的距离	两位数	
7	刀尖圆角半径或刀尖转角形状	两位数或一个英文字母	
8	切削刃形状	一个英文字母	
9	刀片切削方向	一个英文字母	
10	刀片断屑槽形式及槽宽	一个英文字母及一个阿拉伯数字	

(2)机夹可转位刀片的夹紧方式。

1)偏心式夹紧。

偏心式夹紧结构利用螺钉上端的一个偏心轴将刀片夹紧在刀杆上，该结构依靠偏心夹紧，螺钉自锁，结构简单，操作方便，但不能双边定位。当偏心量过小时，要求刀片制造的精度高，若偏心量过大，在切削冲击作用下刀片易松动，偏心式夹紧结构适于连续平稳切削的场合，如图 6 - 3 所示。

2)杠杆式夹紧。

杠杆式夹紧结构应用杠杆原理对刀片进行夹紧。当旋动螺钉时，通过杠杆产生夹紧力，从而将刀片定位在刀槽侧面上，旋出螺钉时，刀片松开，半圆筒形弹簧片可保持刀垫位置不动。该结构特点是定位精度高、夹固牢靠、受力合理、使用方便，但工艺性较差。如图 6 - 4 所示。

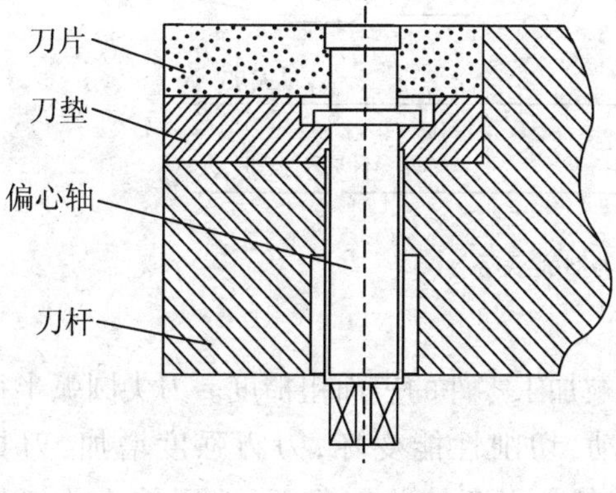

图 6 - 3 偏心式夹紧结构

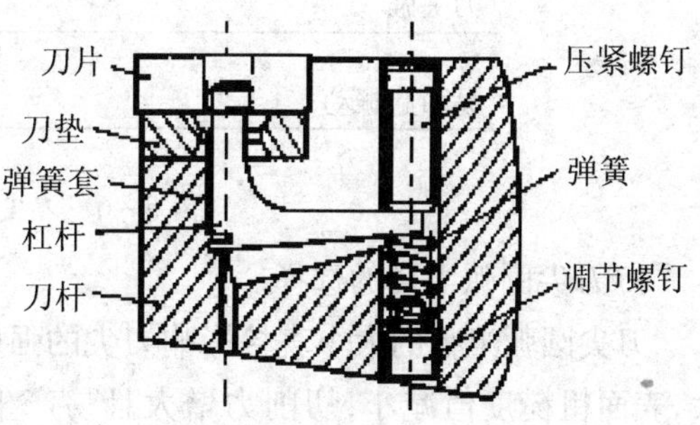

图 6 - 4 杠杆式夹紧结构

3)楔块式夹紧。

刀片内孔定位在刀片槽的销轴上,带有斜面的压块由压紧螺钉下压时,楔块一面紧靠刀杆上的凸台,另一面将刀片推往刀片中间孔的圆柱销上压紧刀片。该结构的特点是操作简单方便,但定位精度较低,且夹紧力与切削力相反。如图6-5所示。

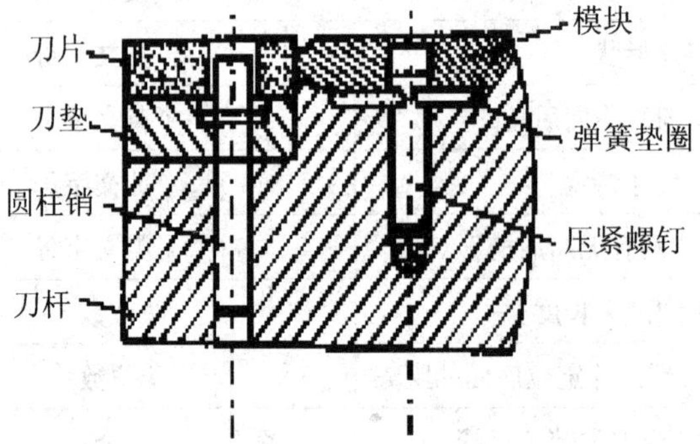

图6-5 楔块式夹紧结构

(3)可转位刀片的选择。

根据被加工零件的材料、表面粗糙度要求和加工余量等条件来决定刀片的类型。

1)刀片材料的选择。

刀片材料主要有高速钢、硬质合金、涂层硬质合金、陶瓷、立方氮化硼和金刚石等。其中应用最多的是硬质合金和涂层硬质合金刀片。选择刀片材料时主要依据被加工工件的材料、被加工表面的精度要求、切削载荷的大小以及切削过程中有无冲击和振动等。

2)刀具外形的选择。

刀片外形与加工的对象、刀具的主偏角、刀尖角和有效刃数等有关。不同的刀片形状有不同的刀尖强度,刀尖角越大,刀尖强度越大,反之亦然。圆刀片(R形)刀尖角最大,35°菱形刀片(V形)刀尖角最小。在选用时,应根据加工条件恶劣与否,按重、中、轻切削针对性地选择。在铣床刚性、功率允许的条件下,大余量、粗加工应选用刀尖角较大的刀片,反之,在铣床刚性和功率小,小余量、精加工时宜选用刀尖角较小的刀片,如图6-6所示。

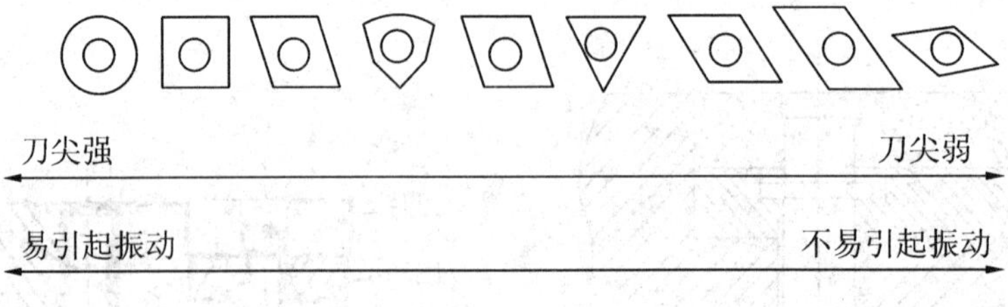

图6-6 刀尖角度与性能关系

3)刀尖圆弧半径的选择。

刀尖圆弧半径的大小直接影响刀尖的强度及被加工零件的表面粗糙度。刀尖圆弧半径大,表面粗糙度值减小,切削力增大且易产生振动,切削性能变坏,刀刃强度增加,刀具前、后面磨损减少。通常在切深较小的精加工、车床刚度较差情况下,选用较小的刀尖圆弧;而在需要刀刃强度高、工件直径大的粗加工中,选用较大的刀尖圆弧。国家标准,规定刀尖圆弧半径的尺寸系列为0.2 mm,0.4 mm,0.8 mm,1.2 mm,1.6 mm,2.0 mm,2.4 mm,3.2 mm。

二、复合槽类结构铣削加工

1. 常见的槽类结构

(1)直角沟槽。

直角沟槽主要用三面刃铣刀来铣削,也可用立铣刀、槽铣刀和合成铣刀铣削。对封闭的沟槽则都采用立铣刀或键槽铣刀。键槽铣刀一般都是双刃的,端面刃能直接切入工件,故在铣封闭槽之前可以不预先钻孔。键槽铣刀直径的尺寸精度较高,其直径的基本偏差有 d_8 和 e_8 两种。

立铣刀在铣封闭槽时,需预先钻好落刀孔。对宽度大和深的通槽也大多采用立铣刀铣削。

(2)键槽。

轴槽的两侧面在连接中起轴向定位和传递转矩的作用,是主要工作面,因此,轴槽宽度的尺寸精度要求较高(IT9 级),轴槽两侧面的表面粗糙度值较小(Ra3.2 ~ 1.6 μm),轴槽两侧面关于轴的轴线对称度要求也较高。如轴槽的深度、长度尺寸精度要求较低,槽底面的表面粗糙度值较大。轴上键槽有通槽、半通槽(也称半封闭槽)和封闭槽三种,如图 6 - 7 所示。轴上的通槽和槽底一端是圆弧形的半通槽,选用盘形槽铣刀铣削,轴槽的宽度由铣刀宽度保证,半通槽一端的槽底圆弧半径由铣刀半径保证。轴上的封闭槽一端是直角的半通槽,用键槽铣刀铣削,并按轴槽的宽度尺寸来确定槽铣刀的直径 。

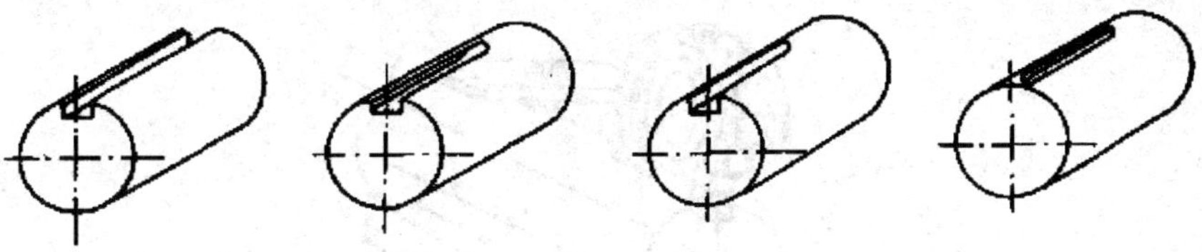

(a)　　(b)　　(c)

图 6 - 7　轴上键槽的种类

(a)通槽;(b)半通槽;(c)封闭槽

轴类工件的装夹,不但要保证工件的稳定可靠,还需保证工件的轴线位置不变,以保证轴槽的中心平面通过轴线。常用的装夹方法有以下几种。

1)用平口钳装夹工件,简便、稳固,但当工件直径有变化时,工件的轴线位置在左右(水平位置)和上下方向都会发生变动,在采用定距切削时,会影响轴槽的深度和对称度,如图 6 - 8 所示。

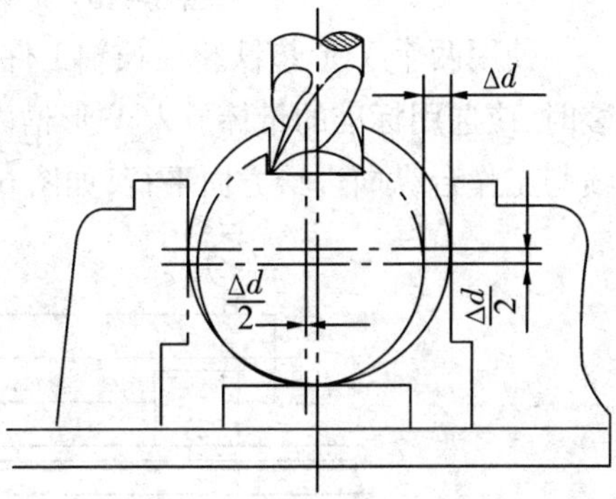

图 6 - 8　用平口钳装夹工件铣轴上键槽

平口钳装夹工件适用于单件生产,对轴的外圆已经精加工的工件。由于一批轴的直径变化很小,用平口钳装夹时,各轴的轴线位置变动很小,在此条件下，可适用于成批生产。

2）用V形垫铁装夹。把圆柱形工件放置在V形垫铁内，并用压板固定的装夹方法，是铣削轴上键槽的常用装夹方法之一，如图6－9所示。

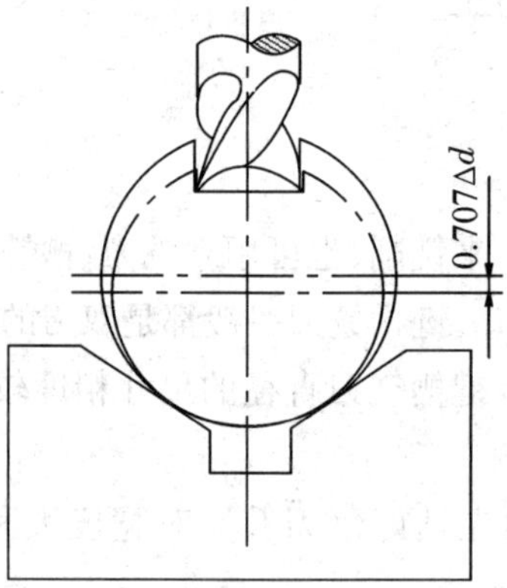

图6－9　用V形垫铁装夹工件铣削轴上键槽

其特点是工件的轴线位置只在V形槽的对称平面内随工件直径变化而上下变动，因此，当盘形槽铣刀的对称平面或键槽铣刀的轴线与V形槽的对称平面重合时，能保证一批工件上轴槽的对称度。虽然一批工件的直径因加工误差而有变化会对轴槽的深度有影响，但变化量一般不会超过精度要求不高的槽深尺寸公差。

3）直径在20～60 mm范围内的长轴工件，可将其直接放在工作台的中央T形槽上，用压板压紧后铣削轴上键槽。此时，中央T形槽槽口的倒角斜面起V形槽的定位作用，如图6－10所示。

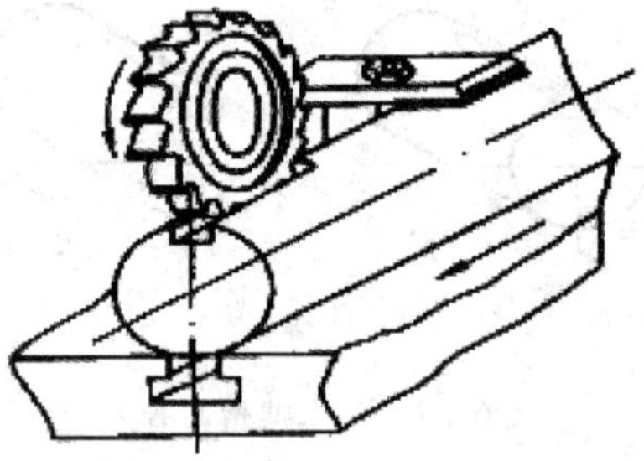

图6－10　用中央T形槽装夹长轴铣削轴上键槽

使用两个V形垫铁装夹长轴工件时，两V形垫铁应成对制造并有标记。两V形垫铁安装时，应选用标准的量棒放入V形槽内，用百分表校正其上素线与工作台台面平行，其侧素线与工作台纵向进给方向平行，如图6－11所示。

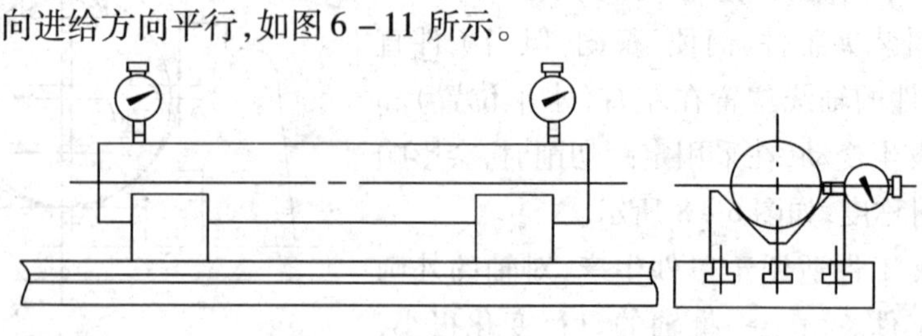

图6－11　用百分表校正V形垫铁

4)用分度头定中心装夹。用分度头主轴与尾座的两顶尖或用三爪自定心卡盘和尾座顶尖的一夹一顶方法装夹工件,工件轴线始终在两顶尖或三爪自定心卡盘与尾座顶尖的连心线上,工件轴线位置不因工件直径的变化而变动,因此,铣出的轴上键槽,对称性不受工件直径变化的影响。

安装分度头和尾座时,用标准量棒在两顶尖间或一夹一顶方法装夹,用百分表校正量棒的上素线与工作台台面平行,其侧素线与工作台纵向进给方向平行。

为保证轴上键槽对称于工件轴线,必须调整铣刀的切削位置,使键槽铣刀的轴线或盘形槽铣刀的对称平面通过工件的轴线(俗称对称中心)。

常用的调整方法有:

①按切痕调整对称中心这种方法,使用简便,是最为常用的一种方法。

②用杠杆百分表调整对称中心精度高,适合在立式铣床上采用,可对用分度头装夹的工件(借助两宽座角尺或三角形角尺),装夹工件的平口钳、V 形垫铁进行对称中心调整。调整时,将杠杆百分表固定在立铣头主轴上,用手转动主轴,观察百分表在紧靠工件两侧的宽座角尺工作面、钳口两侧、V 形垫铁两侧的读数,横向移动工作台使两侧读数相同。

5)键槽的加工方法。

①分层铣削法。

用符合键槽槽宽尺寸的键槽铣刀分层铣削键槽。铣削时,每次的铣削深度 α_p 约为 0.5 ~1.0 mm,进给由轴槽的一端铣向另一端,然后将工件退至原位,再吃深,重复铣削。铣削时应注意轴槽两端应各留长度方向余量 0.2 ~0.5 mm。铣削抗力小,铣削时不会产生明显的“让刀”现象。

②扩刀铣削法。

先用直径比槽宽尺寸小 0.5 mm 左右的键槽铣刀进行分层往复粗铣至接近槽深,槽深留余量 0.1 ~0.3 mm,槽长两端各留余量 0.2 ~0.5 mm,再用符合轴槽长、宽尺寸的键槽铣刀精铣。精铣时,由于铣刀的两个侧刀刃的径向力能相互平衡,所以铣刀的偏让量较小,轴上键槽的对称性好。

6)轴上键槽的检测。

用百分表检测塞块的 A 面与平板或工作台台面平行并读数,然后将工件转动 180°,用百分表校正塞块 B 面一平板平行并读数,两次读数的差值,即为轴上键槽的对称度误差。

7)影响轴槽宽度尺寸的因素。

①铣刀的宽度或直径尺寸不合适,未经过试铣检查就直接铣削工件,造成轴槽宽度尺寸不合适。

②铣刀有摆差,用键槽铣刀铣轴槽,铣刀径向圆跳动太大。

③用盘形槽铣刀铣轴槽,铣刀端面圆跳动太大,导致将轴槽铣宽。

④铣削时,吃刀深度过大,进给量过大,产生“让刀”现象,将轴槽铣宽。

8)影响轴槽两侧面对工件轴线对称度的因素。

①铣刀对称中心不准;

②铣削中,铣刀的偏让量太大;

③成批生产时,工件外圆尺寸公差太大。

④用扩刀法铣削时，轴槽两侧扩铣余量不一致。

9)影响轴槽两侧面与工件轴线平行度的因素，如图 6－12 所示

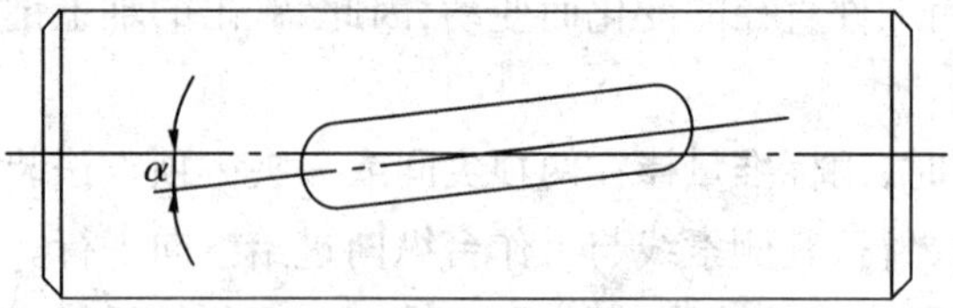

图 6－12 轴槽两侧面与工件轴线不平行

工件外圆直径不一致，有大、小头；用平口钳或 V 形垫铁装夹工件时，固定钳口或 V 形垫铁没有校正好。

10)影响轴槽槽底面与工件轴线平行度的因素，如图 6－13 所示。

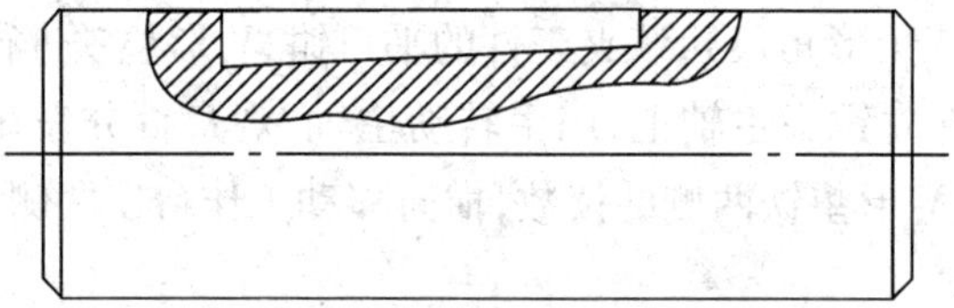

图 6－13 轴槽底面与工件轴线不平行

工件装夹时，上素线未校正水平，选用的平行垫铁平行度差，或选用的成组 V 形垫铁不等高。

(3)T 形槽。

T 形槽多见于车床的工作台，用于与车床附件、夹具配套时定位与固定，它由直槽与底槽组成，根据使用要求不同分基准槽和固定槽，基准槽的尺寸精度和形状、位置精度要求比固定槽高。X6132 型卧式铣床和 X5032 型立式铣床的工作台均有 3 条 T 形槽，中间的一条是基准槽，称为中央 T 形槽，两侧的两条是固定槽。

1)T 形槽的铣削方法。

铣刀选择铣削直槽可选用三面刃铣刀或立铣刀；铣削底槽时用 T 形槽铣刀，T 形槽铣刀应按直槽宽度尺寸(即 T 形槽的基本尺寸)选择，铣削方法如图 6－14 所示。

不穿通 T 形槽的铣削，铣削前应先在 T 形槽的一端钻落刀孔，落刀孔的直径应大于 T 形槽铣刀切削部分的直径，深度应大于 T 形槽底槽的深度。用立铣刀铣直槽后，T 形槽铣刀进入落刀孔处，对正中心后铣出槽底。

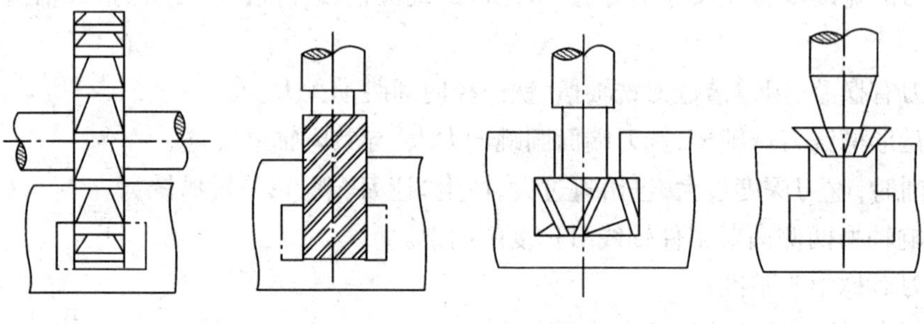

图 6－14 T 形槽的铣削

(a)铣直槽；(b)铣底槽；(c)槽口倒角

2)铣T形槽注意事项。

①当用T形槽铣刀铣削时,切屑不易排出,容易将铣刀的容屑槽填满而使铣刀失去切削能力,以致铣刀折断。因此,铣削中应经常退刀,及时清除切屑。

②当用T形槽铣刀铣削时,切削热不易散发,易使铣刀受热产生退火而失去切削能力,因而在切削钢件时,应充分浇注切削液。

③当用T形槽铣刀铣削时,切削条件差,所以应选用较小的进给量和较低的切削速度。

④T形铣刀在结构上其颈部直径较小,使用中要防止铣刀受过大的铣削抗力和突然的冲击力作用而折断。

2. 坐标变换

(1)比例缩放。

在数控编程中,在对应坐标轴上的是按固定的比例系数进行放大或缩小的,为了编程方便,可采用比例缩放指令来进行编程。

1)格式一:

G51 *I__J__K__P__*;坐标轴比例缩放

例如:

G51 I0 J10.0 P2000;

格式中的*I*,*J*,*K*值作用有两个:第一,选择要进行比例缩放的轴,其中*I*表示*X*轴,*J*表示*Y*轴,*K*表示*Z*轴,以上例子表示在*X*,*Y*轴上进行比例缩放,而在*Z*轴上不进行比例缩放。第二,指定比例缩放的中心,“I0 J10.0”表示缩放中心在坐标(0,10.0)处。如果省略了I,J,K,则G51指定刀具的当前位置作为缩放中心。*P*为进行缩放的比例系数,不能用小数点来指定该值,“P2000”表示缩放比例为2倍。

2)格式二:

G51 *X__Y__Z__P__*;

例如:

G51 X10.0 Y20.0 P1500;

此格式中的X,Y,Z值与格式一中*I*,*J*,*K*的作用相同,只是由于系统不同,格式不同。

3)格式三:

G51 *X__Y__Z__I__J__K__*;

例如:

G51 X0 Y0 Z0 I1.5 J2.0 K1.0;

该格式用于较为先进的数控系统,表示各坐标轴允许以不同比例进行缩放。上例表示以坐标点(0,0,0)为中心进行比例缩放,在*X*轴方向的缩放倍数为1.5倍,在*Y*轴方向上的缩放倍数为2倍,在Z轴方向则保持原比例不变。*I*,*J*,*K*数值的取值直接以小数点的形式来指定缩放比例,如J2.0表示在Y轴方向上的缩放比例为2.0倍。

取消缩放格式:G50;

4)比例缩放中的刀补问题。在编写比例缩放程序过程中,要特别注意建立刀补程序段的位置,一般情况下,刀补程序段写在缩放程序段内。如:

G51　X__Y__Z__P__;

G41　G01__…__D01__F100;

在执行该程序段过程中,车床能正确运行,而如果执行如下程序则会产生车床报警。

G41　G01　…　D01　F100;

G51　X__Y__Z__P__;

比例缩放对于刀具半径补偿值、刀具长度补偿值及刀具偏置值无效。

5)比例缩放中的圆弧插补问题。在比例缩放中进行圆弧插补,如果进行等比例缩放,则圆弧半径也相应缩放相同的比例;如果指定不同的缩放比例,则有的系统刀具不会加工出相应的椭圆轨迹,仍将进行圆弧的插补,圆弧的半径根据 *I*,*J* 中较大值进行缩放。

(2)坐标旋转。

对于某些围绕中心旋转得到的特殊的轮廓加工,根据旋转后的实际加工轨迹进行编程,就可使坐标计算的工作量大大增加。而通过图形旋转功能,可以大大简化编程的工作量。

1)格式:

G17　G68　X__Y__R__;

G69;

其中,G68 表示图形旋转生效,而指令 G69 表示图形旋转取消。

格式中的 *X*,*Y* 值用于指定图形旋转的中心,*R* 用于表示图形旋转的角度,该角度一般取 0°~360°,旋转角度的零度方向为第一坐标轴的正方向,逆时针方向为角度方向的正向。不足 1°的以小数点表示。

如:G68　X15.0　Y20.0　R30.0;

该指令表示图形以坐标点(15,20)作为旋转中心,逆时针旋转 30°。

2)坐标系旋转编程说明。

在坐标系旋转取消指令(G68)以后的第一个移动指令必须用绝对值指定。如果采用增量值指令,则不执行正确的移动。

CNC 数据处理的顺序是程序镜像、比例缩放、坐标系旋转、刀具半径补偿 *C* 方式。在指定这些指令时,应按顺序指定,取消时,按相反顺序。如果坐标系旋转指令前有比例缩放指令,则在比例缩放过程中不缩放旋转角度。

在坐标系旋转方式中,返回参考点指令(G27,G28,G29,G30)和改变坐标系指令(G54~G59,G92)不能指定。如果要指定其中的某一个,则必须在取消坐标系旋转指令后指定。

3. 子程序概述

(1)子程序的定义。

加工程序可以分为主程序和子程序两种。所谓主程序,是一个完整的零件加工程序,或是零件加工程序的主体部分。它和被加工零件或加工要求一一对应,不同的零件或不同的加工要求,都有唯一的主程序。

在编制加工程序中,有时会遇到一组程序段在一个程序中多次出现,或者在几个程序中都要使用它。这个典型的加工程序可以做成固定程序,并单独加以命名,这组程序段就称为子程序。

子程序一般都不可以作为独立的加工程序使用，它只能通过调用，实现加工中的局部动作。子程序执行结束后，能自动返回到调用的程序中。

(2)子程序的嵌套。

为了进一步简化程序，可以让子程序调用另一个子程序，这一功能称为子程序的嵌套。

当主程序调用子程序时，该子程序被认为是一级子程序，系统不同，其子程序的嵌套级数也不相同。一般情况下，在 FANUC 系统中，子程序可以嵌套 4 级，如图 6－15所示。

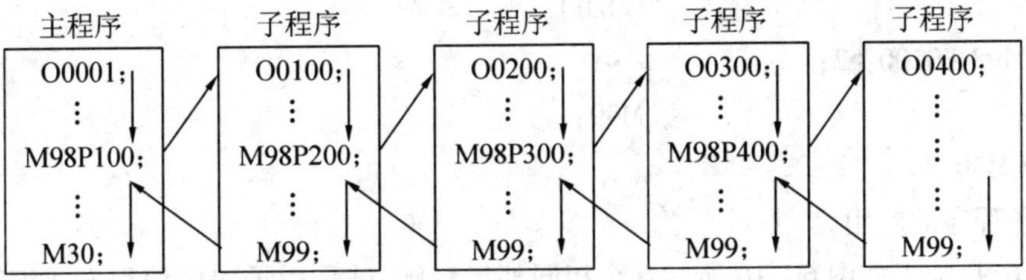

图 6－15 子程序嵌套

(3)子程序的格式。

在 FANUC 系统中，子程序和主程序并无本质区别。子程序和主程序在程序名及程序内容方面基本相同，但结束标记不同。主程序用 M02 或 M30 表示主程序结束，而子程序则用 M99 表示子程序结束，并实现自动返回主程序功能。子程序格式如下所示：

O0100；

G91 G01 Z－2.0；

……

G91 G28 Z0；

M99；

子程序结束指令 M99，不一定要单独书写一行，如上面程序中最后两行写成"G91 G28 Z0 M99；"也是允许的。

(4)子程序的调用。

在 FANUC 系统中，子程序的调用可通过辅助功能代码 M98 指令进行，且在调用格式中将子程序的程序名地址改为 P，其常用的子程序调用格式有两种。

1)格式一：CXM98　P_ _ _ _　L_ _ _ _；

例：　M98　P100　L5；

　　　M98　P100；

2)格式二：M98　P_ _ _ _ _ _ _ _；

例：　M98　P50010；

　　　M98　P510；

地址 P 后面的 8 位数字中，前 4 位表示调用次数，后 4 位表示子程序序号，当采用格式二调用时，调用次数前的 0 可以省略不写，但子程序名前的 0 不可省略。如下例中，前面的表示调用子程序 O0100 五次，而后面的表示调用子程序 O0200 两次。

子程序的执行过程如下程序所示

主程序：	子程序：
O0101；	
N10…；	O0100；
N20 M98 P0100 L5；	……
N30…；	M99；
……	
……	O0200；
N60 M98 P0200 L2；	……
……	M99；
N100 M30；	

(5)子程序的应用。

例题 6.1，加工如图 6－16 所示 6 个相同外形轮廓，试采用子程序编程方式编写数控铣加工程序。

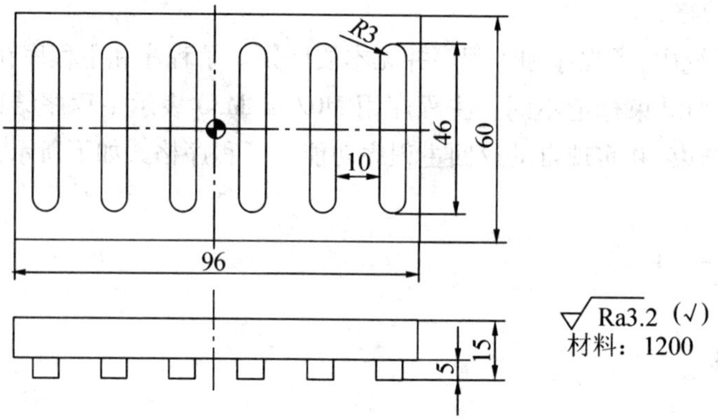

图 6－16　子程序应用

O0020；	主程序
G90 G94 G21 G40 G17 G54；	
G91 G28 Z0；	
M03 S800 ；	
G90 G00 X－48.0 Y－40.0；	
Z10.0 M08；	
G01 Z－5.0 F100；	
M98 P201 L6；	调用子程序 6 次
G00 Z50.0；	
M05 M09；	
M30；	

```
O0201;                    子程序
G91 G41 G01 X5.0 D01;     在子程序中编写刀具半径补偿
Y60.0;
G02 X6.0 R3.0;
G01 Y-40.0;
G02 X-6.0 R3.0;
G40 G01 X-5.0 Y-20.0;     刀具半径补偿不能被分支
G01 X16.0;                移动到下一个轮廓起点
M99;
```

(6)使用子程序的注意事项。

注意主、子程序间模式代码的变换。子程序的起始行用了 G91 模式，从而避免了重复执行子程序过程中刀具在同一深度进行加工。但需要注意及时进行 G90 与 G91 模式的变换。

```
O1;          主程序        O2;       子程序
G90 G54;     G90 模式      G91…;
M98 P02;                   ……
……
G91          G91 模式      M99;
……
G90 …;       G90 模式
…;M30;
```

在半径补偿模式中的程序不能被分支

```
O1;          主程序        O2;       子程序
G91…;                      ……
G41…;                      M99;
M98 P02;
G40…;
M30;
```

在以上程序中，刀具半径补偿模式在主程序及子程序中被分支执行，在编程过程中应尽量避免编写这种形式的程序。在有些系统中如出现此种刀具半径补偿被分支执行的程序，在程序执行过程中还可能出现系统报警。正确的格式如下：

```
O1;          主程序        O2;       子程序
G91…;                      G41…;
……                         ……
M98 P2;                    G40…;
M30;                       M99;
```

任务实施

加工如图 6－1 所示槽类零件，分析数控加工工艺方案、编写加工程序。

1. 加工工艺分析

(1)零件图分析。

1)结构分析：从图纸上看，主要加工部分为槽类结构，适合进行数控铣床铣削加工。

2)精度分析：其中 $12_{-0.025}^{0}$ mm 和 $10_{0}^{+0.025}$ mm 为重点保证尺寸。

(2)装夹方案的确定。

根据零件图样要求，选用经济型数控铣床即可达到要求。

夹具：V 形块结合平口钳定位和夹紧。

加工参数选择见表 6－2。

表 6－2 加工参数选择

序号	加工内容	刀具规格		主轴转速	进给速度	刀具半径补偿/mm
		类型	材料	$r \cdot min^{-1}$	$mm \cdot min^{-1}$	
1	粗、半精铣封闭槽	ϕ12 mm 三刃立铣刀	高速钢	300～500	下刀：20～50 铣轮廓：100～200	6.1～6.2(粗铣) 6.05(半精铣)
2	精铣封闭槽	ϕ12 mm 三刃立铣刀	高速钢	300～500	下刀：20～50 铣轮廓：100～200	计算得出(精铣)

半精加工和精加工应该适当提高转速和进给量，提高加工效率。

量具：三用游标卡尺和内测千分尺、深度千分尺。

刀具路径：沿内腔轮廓走刀，法线执行刀具半径补偿。

(3)加工顺序和进给路线的确定。

根据图样要求、毛坯及前道工序加工情况，确定工艺方案及加工路线。

1)以已加工过的底面为定位基准，用通用机用平口虎钳夹紧工件前后两侧面，虎钳固定于铣床工作台上。

2)工步顺序：

①铣刀先走两个圆轨迹，再用左刀具半径补偿加工 50 mm × 50 mm 四角倒圆的正方形。

②每次切深为 2 mm，分两次加工完。

3)刀具及切削用量的选择。

直径为 8 mm 的立铣刀，要求每次切削的深度不超过 2 mm。

4)确定工件坐标系和对刀点。

在 XOY 平面内确定以工件中心为工件原点，Z 方向以工件上表面为工件原点，建立工件坐标系。

2. 编制加工程序

分析：将刀心轨迹编成子程序，主程序 3 次调用子程序，使槽深逐次增加，此时通常采用增量坐标编程。

程序如下：

```
O0003;                                   主程序
G17G40G90G21G94G54;
G00Z100.0;
T01;
M03S500;
X0Y0;
Z5.0;
M98P3000;
G55;
G00X0Y0;
M98P3000;
G56;
G00X0Y0;
M98P3000;
G57;
G00X0Y0;
M98P3000;
G00Z100.0;
G54;
M05;
M30;
O3000;                                   子程序
G01Z-27.0F1000;
G41X15.Y-25.0D01F120;
G03X40.0Y0R25.0;
I-40.0;
X15.0Y25.0R25.0;
G01G40X0Y0;
Z5.0F1000;
M99;
```

3. 零件的仿真加工

(1)进入数控铣床仿真软件。

(2)选择铣床、数控系统并开机。

1)从铣床列表项中选择“系统”“车床类型”和“生产厂家”等信息。

2)启动系统。

按下操作面板“启动”按钮，松开“急停”按钮。

(3)铣床各轴回参考点。

进入数控系统后,首先应将 X,Y,Z 轴返回参考点。注意:先回 X 轴,再回 Y 轴。

(4)安装工件

点击菜单“零件/定义毛坯”,并安装毛坯,安装中提示移动工件;然后,可以点击菜单的测量项。

(5)安装刀具并对刀。

1)从“刀具设置”界面中选择切削刀具。

2)对刀/设定工件坐标系。

(6)输入程序及加工与测量。

1)输入加工程序,并检查调试。

2)手动移动刀具退到距离工件较远处。

3)自动加工。

4)测量工件,优化程序。

4. 零件的实操加工

5. 零件检验

按图纸要求检测工件,对工件进行误差与质量分析。

请沿此线剪下

资讯单

学习领域	数控机床的编程与操作		
学习情境六	槽类零件的数控铣削加工	学时	16
资讯方式	学生分组查询资料,找出问题的答案		
资讯问题	1. 什么是可转位刀具? 2. 机夹可转位刀片的夹紧方式有哪些? 各有何特点? 3. 简述机夹可转位刀片的表示方法。 4. 机夹可转位刀片的选择方法有哪些? 5. 数控编程中,子程序是如何定义的? 6. 数控编程中,子程序调用的指令格式是什么? 7. 数控编程中,子程序调用的具体方法有哪些? 8. 在子程序调用中需注意哪些问题? 9. 常见的槽类结构有哪些? 10. 坐标变换指令有哪些? 11. 简述比例缩放和坐标旋转指令的格式。 12. 比例缩放指令可完成的加工类型有哪些? 13. 坐标旋转指令可完成的加工类型有哪些? 14. 归纳 G50 和 G51,G68 和 G69 指令的用法。 15. 槽类结构零件的铣削编程思路及注意事项。			
资讯引导	以上资讯问题请查阅以下书籍: 《数控机床的编程与操作》,主编:杨清德,中国邮电出版社。 《数控车削技术》,主编:孙梅,清华大学出版社。 《数控车削工艺与编程操作》,主编:唐萍,机械工业出版社。		

请沿此线剪下

请沿此线剪下

请沿此线剪下

请沿此线剪下

请沿此线剪下

决 策 单

学习领域	数控机床的编程与操作						
学习情境六	槽类零件的数控铣削加工				学 时	16	
方案讨论							
方案对比	组号	工作流程的正确性	知识运用的科学性	内容的完整性	方案的可行性	人员安排的合理性	综合评价
	1						
	2						
	3						
	4						
	5						
方案评价	评语：						
班级		组长签字		教师签字		月 日	

请沿此线剪下

请沿此线剪下

请沿此线剪下

计划单

<table>
<tr><td>学习领域</td><td colspan="5">数控机床的编程与操作</td></tr>
<tr><td>学习情境六</td><td colspan="2">槽类零件的数控铣削加工</td><td>学　时</td><td colspan="2">16</td></tr>
<tr><td>计划方式</td><td colspan="5">分组讨论,制订各组的实施操作计划和方案</td></tr>
<tr><td>序　号</td><td colspan="3">实施步骤</td><td colspan="2">使用资源</td></tr>
<tr><td>1</td><td colspan="3"></td><td colspan="2"></td></tr>
<tr><td>2</td><td colspan="3"></td><td colspan="2"></td></tr>
<tr><td>3</td><td colspan="3"></td><td colspan="2"></td></tr>
<tr><td>4</td><td colspan="3"></td><td colspan="2"></td></tr>
<tr><td>5</td><td colspan="3"></td><td colspan="2"></td></tr>
<tr><td>制订计划
说明</td><td colspan="5"></td></tr>
<tr><td rowspan="3">计划评价</td><td>班　　级</td><td></td><td>第　组</td><td>组长签字</td><td></td></tr>
<tr><td>教师签字</td><td colspan="2"></td><td>日　　期</td><td></td></tr>
<tr><td colspan="5">评语:</td></tr>
</table>

请沿此线剪下

实施单

<table>
<tr><td>学习领域</td><td colspan="3">数控机床的编程与操作</td></tr>
<tr><td>学习情境六</td><td>槽类零件的数控铣削加工</td><td>学　时</td><td>16</td></tr>
<tr><td>实施方式</td><td colspan="3">分组实施,按实际的实施情况填写此单</td></tr>
<tr><td>序号</td><td>实施步骤</td><td colspan="2">使用资源</td></tr>
<tr><td>1</td><td></td><td colspan="2"></td></tr>
<tr><td>2</td><td></td><td colspan="2"></td></tr>
<tr><td>3</td><td></td><td colspan="2"></td></tr>
<tr><td>4</td><td></td><td colspan="2"></td></tr>
<tr><td>5</td><td></td><td colspan="2"></td></tr>
<tr><td>6</td><td></td><td colspan="2"></td></tr>
<tr><td>7</td><td></td><td colspan="2"></td></tr>
<tr><td>8</td><td></td><td colspan="2"></td></tr>
<tr><td>9</td><td></td><td colspan="2"></td></tr>
<tr><td>10</td><td></td><td colspan="2"></td></tr>
<tr><td colspan="4">实施说明:</td></tr>
</table>

班　级		第　组	组长签字	
教师签字			日　期	

请沿此线剪下

请沿此线剪下

检查单

<table>
<tr><td>学习领域</td><td colspan="5">数控机床的编程与操作</td></tr>
<tr><td>学习情境六</td><td colspan="3">槽类零件的数控铣削加工</td><td>学 时</td><td>16</td></tr>
<tr><td>序号</td><td>检查项目</td><td colspan="2">检查标准</td><td>学生自检</td><td>教师检查</td></tr>
<tr><td>1</td><td>目标认知</td><td colspan="2">工作目标明确,工作计划具体结合实际,具有可操作性</td><td></td><td></td></tr>
<tr><td>2</td><td>理论知识</td><td colspan="2">掌握数控车削的基本理论知识,会进行槽类零件的编程</td><td></td><td></td></tr>
<tr><td>3</td><td>基本技能</td><td colspan="2">能够运用知识进行完整的工艺设计、编程,并顺利完成加工任务</td><td></td><td></td></tr>
<tr><td>4</td><td>学习能力</td><td colspan="2">能在教师的指导下自主学习,全面掌握数控加工的相关知识和技能</td><td></td><td></td></tr>
<tr><td>5</td><td>工作态度</td><td colspan="2">在完成任务过程中的参与程度,积极主动地完成任务</td><td></td><td></td></tr>
<tr><td>6</td><td>团队合作</td><td colspan="2">积极与他人合作,共同完成工作任务</td><td></td><td></td></tr>
<tr><td>7</td><td>工具运用</td><td colspan="2">熟练利用资料单进行自学,利用网络进行查询</td><td></td><td></td></tr>
<tr><td>8</td><td>任务完成</td><td colspan="2">保质保量,圆满完成工作任务</td><td></td><td></td></tr>
<tr><td>9</td><td>演示情况</td><td colspan="2">能够按要求进行演示,效果好</td><td></td><td></td></tr>
<tr><td rowspan="3">检查评价</td><td>班 级</td><td></td><td>第 组</td><td>组长签字</td><td></td></tr>
<tr><td>教师签字</td><td colspan="2"></td><td>日 期</td><td></td></tr>
<tr><td colspan="5">评语：</td></tr>
</table>

评价单

学习领域	数控机床的编程与操作				
学习情境六	槽类零件的数控铣削加工			学 时	16
评价类别	项目	子项目	个人评价	组内互评	教师评价
专业能力（60%）	资讯（10%）	搜集信息（5%）			
		引导问题回答（5%）			
	计划（10%）	计划可执行度（3%）			
		数控加工工艺的安排（4%）			
		数控加工方法的选择（3%）			
	实施（15%）	遵守安全操作规程（5%）			
		工艺编制（6%）			
		程序编写（4%）			
	检查（10%）	工艺准确（5%）			
		程序准确（5%）			
	过程（5%）	使用工具规范性（2%）			
		加工过程规范性（2%）			
		工具和仪表管理（1%）			
	结果（10%）	加工出零件（10%）			
社会能力（20%）	团结协作（10%）	小组成员合作良好（5%）			
		对小组的贡献（5%）			
	敬业精神（10%）	学习纪律性（5%）			
		爱岗敬业、吃苦耐劳精神（5%）			
方法能力（20%）	计划能力（10%）	考虑全面、细致有序（10%）			
	决策能力（10%）	决策果断、选择合理（10%）			
检查评价	班级	姓名	学号	教师签字	日期

请沿此线剪下

请沿此线剪下

请沿此线剪下

请沿此线剪下

教学反馈单

<table>
<tr><td>学习领域</td><td colspan="4">数控机床的编程与操作</td></tr>
<tr><td>学习情境六</td><td>槽类零件的数控铣削加工</td><td colspan="2">学　时</td><td>16</td></tr>
<tr><td>序号</td><td>调查内容</td><td>是</td><td>否</td><td>理由陈述</td></tr>
<tr><td>1</td><td>你是否明确本学习情境的学习目标?</td><td></td><td></td><td></td></tr>
<tr><td>2</td><td>你对子程序的应用是否熟悉?</td><td></td><td></td><td></td></tr>
<tr><td>3</td><td>资讯单中的问题,你都能回答上吗?</td><td></td><td></td><td></td></tr>
<tr><td>4</td><td>你对本小组成员之间的合作是否满意?</td><td></td><td></td><td></td></tr>
<tr><td>5</td><td>你是否完成本学习情境的任务?</td><td></td><td></td><td></td></tr>
<tr><td colspan="5">你的意见对改进教学非常重要,请写出你的建议和意见。</td></tr>
</table>

请沿此线剪下

请沿此线剪下

被调查人签名		调查时间	

知识拓展

一、零件工艺分析

数控加工制造技术正逐渐得以广泛的应用，在零件加工之前，进行工艺分析、编程具有非常重要的作用。通过对典型槽类零件数控加工工艺的分析，制定出一般零件设计加工工艺过程，对于提高产品质量和实际生产，具有一定的指导意义。

对于数控加工工艺进行分析与具体零件的加工，首先对数控加工技术进行简单介绍，然后根据零件图进行数控加工分析。针对槽类零件的加工进行工艺分析，此类零件由圆弧、岛屿、圆孔、凹槽、凸台等组成。根据零件材料的加工工序、切削用量以及其他因素选用刀具，由刀柄和零件的轮廓特点确定需要多种刀具，分别为立铣刀、镗刀、钻头等。针对零件图图形进行编制程序，此类零件为槽类零件，轮廓由直线、孔、圆弧等组成。在加工槽时，应满足刀具能切削到最小的槽的过渡间隙，或者小于等于中央孤岛的所切圆弧半径，先切槽后钻孔的加工顺序，以免产生过切或者无法切削。

1. 零件图分析

分析产品的零件图，明确各零件在产品中的相互关系及作用，了解零件图上各项技术条件制订的依据，找出主要的技术问题，从而制订正确合理的工艺。

（1）零件图的完整性与正确性分析。

零件图的视图应齐全、正确、表达清楚、符合国家标准，尺寸与有关技术要求应标注齐全，几何元素（点、线、面）之间的关系（如相切、相交、垂直、平行等）明确，具体槽类零件图如图 6－17 所示。

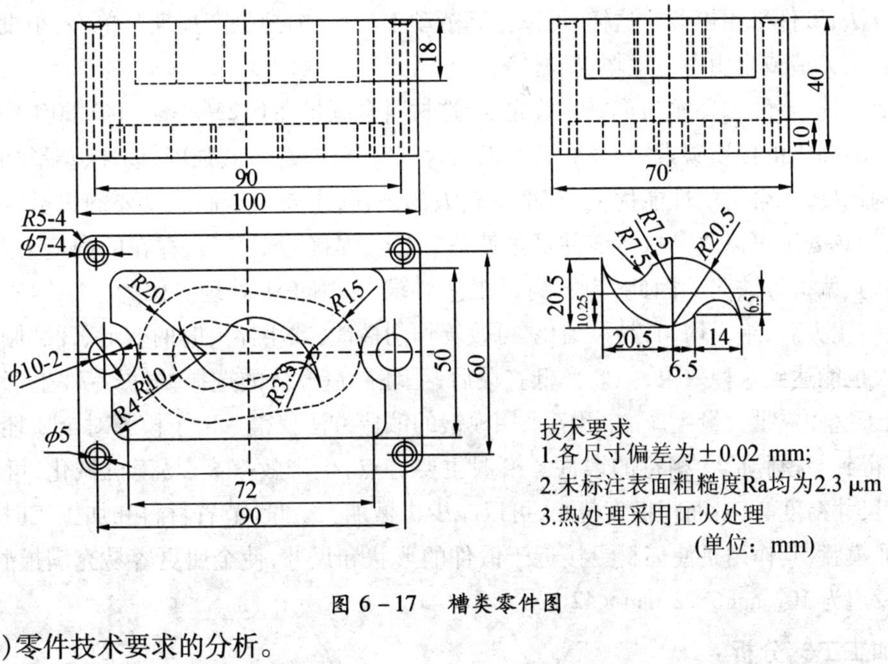

图 6－17　槽类零件图

（2）零件技术要求的分析。

零件的技术要求指尺寸精度、形状精度、位置精度、表面粗糙度及热处理等。零件图 6－17 的技术要求：尺寸各偏差均为 ±0.02 mm，未标注表面粗糙度均为 2.3 μm，热处理采用正火处理。

(3)尺寸标注方法分析。

零件图上的尺寸标注方法有局部分散法、集中标注法等。在数控铣床上加工零件，零件图上的尺寸在加工精度能够保证使用性能的前提下，可不必局部分散标注，应集中标注或以同一基准标注（标注坐标尺寸），有利于编制程序，有利于设计基准、工艺基准与编制程序的原点统一。

(4)零件材料分析。

在满足零件功能的前提下应选用成本低的材料。如图 6－17 所示零件图所选材料，为含碳量 $\omega_c=0.45\%$ 的优质碳素结构钢。

2. 毛坯选择

毛坯的选择主要是确定毛坯类型，毛坯种类有铸件、锻件、型材、冲压件及焊接件等。毛坯的形状和尺寸越接近零件，毛坯精度越高，机械加工余量越小，则材料消耗越少，因而可以降低成本，但是毛坯制造费用会提高。因此，选择毛坯的类型，要从机械加工和毛坯制造两方面综合考虑，以求得最佳的经济效益。在具体选择毛坯时要考虑下列因素：

(1)零件的材料。

当材料选定后，毛坯的类型也基本确定。例如，当零件材料为钢质件，则选锻件或型材；若零件的材料为铸件或铸钢、铸铝合金、铝镁合金等，则选铸造毛坯。

(2)零件的力学性能。

零件的力学性能要求高，应选择锻件；若力学性能要求不高，应选择型材或铸件。

(3)生产类型。

大批量生产应选用精度和生产率都比较高的毛坯制造方法，如铸件采用金属造型或精密铸造方法；锻件采用模锻。这样，可以提高劳动生产率，缩短生产周期。单件、小批量生产可采用砂型铸造或自由锻造毛坯、型材等。

综上所述，毛坯选择尤为重要。首先，所选材料含碳量在 $0.25\%<\omega_c\leqslant0.60\%$ 中碳钢之间。$\omega_c=0.45\%$ 的优质碳素结构钢，这类钢因含有害杂质较少，其强度、韧性、塑形均比一般碳素结构钢好，综合力学性能优良，宜承受较大的载荷，主要用于制造重要的机械零件。其次，适当的热处理可以改善机械零件经过铸造、锻压、焊接等工艺后，存在的内应力、组织粗大、不均匀、偏析等缺陷。因此，为了满足工艺要求，采用正火处理。作为中碳钢的预备处理，中碳钢正火后，组织均匀，晶粒细化，可改善切削性能，减小淬火时的变形、开裂倾向。用普通退火也能达到这种效果，但效率低。最后，毛坯制造方法的选择，根据零件生产效率考虑，类似于这样成批大量生产的毛坯，采用模锻的锻造方法获得。由于模膛对金属坯料的限制，最终得到与模膛形状相符的锻件。模锻主要特点：生产效率高、易于机械化，可大量生产；锻件尺寸精度高、表面粗糙度值小，可以减少机械加工余量，节省材料和加工工时。最后采用模锻模膛，其作用是使坯料更接近于锻件的形状和尺寸，使金属更容易充满模膛，模膛的尺寸设定为 102 mm × 72 mm × 42 mm。

3. 加工工艺分析

数控加工程序编制方法有手工（人工）编程和自动编程。槽类零件较复杂且精度要求极高，加工中心加工零件的表面有平面、轮廓、曲面、孔和内螺纹等，故采用软件自动化编程，选择铣床或加工中心进行数控加工。槽类零件采用平口钳对毛坯进行装夹，并且此零件为完整的一个零件，需要两次对刀和装夹。数控加工工艺卡表 6－3。

表 6－3　数控加工工艺卡

单　位		产品型号		零件图号		程序名	O2516，O2102
零件名称	槽类零件	材料	$45^{\#}$钢	使用设备	加工中心	夹具	
工序号	工序内容		刀具规格	S	F	T	备　注
10	铣平面、轮廓、S 型中央孤岛区域	T01	ϕ10 mm 高速钢立铣刀	3000	500		
11	钻 2 × ϕ10 mm 通孔	T02	ϕ10 mm 扁钻	1000	100		
12	钻 4 × ϕ5 mm 通孔	T03	ϕ5 mm 扁钻	1000	100		
13	4 × ϕ7 mm 镗孔	T04	ϕ7 mm 镗刀	1000	100		
14	铣底面、轮廓、环形中央孤岛区域	T05	ϕ8 mm 高速钢立铣刀	3000	500		

在切削过程中，合理的使用切削液（或冷却润滑液），可以减小刀具与切屑、刀具与加工表面间的摩擦，降低切削力和切削温度，减小刀具磨损，提高加工表面质量。常用切削液的种类有水溶液、切削油、乳化液三大类。水溶液，主要成分是水，冷却性能好，若配成透明状液体，便于操作者观察。但水溶液易使金属生锈、润滑性能差，使用时常加入适当的添加剂，使其保持冷却性能，有良好的防锈性能和一定的润滑性能。切削油的主要成分是矿物油（如机油、轻柴油、煤油）、动物油（猪油、豆油等）和混合油，这类切削液的润滑性能好。

本零件的生产选择乳化液为宜，因为乳化液是用 95% －98% 的水将由矿物油、乳化剂和添加剂配制成的乳化膏稀释而成，外观呈乳白色或半透明，具有良好的冷却性能。因含水量大，润滑、防锈性能差，常加入一定量的油性、极压添加剂和防锈添加剂，配制成极压乳化液或防锈乳化液。使用时，尽量接近切削区进行浇注，达到带走切屑、冷却、防锈和润滑的作用。

二、数控铣削加工中内、外槽的区别

1. 外槽的加工基础

（1）外槽的种类和作用。

常见的外槽形状有矩形、梯形和圆弧形，如图 6－18 所示。

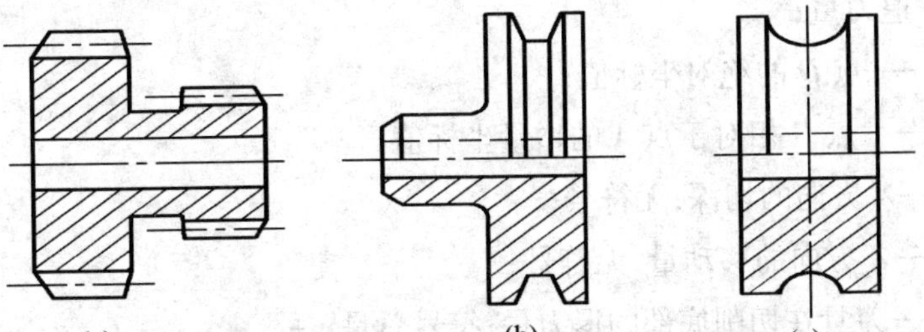

(a)　(b)　(c)

图 6－18　外槽形状

（a）矩形槽；（b）梯形槽；（c）圆弧形槽

矩形槽除了作螺纹、磨削和插齿作退刀之外,还有一些其他功能;梯形槽是安装V形带的沟槽;圆弧槽用作滑轮和圆带传动的带轮沟槽。

(2)加工矩形槽和切断的区别。

加工矩形槽和切断的主要区别是加工槽是在工件上加工出所需形状和大小的沟槽,切断是把工件分离开来。

(3)切槽刀和切断刀刀头长度的确定。

1)切槽刀刀头长度。

$$L = \text{槽深} + (2 \sim 3)\,\text{mm}$$

2)切断刀刀头长度。

切断实心材料:

$$L = \frac{D}{2} + (2 \sim 3)\,\text{mm}$$

式中:L——切槽刀刀头长度;

D——被切断工件直径;

h——被切断工件壁厚。

2. 外槽加工编程指令

(1)直线插补指令(G01)。

格式:G01 $X\_$ $Z\_$ $F\_$;

式中:X,Z——切削终点坐标;

F——进给量。

(2)暂停指令(G04)。

格式:G04 $X\_$;或 G04 $U\_$;或 G04 $P\_$;

式中:X,U—暂停时间,可用带小数点的数,s;

P—暂停时间,不允许用带小数点的数,ms。

(3)外圆切槽复合循环指令(G75)。

格式:G75 R(e);

G75 $X(U)\_$ $Z(W)\_$ $P\Delta i$ $Q\Delta k$ $R\Delta d$ $F f$;

式中:e——退刀量;

X,Z——点D的绝对坐标值;

U,W——点D相对于点A的增量坐标值;

Δi——X方向的切深,无符号;

Δk——Z方向的移动量,无符号;

Δd——刀具在切削底部的退刀量,符号总是"+"。

3. 常见外槽的检测方法

精度较低的外沟槽,一般采用钢直尺和卡钳测量;精度要求较高的外槽,可用千分尺、样板和游标卡尺等检测，如图 6 - 19 所示。

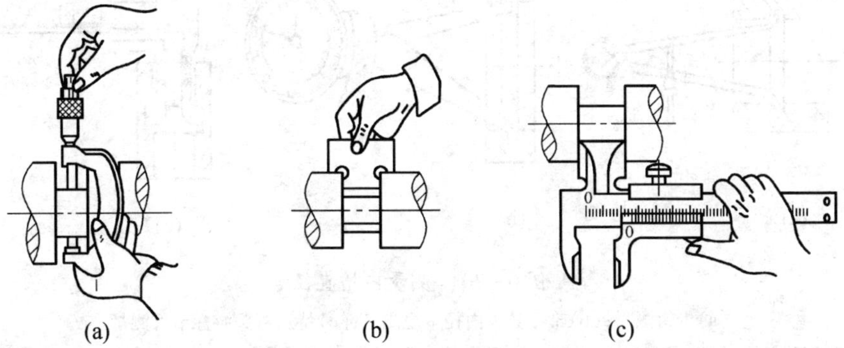

图 6 - 19 外槽的检测方法

(a)千分尺测量外槽直径；(b)样板测量外槽宽度；(c)游标卡尺测量外槽宽度

4. 内槽加工编程指令

(1)直线插补指令(G01)。

格式：G01 *X*_ *Z*_ *F*_；

式中：X,Z—切削终点坐标；

(2)内外径粗、精车复合循环指令(G71)。

该指令用于内径/外径断续切削。

格式：G71 *U*_ *R*_ ；

G71 *P*_ *Q*_ *U*_ *W*_ *F*_ *S*_ *T*_；

式中：*U*——*X* 方向每次的切深，单边值，整数加点；

R——*X* 方向每次向定位点方向的退刀量，外圆向上退，内孔向里退，无正、负号，以正数表示，便于排屑，整数加点；

P——精加工路径第一段程序段号不带 *N* 的数值，如 *P*1 就是下面编程的 *N*1；

Q——精加工路径最后一段段号不带 *N* 的数值，如 *Q*2 就是 *N*2，一般最后一段路径都是 *X* 方向退出工件，不要编写 G00 *Z*5 这种，因为循环指令结束会回到之前的定位点的；

U——*X* 方向精加工的余量，直径值，外圆留正，内孔留负；

W——*Z* 方向留的余量，一般不留；

F——粗加工的进给量，如 *F*0.2 整个粗加工都是按照这个进给量执行，*N*1，*N*2 中间的 *F* 是精加工的进给量，在粗加工中忽略；

S——主轴转速；

T——刀具号。

5. 内槽的检测方法

(1)测量内槽直径，如图 6 - 20 所示。

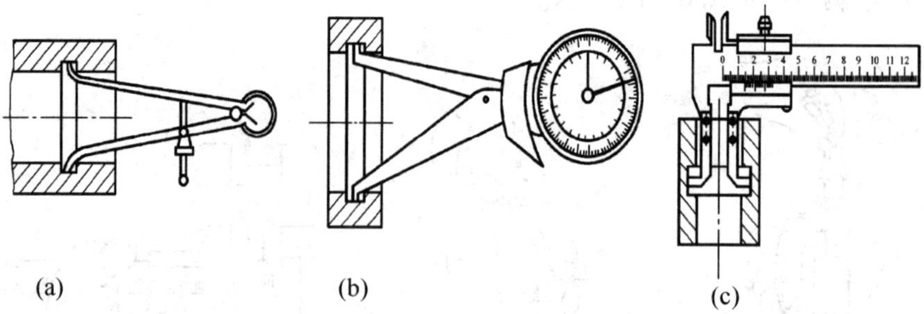

图 6－20　测量内槽直径

(a)卡钳测量;(b)带千分表内径量规测量;(c)特殊弯头游标卡尺测量

(2)测量内槽宽度,如图 6－21 所示。

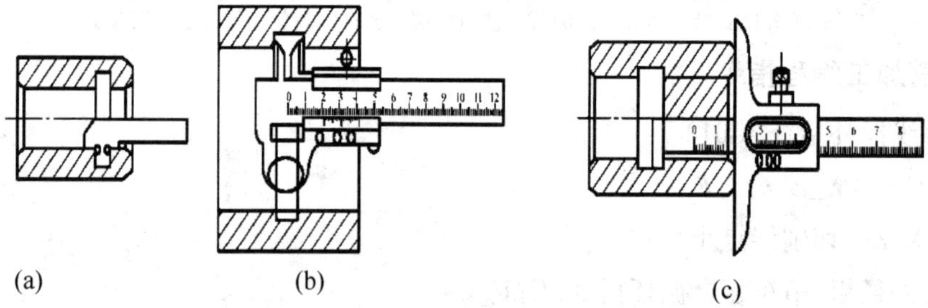

图 6－21　测量内槽宽度

(a)样板检测;(b)游标卡尺检测;(c)钩形游标深度卡尺检测

6. 常见的端面槽种类(见图 6－22)

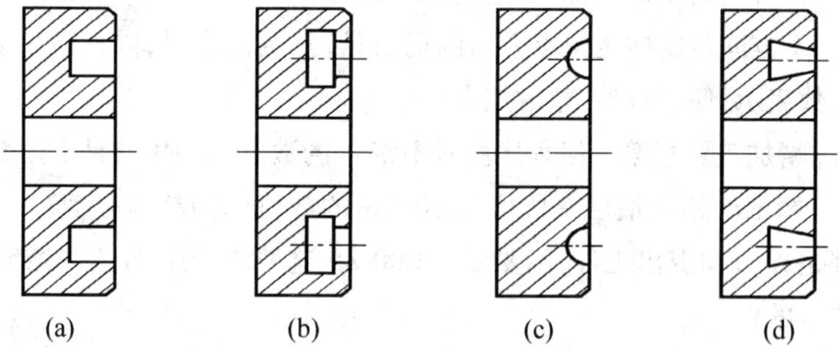

图 6－22　端面槽种类

(a)矩形槽;(b)T 形槽;(c)圆弧形槽;(d)医疗费尾槽

7. 常见的端面槽刀

(1)深端面切槽刀。

(2)端面深切槽刀。

8. 端面槽加工相关编程指令

(1)直线插补指令(G01)。

格式:G01　$X\_$　$Z\_$　$F\_$;

式中:X,Z——切削终点坐标;

　　F——进给量。

(2)暂停指令(G04)。

格式:G04 *X*_ ;或 G04 *U*_ ;或 G04 *P*_;

式中:*X*,*U*——暂停时间,可用带小数点的数,s;

　　P——暂停时间,不允许用带小数点的数,ms。

(3)外径切槽循环指令(G75)。

格式:G75 *R*_ ;

　　G75 *X*_ *P*_ *F*_;

式中:*R*——退刀量;

　　X——槽底直径;

　　P——每次循环切削量;

　　F——进给量。

该指令主要用于外圆面上切削外槽或切断加工。

三、编程及加工

在数控铣床上完成如图 6－23 所示零件的腰形槽加工,工件材料为 45#钢。生产规模:单件。

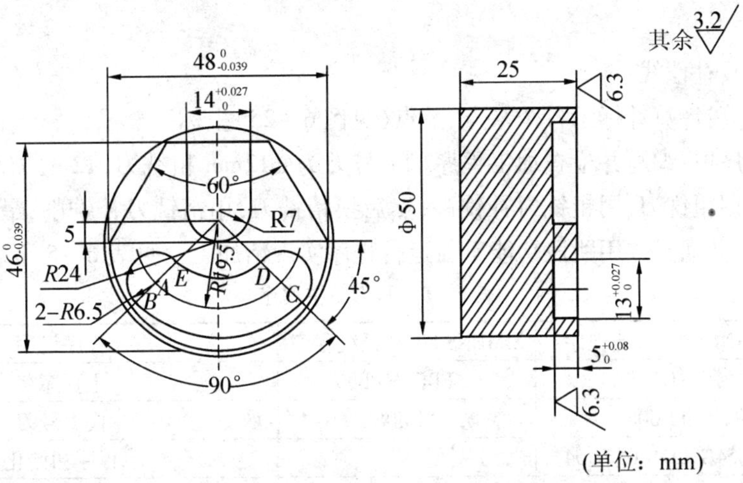

图 6－23　腰形槽工件

分析零件图,明确加工内容→确定腰形槽加工方案→制订加工计划→实施零件腰形槽加工→监测加工过程→评估加工质量(用流程图表示,有反复过程)。

1. 分析零件图,明确加工内容

2. 确定加工方案

机床:立式加工中心机床。

夹具:V 形块结合平口钳定位和夹紧。

刀具:ϕ12mm 立铣刀。

加工参数选择见表 6-4。

表 6-4 加工参数

序号	加工内容	刀具规格		主轴转速	进给速度	刀具半径
		类型	材料	$r\cdot min^{-1}$	$mm\cdot min^{-1}$	补偿/mm
1	粗、半精铣腰形槽	ϕ12 mm 三刃立铣刀	高速钢	300~500	下刀:20~50 铣轮廓:100~200	6.1~6.2(粗铣) 6.05(半精铣)
2	精铣腰型槽	ϕ12 mm 三刃立铣刀	高速钢	300~500	下刀:20~50 铣轮廓:100~200	计算得出(精铣)

半精加工和精加工应该适当提高转速和进给量,提高加工效率。

量具:三用游标卡尺和内测千分尺、深度千分尺。

刀具路径:沿内腔轮廓走刀,法线执行刀具半径补偿。

3. 制订加工计划

(1)编制工艺方案和 NC 加工程序。

1)工艺方案:在立式数控铣床用立铣刀加工,使用通用量具测量控制尺寸精度,通过刀具半径补偿改变控制加工余量,采用顺铣走刀加工。

2)NC 加工程序编制。

①选择编程原点:跟据基准统一原则,编程坐标系原点选择在腰形轮廓左右两圆中心线的延长线交点。

②设定刀具补偿线。

③坐标计算:计算并标示各个基点、节点(见图 6-25)坐标

④编写程序单:编写并检查加工程序(T1 号刀为 ϕ12mm 粗铣刀、T2 号刀为 ϕ12 mm 精铣刀。首先采用粗铣刀,用粗铣刀补铣削;然后换精铣刀,用精铣刀补铣削;最后测量尺寸、确定精铣刀补,并通过选用跳段功能重新运行程序实现精加工),见表 6-5 至表 6-7。

表 6-5 腰形槽主程序

程序段号	FANUC 0i 系统程序	SIMENS 802D 系统程序	程序说明
	O1	FBC. MPF	主程序名
N10	/T1M06	T1M06	换 1 号刀
N20	/G54G90G40G17G64		程序初始化
N30	/M03S500		主轴正转,500 r/min
N40	/M08		开冷却液
N50	/G00G43Z100H01	G00Z100D1	*Z* 轴快速定位,执行长度补偿 T1D1(H01)
N60	/X0Y-35		下刀前定位(A 点)
N70	/Z5		快速下刀
N80	/G01Z0F100		下刀至 Z0 高度
N90	/M98P100002	L2 P10	调用子程序 O2/L2. SPF 10 次
N100	/G00G49Z-50	G00Z100	抬刀并撤销高度补偿
N110	T2M06		换 1 号刀
N120	G54G90G40G17G64		主轴正转,500r/min

续 表

程序段号	FANUC 0i 系统程序	SIMENS 802D 系统程序	程序说明
N130	M03S500		主轴正转,500r/min
N140	M08		开冷却液
N150	G00G43Z100H02	G00Z100D2	Z 轴快速定位,执行长度补偿 T2D2(H02)
N160	X0Y-35		下刀前定位(A 点)
N170	Z5		快速下刀
N180	M98P3	L3	调用子程序 O3/L3. SPF 1 次
N190	G00G49Z-50	G00Z100	抬刀并撤销高度补偿
N200	M09		关冷却液
N210	M30		程序结束

表 6-6 腰形槽子程序 O2/L2. SPF

程序段号	FANUC 0i 系统程序	SIMENS 802D 系统程序	程序说明
	O2	L2. SPF	子程序名
N10	G91G01Z-0. 5F50		增量编程 Z 向下刀 0.5
N20	G90G41X7D01F200		法线执行刀具半径补偿至 B 点
N30	Y-11		直线插补铣削至 C 点
N40	X20,R7	X20RND=7	采用导圆角指令铣削至 D 点
N50	Y0		直线插补铣削至 E 点
N60	G03X-20Y0R20	G03X-20Y0CR=20	圆弧插补铣削至 F 点
N70	G01Y-11,R7	G01Y-11RND=7	采用导圆角指令铣削至 G 点
N80	X-7		直线插补铣削至 H 点
N90	Y-35		直线插补铣削至 I 点
N100	G40G01X0		撤销刀具半径补偿回 A 点
N110	M99	M17	子程序结束

表 6-7 腰形槽子程序 O3/L3. SPF

程序段号	FANUC 0i 系统程序	SIMENS 802D 系统程序	程序说明
	O3	L3. SPF	子程序名
N10	G90G01Z-5F50		增量编程 Z 向下刀至 -5
N20	G41X7D01F100		法线执行刀具半径补偿至 B 点
N30	Y-11		直线插补铣削至 C 点
N40	X20,R7	X20RND=7	采用导圆角指令铣削至 D 点
N50	Y0		直线插补铣削至 E 点
N60	G03X-20Y0R20	G03X-20Y0CR=20	圆弧插补铣削至 F 点
N70	G01Y-11,R7	G01Y-11RND=7	采用导圆角指令铣削至 G 点
N80	X-7		直线插补铣削至 H 点
N90	Y-35		直线插补铣削至 I 点
N100	G40G01X0		撤销刀具半径补偿回 A 点
N110	M99	M17	子程序结束

(2)领取和检查毛坯材料:ϕ 50 mm×25 mm 的 45#钢。

(3)借领和检查完成工作所需的工、夹、量具及劳保用品。

(4)工作场地的准备工作。

4. 实施零件加工

(1)开启机床;

(2)安装夹紧平口钳,利用V形块、平行垫铁定位夹紧工件圆钢毛坯;

(3)安装夹紧刀具和刀柄;

(4)对刀,设定工件坐标系G54;

(5)录入程序,人工作图检查程序;

(5)空运行测试、调试程序;

(6)表层试切检验加工加工程序及相关数据设定是否正确;

(7)加工零件。

5. 监测加工过程

(1)记录加工过程;

(2)加工过程控制(保证冷却液畅通,判断加工是否正常等,视、听结合,确保加工正常)。

6. 评估

完成工件的加工后,我们可从以下几方面评估整个加工过程,达到不断优化的目的。

(1)对工件尺寸精度进行评估,找出尺寸超差是工艺系统因素还是测量因素,为工件后续加工时尺寸精度控制提出解决办法、合理化建议及有益的经验。

(2)对工件的加工表面质量进行评估,总结经验或找出表面质量缺陷之原因,提出刀路优化设计方法。

(3)对加工效率、刀具寿命等方面进行评估,找出加工效率与刀具寿命的内在规律,为进一步优化刀具切削参数夯实基础。

(4)评估整个加工过程,是否有需要改进的工艺方法和操作。

(5)评估团队成员在工作过程表现的知识技能、安全文明、协作能力、语言表达能力等。

(6)形成文书材料的评估报告。

思考与练习

一、选择题

1. 在FANUC系统的程序G17G90X10.0Y10.0中,G17表示(　　)

A. *XY*平面指定　B. *ZX*平面指定　C. *XZ*平面指定　D. 取消平面指定

2. 目前常用的程序段格式是(　　)程序段格式。

A. 字-地址　B. 使用分离符　C. 固定　D. 混合

3. 在FANUC系统中,准备功能G81表示(　　)循环。

A. 消固定　B. 钻孔　C. 镗孔　D. 攻螺纹

4. FANCE系统中,在(50,50)坐标点,钻一个深30mm的孔,*Z*轴坐标零点位于零件表面上,则指令为(　　)

A. G00G83X50.0Y50.0Z-30.0R5.0F50　B. G99G81X50.0Y50.0Z-30.0R0F50

C. G99G85X50.0Y50.0Z-30.0R0F50　D. G99G83X50.0Y50.0Z-30.0R5.0Q3.0F50

5. 在FANCE系统的程序G71G16G90X100.0Y30.0A30.0Z中,A指令是(　　)

A. X轴坐标位置　B. 极坐标原点到刀具中心距离

C. 旋转角度　D. 时间参数

6. G73 高速钻孔循环程序段中的 Q 表示(　　)。
A. 每次的切削深度　B. 抬刀量磨损
C. 提高精度　D. 保证零件轮廓光滑
7. 当用 G02/G03 指令,对被加工零件进行圆弧编程时,下面关于使用半径 R 方式编程的说法不正确的是(　　)。
A. 正圆编程不采用该方式编程　B. 该方式与使用 I,J,K 效果相同
C. 大于 180°的弧 R 取正值　D. R 可取正值也可以取负值,但加工轨迹不同
8. 数控系统常用的两种插补功能是(　　)。
A. 直线插补和圆弧插补　B. 直线插补和抛物线插补
C. 圆弧插补和抛物线插补　D. 螺旋线插补和抛物线插补
9. G41 指令的含义是(　　)。
A. 直线插补　B. 圆弧插补　C. 刀具半径右补偿　D. 刀具半径左补偿
10. 数控机床的 T 指令是指(　　)。
A. 主轴功能　B. 辅助功能　C. 进给功能　D. 刀具功能
11. 程序原点是编程员在数控编程过程中定义在工件上的几何基准点,称为工件原点,加工开始时要以当前主轴位置为参照点设置工件坐标系,所用的 G 指令是(　　)。
A. G92　B. G90　C. G91　D. G93
12. 用于主轴旋转速度控制的代码是(　　)。
A. T　B. G　C. S　D. F
13. 地址编码 A 的意义是(　　)。
A. 围绕 X 轴回转运动角度尺寸　B. 围绕 Y 轴回转运动角度尺寸
C. 平行于 X 轴的第二角度尺寸　D. 平行于 X 轴的第二角度尺寸
14. F152 表示(　　)。
A. 主轴转速为 152 r/min　B. 主轴转速为 152 mm/min
C. 进给速度为 152 r/min　D. 进给速度为 152 mm/min
15. 在数控机床的加工过程中,要进行测量刀具和工件的尺寸、工件调头、手动变速等固定的手工操作时,需要运行(　　)指令。
A. M00　B. M98　C. M02　D. M03
16. 下列指令中,属于非模态代码的指令是(　　)。
A. G90　B. G91　C. G04　D. G54
17. 刀具长度补偿值的地址用(　　)表示。
A. D　B. H　C. R　D. J
18. MID 方式是指(　　)。
A. 自动加工方式　B. 手动输入方式　C. 空运行方式　D. 单段运行方式
19. 为方便编程,数控加工的尺寸应尽量采用(　　)。
A. 局部分散标注　B. 以同一基准标注　C. 对称标注　D. 任意标注
20. 10d7 中的字母 d 表示(　　)。
A. 轴基本偏差代号　B. 孔基本偏差代号
C. 公差等级数字　D. 公差配合代号

二、判断题

1. 在工件加工表面和加工工具不变的情况下,所连续完成的那一部分工序叫做工步。(　　)

2. 纯金属也属于难加工的金属材料。 (　　)

3. 铣削难加工材料，可选用下列刀具材料：含钴高速钢，W12Cr4V4Mo，YW1，YW2，YA6等。 (　　)

4. 滚珠丝杠外滚道的作用是使滚珠能作周而复始的循环运动。 (　　)

5. 用硬质合金铣刀铣削工件时，若选用切削液，则应采用水溶性切削液。 (　　)

6. 若铣床主轴的轴向窜动超过允差，则在铣削时会产生较大的振动。 (　　)

7. 螺旋夹紧机构的主要缺点是自锁性能差，故在快速机动夹紧中应用较少。 (　　)

8. 程序段号数字必须是整数，所以最小顺序号为 N1。 (　　)

9. 对于整个程序，可以每段都编入顺序号，也可以一个不编。 (　　)

10. 数控加工程序执行顺序与程序顺序号无关。 (　　)

11. 速度不但有大小，而且有方向，这种既有大小又有方向的量叫矢量。 (　　)

12. 对刀点不一定要与编程零点重合。 (　　)

13. CAPP 是指计算机辅助设计。 (　　)

14. 数控铣床的控制介质可以是穿孔带，也可以是穿孔卡、磁带或其他可以储存代码的载体。 (　　)

15. 以已加工表面作为定位基准，称之为加工基准，该基准应尽量与其他基准重合。 (　　)

16. 生产率是指在一定的生产条件下，规定生产一件产品或完成一道工序所需的时间。 (　　)

17. 时间定额与劳动生产率互为倒数。 (　　)

18. 当进行工件定位时，一定要限制工件的 6 个自由度。 (　　)

19. 在机械加工中，不允许使工件的定位方式采用过定位。 (　　)

20. 在机械加工中，可以允许工件的定位采用不完全定位方式。 (　　)

三、编程题

对如图 6－24 所示的工件进行不同要求孔的加工，工件外形尺寸与表面粗糙度已达到图纸要求，材料为 $45^{\#}$ 钢。

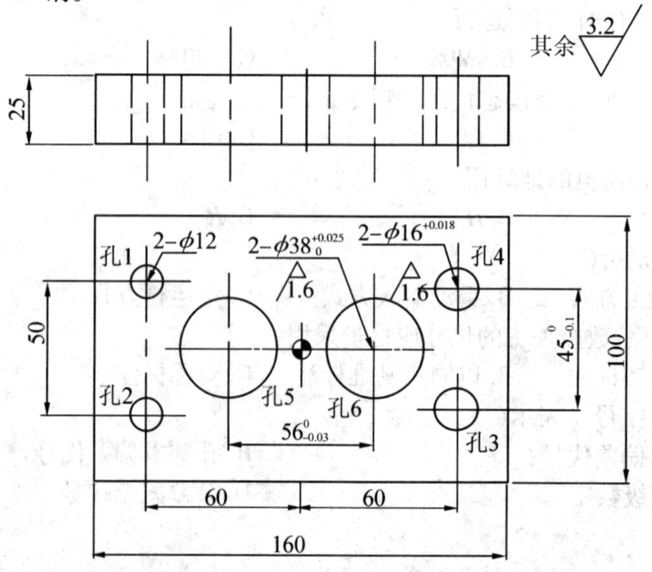

图 6－24　工件

参考答案

学习情境一

一、选择题

1.B　2.B　C　3.A B　C　4.A　5.B　6.C　7.C　8.C　9.B　10.A　11.A　12.A　13.D　14.C　15.C　16.B　17.C　18.B　19.B　20.B　21.B

二、填空题

1.EIA 代码 ISO 代码　2.长度补偿　半径补偿　3.取消刀具补偿功能　4.M03　旋转　5.G01,G00 指令　6.初始平面 R 点平面　7.G96　8.M99　9.G36　10.G95　G94　11.切线方向 切线方向

三、判断题

1.√　2.√　3.√　4.×　5.×　6.√　7.×　8.×　9.×　10.√　11.√　12.×　13.×　14.×　15.√　16.×　17.√　18.√　19.×　20.×

四、简答题

1.答:G90 表示绝对尺寸编程,X20.0,Y15.0 表示的参考点坐标值是绝对坐标值。G91 表示增量尺寸编程,X20.0,Y15.0 表示的参考点坐标值是相对前一参考点的坐标值。

2.答:G00 指令要求刀具以点位控制方式从刀具所在位置用最快的速度移动到指定位置,快速点定位移动速度不能用程序指令设定。G01 是以直线插补运算联动方式由某坐标点移动到另一坐标点,移动速度由进给功能指令 F 设定,当车床执行 G01 指令时,程序段中必须含有 F 指令。

3.答:刀具返回参考点的指令有两个。G28 指令可以使刀具从任何位置以快速定位方式经中间点返回参考点,常用于刀具自动换刀的程序段。G29 指令使刀具从参考点经由一个中间点而定位于定位终点。它通常紧跟在 G28 指令之后。用 G29 指令使所有的被指令的轴以快速进给经由以前 G28 指令定义的中间点,然后到达指定点。

4.略

学习情境二

一、填空题

1.轴类　盘类　2.刀具半径补偿　3.切削开始点　不碰撞工件　4.刀尖点　刀尖　5.切入　切削　退刀　返回　6.内外径粗车复合循环 G71　端面粗车复合循环 G72　封闭轮廓复合循环 G73

二、选择题

1. B　2. C　3. C　4. C　5. B　6. C　7. B　8. C　9. B　10. D　11. C　12. B　13. C

三、判断题

1. √　2. ×　3. √　4. √　5. √　6. ×　7. ×　8. √　9. ×　10. ×
11. √　12. ×　13. √　14. √　15. √　16. ×　17. ×　18. ×　19. ×　20. ×

四、问答题

1. 答:数控车床主要用于轴类和盘类回转体工件的加工,还适合轮廓形状特别复杂或难于控制尺寸的回转体零件、精度要求高的零件、特殊的螺旋零件、淬硬工件的加工。

2. 答:(1)在一个程序段中,根据图样上标注的尺寸可以采用绝对编程的相对值编程,也可混合使用。

(2)被加工零件的径向尺寸在图样上测量时,一般用直径值表示,所以采用直径尺寸编程更为方便。

(3)由于车削加工常用棒料作为毛坯,加工余量较大,为简化编程,常采用不同形式的固定循环。

(4)编程时把车刀刀尖认为是一个点。

(5)为了提高加工效率,车削加工的进刀与退刀都采用快速运动。

3. 答:G73 主要加工零件毛坯余量均匀的铸造、锻造、零件轮廓已初步成形的工件。

Δi:X 轴方向的粗加工总余量;

Δk:Z 轴方向的粗加工总余量;

Δx:X 方向精加工余量;

Δz:Z 方向精加工余量;

Δr:粗切削次数。

五、编程题

1. 参考程序:

O0002	
N10 G00 U -70 W -10;	从编程规划起点,移到工件前端面中心处
N20 G01 U26 C3 F100;	倒 3 ×45°直角
N30 W -22 R3;	倒 R3 圆角
N40 U39 W -14 C3;	倒边长为 3 mm 等腰直角
N50 W -34;	加工 ϕ 65 mm 外圆
N60 G00 U5 W80;	回到编程规划起点
N70 M30;	主轴停,主程序结束并复位

2. 参考程序:

O0003;

```
T0101 M03 S500;
G00 X200 Z20;
G01 X182 Z5 F300;
G71 U2 R3 P10 Q20 X0.4 Z0.1 F150;
N10 G01 X80 Z2 F80;
Z-20;
X120 Z-30;
Z-50;
G02 X160 Z-70 R20;
N20 G01 X180 Z-80;
G00 X200 Z100;
M05;
M02;
```

3. 参考程序:

```
O0004;
N1 G92 X50 Z120;        设立坐标系,定义对刀点的位置
N2 M03 S300;            主轴以300 r/min旋转
N3 G00 X29.2 Z101.5;    到螺纹起点,升速段1.5 mm,吃刀深0.8 mm
N4 G32 Z19 F1.5;        切削螺纹到螺纹切削终点,降速段1mm
N5 G00 X40;             X轴方向快退
N6 Z101.5;              Z轴方向快退到螺纹起点处
N7 X28.6;               X轴方向快进到螺纹起点处,吃刀深0.6 mm
N8 G32 Z19 F1.5;        切削螺纹到螺纹切削终点
N9 G00 X40;             X轴方向快退
N10 Z101.5;             Z轴方向快退到螺纹起点处
N11 X28.2;              X轴方向快进到螺纹起点处,吃刀深0.4 mm
N12 G32 Z19 F1.5;       切削螺纹到螺纹切削终点
N13 G00 X40;            X轴方向快退
N14 Z101.5;             Z轴方向快退到螺纹起点处
N15 U-11.96;            X轴方向快进到螺纹起点处,吃刀深0.16mm
N16 G32 W-82.5 F1.5;    切削螺纹到螺纹切削终点
N17 G00 X40;            X轴方向快退
N18 X50 Z120;           回对刀点
N19 M05;                主轴停
N20 M30;                主程序结束并复位
```

4. 参考程序:

```
O0005;
T0101 M03 S500;
```

```
G00 X90 Z20;
G01 X72 Z5 F150;
G71 U2 R3 P10 Q20 X0.4 Z0.1 F150;
G00 X100 Z120;
T0202 M03 S1000;
N10 G01 X-1 Z0 F80;
X0;
G03 X20 Z-10 R10;
G01 Z-30;
X40 Z-40;
G03 X40 Z-80 R40;
G01 Z-90;
X70 Z-105;
N20 Z-125;
G00 X100 Z120;
M05;
M02;
```

5. 参考程序:

```
O0006;
N10 T0101;
N20 M03 S500;
N30 G00 X50 Z30;
N40 G01 X35 Z5 F150;
N50 G71 U2 R2 P60 Q100 X0.4 Z0.1 F150;
N60 G01 X10 Z2 F80;
N65 X18 Z-2;
N70 Z-18;
N80 G03 X24 Z-34;
N90 G01 X28 Z-44;
N100 Z-52;
N110 G00 X80 Z120;
N120 M05;
N130 M02;
```

6. 参考程序

```
O0007;
N10 T0101;
N20 M03 S500;
N30 G00 X60 Z30;
```

```
N40 G01 X42 Z10 F150;
N50 G81 X0 Z0.5 F80;
N60 G81 X0 Z0 F60 S800;                       给定端面切削精车速度、转速
N70 G71 U1.5 R3 P80 Q150 X0.5 F150 S500;
N75 M03 S1000;                                给定外圆精车转速
N80 G01 X10 Z2 F80;
N85 X18 Z-2;
N90 Z-12;
N100 X30 Z-24;
N110 Z-40;
N120 G03 X32 Z-55 R25 F60;
N130 G01 Z-60;
N140 X38 Z-72;
N150 Z-80;
N160 G00 X80 Z120;                            退刀到安全位置,准备换螺纹刀
N170 M05;
N180 T0202 M03 S350;                          给车削螺纹转速 350 mm/min
N190 G00 X35 Z0;
N200 G01 Z-20 F150;                           定位螺纹固定循环起刀点
N210 G82 X29.4 Z-36 R-2 E1.1 F2;              螺纹车削加工
N220 G82 X29.0 Z-36 R-2 E1.1 F2;
N230 G82 X28.6 Z-36 R-2 E1.1 F2;
N240 G82 X28.2 Z-36 R-2 E1.1 F2;
N250 G82 X28.0 Z-36 R-2 E1.1 F2;
N260 G82 X27.835 Z-36 R-2 E1.1 F2;
N270 G00 X80 Z120;
N280 M05;
N290 M02;
```

7. 参考程序:

```
O0008;
N10 T0101;
N20 M03 S500;
N30 G00 X50 Z30;
N40 G01 X42 Z5 F150;
N50 G71 U1.5 R2 P80 Q140 X0.5 F150 S1000;
N60 M03 S1000;
N70 G01 X0 Z0 F80;
N80 G03 X24 Z-12 R12 F60;
```

```
N90 G01 Z-24;
N100 X30 Z-30;
N110 Z-54;
N120 G03 X38 Z-69 R25 F60;
N130 G01 Z-80;
N140 G00 X80 Z120;
N150 M05;
N160 T0202 M03 S400;
N170 G00 X50 Z0;
N180 G01 X35 Z-54 F150;
N190 G01 X25 F20;
N200 X35 F100;
N210 G00 X80 Z120;
N220 M05;
N230 T0303 M03 S350;
N240 G00 X35 Z-24;
N250 G82 X29.4 Z-51 F1.5;
N260 G82 X29.0 Z-51 F1.5;
N270 G82 X28.6 Z-51 F1.5;
N280 G82 X28.2 Z-51 F1.5;
N290 G82 X28.0 Z-51 F1.5;
N300 G82 X27.835 Z-51 F1.5;
N310 G00 X80 Z120;
N320 M05;
N330 M02;
```

8. 参考程序:

```
O0009;
T0101 M03 S500;
G00 X50 Z30;
G01 X32 Z5 F150;
G71 U2 R2 P10 Q20 X0.4 Z0.1 F150;
N10 G01 X8 Z2 F80 S1000;
X16 Z-2;
Z-24;
X20 Z-37;
Z-42;
G02 X28 Z-60 R42.5;
N20 G01 Z-65;
```

```
G00 X100 Z120;
M05;
T0202 M03 S450;
G00 X25 Z5;
G82 X15.4 Z-18 R2 E1.1 F2;
G82 X14.8 Z-18 R2 E1.1 F2;
G82 X14.4 Z-18 R2 E1.1 F2;
G82 X14.376 Z-18 R2 E1.1 F2;
G00 X100 Z120;
M05;
M02;
```

9. 参考程序：

```
O0010;
T0101 M03 S500;
G00 X50 Z30;
G01 X42 Z10 F150;
G71 U2 R2 P10 Q20 X0.4 Z0.1 F150;
N10 G01 X0 Z0 F80;
X15 Z-15;
Z-25;
G02 X23 Z-29 R4;
G01 X28 Z-55;
G03 X38 Z-60 R5;
N20 G01 Z-70;
G00 X100 Z120;
M05;
M02;
```

学习情境三

一、判断题

1. √　2. √　3. √　4. ×　5. √　6. ×　7. ×　8. ×　9. ×　10. √

二、填空题

1. 数控装置　2. 硬质合金　3. 大　小　4. 基准　5. 铣削速度　6.（丝杆螺距）　7. 足够的强度和韧性　高的耐磨性　高的耐热性　良好的工艺性。8. 小　大　9. 轴类　盘类　10. 刀具半径补偿　11. 换刀程序　12. 初始平面 R 点平面　13. 切削速度　进给量　切削深度

三、选择题

1. A　2. D　3. C　4. B　5. C　6. A　7. D

四、问答题

1. 答;目前用于制造刀具的材料可分为金属材料和非金属材料两大类:金属材料有碳素工具钢、合金工具钢、高速硬质合金。非金属材料有人造金刚石和立方氮化硼及陶瓷。其中碳素工具钢和合金工具钢的红硬性能较差(约200°C~400°C),已很少用来制造车刀。

2. 答:由于夹具的定位元件与刀具及车床运动的相对位置可以事先调整,因此加工一批零件时采用夹具工件,即不必逐个找正,又快速方便,且有很高的重复精度,能保证工件的加工要求

3. 答:刀位点是指确定刀具位置的基准点。带有多刀加工的数控车床,在加工过程中如需换刀,编程时还要设一个换刀点。换刀点是转换刀具位置的基准点。换刀点位置的确定应该不产生干涉。工件坐标系的原点也称为工件零点或编程零点,其位置由编程者设定,一般设在工件的设计、工艺基准处,便于尺寸计算。

五、编程题

O0005;	
N05 G54 G90 G0 X0. Y0.;	建立工件坐标系,并快速运动到程序原点上方
N10 Z50.;	快速运动到安全面高度
N20 X-5. Y-40. S500 M03;	刀具移动工件外,启动主轴,刀具仍在安全面高度
N20 Z5. M08;	
30 GI Z-21. F20.;	G01 下刀,伸出底面 1 mm
N40 G42 DI Y-30. F100.;	刀具半径右补偿,运动到 Y-30 的位置
N50 G2 X-40. Y-20. I10. J0.;	顺时针圆弧插补
N60 GI X20.;	
N70 G3 X40. Y0. I0. J20.;	逆时针圆弧插补
N80 X-6.195 Y39.517 I-40. J0;	逆时针圆弧插补
N90 GI X-40. Y20.;	
N110 Y-30.;	直线退刀
N120 G40 Y-40.;	取消刀具半径补偿,退刀至 Y-40 的位置
N130 G0 Z50.;	抬刀至安全面高度
N140 X0. Y0.;	回程序原点上方
N150 M30;	程序结束

学习情境四

一、判断题

1. ×　2. √　3. √　4. √　5. √　6. ×　7. ×　8. √　9. ×　10. ×

11. × 12. × 13. √ 14. × 15. √ 16. × 17. √ 18. √ 19. × 20. ×

二、选择题

1. B 2. C 3. B 4. C 5. B 6. C 7. D 8. C 9. B 10. C 11. A 12. B 13. D 14. A 15. A 16. C 17. A 18. D 19. C 20. A 21. C 22. B 23. C 24. C 25. C 26. B 27. B 28. A 29. A 30. C 31. C 32. B 33. B 34. C 35. D 36. B 37. A 38. A 39. A 40. C

三、问答题

1. 答：数控铣削加工装备，主要包括数控铣床、夹具、刀具、及测量装置和其他辅助工具等。

2. 答：能完成以上数控铣削类加工的机床，从功能上大体可以分成两类：普通数控铣床和镗铣加工中心，其本质的区别就在于镗铣加工中心具有刀库和自动换刀功能，而普通数控铣床则没有。

3. 答：数控铣削在原有的加工范围上，又有了许多扩展，除了主要的平面铣削、曲面铣削和轮廓铣削，也包括了对零件进行钻、扩、铰、镗、锪加工及螺纹加工等。

4. 答：一个完整的数控铣削零件的加工，需要5个步骤才能完成，即零件工艺分析、编制数控程序、程序输入、校验并首件试切、零件加工，而这5步是环环向扣，每一部分都会影响到零件的最终加工质量和效果。而在初识数控铣削加工的同时，也会感到，数控知识的综合性、广泛性数控铣削零件加工步骤如图7－1所示。

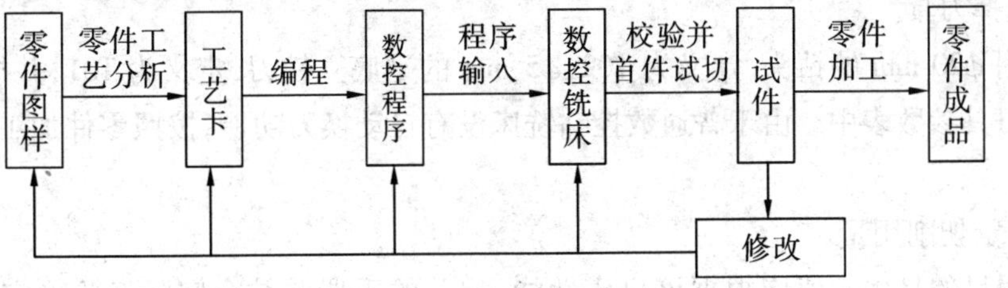

图7－1　数控铣削零件加工步骤

5. 答：以数控铣床铣床为例：

Z坐标的方向判定：

（1）方向原则：与主轴轴线平行的坐标轴为 *Z* 坐标轴。对于铣床、钻床、镗床，其主运动为刀具的旋转运动，主轴为刀具旋转轴心，则与刀具旋转轴心平行的坐标为 *Z* 坐标轴。

（2）正方向原则：为刀具远离工件的方向。

X 坐标的方向判定：

（1）方向原则：*X* 坐标平行于工件装卡平面。

（2）正方向原则：对于刀具旋转的机床（如铣床．钻床．镗床），*X* 坐标正方向为由刀具向立柱看，右侧为正。

Y 坐标的方向判定：根据 *Z* 坐标和 *X* 坐标正方向，利用右手定则可以确定 *Y* 坐标正方向。

6. 答：机床原点：机床原点是指在机床上设置的一个固定点，即机床坐标系的原点。它在机床装配、调试时就已确定下来,是数控铣床进行加工运动的基准参考点。它是不能更改的,一般用字母“M”表示。在数控铣床上,机床原点一般取在 X, Y, Z 坐标的正方向极限位置上。

机床参考点:机床参考点是机床位置测量系统的基准点,用于对机床运动进行检测和控制的固定位置点。参考点的位置是由机床制造厂家在每个进给轴上用限位开关精确调整好的,坐标值已输入数控系统中,通常参考点的坐标为“0”。因此参考点对机床原点的坐标是一个已知数。通常在数控铣床上,机床原点和机床参考点是重合的。

编程原点:编程原点是编程坐标系的原点,一般用“W”表示,又称工件原点。其是由编程人员定义的,而与工件的装夹无关。不同的编程人员根据编程目的不同,可以对同一工件定义不同的编程原点,而不同的编程原点也造成程序坐标值的不同。

四、编程题

答:(1)根据图样要求、毛坯及前道工序加工情况,确定工艺方案及加工路线。

1)以底面为定位基准,两侧用压板压紧,固定于铣床工作台上。

2)工步顺序。

①钻孔 ϕ 20 mm。

②按 O'A,B,C,D,E,F,G 线路铣削轮廓。

(2)选择机床设备。

根据零件图样要求,选用经济型数控铣床即可达到要求。

(3)选择刀具。

现采用 ϕ20 mm 的钻头,定义为 T02,ϕ5 mm 的平底立铣刀,定义为 T01,并把该刀具的直径输入刀具参数表中。由于普通数控钻铣床没有自动换刀功能,按照零件加工要求,只能手动换刀。

(4)确定切削用量。

切削用量的具体数值应根据该机床性能、相关的手册并结合实际经验确定,详见加工程序。

(5)确定工件坐标系和对刀点。

在 XOY 平面内确定以 O 点为工件原点,Z 方向以工件下表面为工件原点,建立工件坐标系。采用手动对刀方法把 O 点作为对刀点。

(6)编写程序

```
O0002;
N0010 G92 X5.   Y5.   Z50. ;                           设置对刀点(手工安装好
                                                        φ20 mm的钻头)
N0020 G90   G17   G00   X40.   Y30. ;                  在 XOY 平面内加工
N0030 G98   G81   X40.   Y30.   Z-5.   R15.   F150;钻孔循环
N0040 G00   X5.   Y5.   Z50. ;
N0050 M05;
N0060 M00;                                              程序暂停,手动换 φ5 mm 立
```

铣刀

N0070 G90 G41 G00 X-20. Y-10. Z-5. D01;

N0080 G01 X5. Y-10. F150;

N0090 G01 Y35. F150;

N0100 G91;

N0110 G01 X10. Y10.;

N0120 X11.8? Y0;

N0130 G02 X30.5 Y-5. R20.;

N0140 G03 X17.3 Y-10. R20.;

N0150 G01 X10.4 Y0;

N0160 X0 Y-25.;

N0170 X-90. Y0;

N0180 G90 G00 X5 Y5 Z50;

N0190 G40;

N0200 M05;

N0210 M30;

(7)程序输入。

(8)试运行。

(9)对刀。

(10)加工。

选择“自动方式”,按“启动”开始加工。

学习情境五

一、选择题

1. A 2. D 3. C 4. B 5. D 6. A 7. B 8. C 9. B 10. B 11. A 12. D 13. B 14. B 15. C 16. B 17. B 18. C 19. C 20. D 21. A 22. C 23. A 24. D 25. D 26. B 27. D 28. B 29. B 30. A

二、问答题

1. 答:手动回参考点的操作步骤如下:

(1)将机床操作面板上的工作方式开关置于手动回参考点的位置上。

(2)分别按压 $+X$, $+Y$, $+Z$ 轴移动方向按钮一下,则系统即控制机床自动往参考点位置处快速移动,当快到达参考点附近时,各轴自动减速,再慢慢趋近,直至到达参考点后停下。

(3)到达参考点后,机床面板上回参考点指示灯点亮。此时,显示屏上显示参考点在机床坐标系中的坐标为(0,0,0)。

在手动连续进给方式下,按压 $+X$, $+Y$ 轴移动方向按钮,相对于站立不动的人来说,真正产生的动作却是工作台带动工件在往左、往人站立的方向移动(即 $+X'$, $+Y'$运动方向)。

2. 答：前者为绝对编程方式，后者为相对编程方式。前者定位到工件坐标系下X20Y15的位置，后者以当前位置为基点，向X正向移动20 mm，向Y正向移动15 mm。

三、编程题

答：(1)根据图样要求、毛坯及前道工序加工情况，确定工艺方案及加工路线。

1)以已加工过的底面为定位基准，用通用机用平口虎钳夹紧工件前后两侧面，虎钳固定于铣床工作台上。

2)工步顺序：

①铣刀先走两个圆轨迹，再用左刀具半径补偿加工50 mm×50 mm四角倒圆的正方形。

②每次切深为2 mm，分两次加工完。

(2)选择机床设备。

根据零件图样要求，选用经济型数控铣床即可达到要求。

(3)选择刀具。

现采用ϕ10 mm的平底立铣刀，定义为T01，并把该刀具的直径输入刀具参数表中。

(4)确定切削用量。

切削用量的具体数值应根据机床性能、相关的手册并结合实际经验确定，详见加工程序。

(5)确定工件坐标系和对刀点。

在XOY平面内确定以工件中心为工件原点，Z方向以工件上表面为工件原点，建立工件坐标系，采用手动对刀方法(操作与前面介绍的数控铣床对刀方法相同)把点O作为对刀点。

(6)编写程序。

考虑到加工图示的槽，深为4 mm，每次切深为2 mm，分两次加工完。为编程方便，同时减少指令条数，可采用子程序。该工件的加工程序如下：

```
O0001;                                  主程序
N0010  G90  G00  Z2.  S800  T01  M03;
N0020  X15.  Y0  M08;
N0030  G01  Z-2.  F80;
N0040  M98  P0010;                      调一次子程序，槽深为2 mm
N0050  G01  Z-4.  F80;
N0060  M98  P0010;                      再调一次子程序，槽深为4 mm
N0070  G00  Z2.;
N0080  G00  X0  Y0  Z150.  M09;
N0090  M02;                             主程序结束
O0010;
N0010  G03  X15.  Y0  I-15. J0;
N0020  G01  X20.;
N0030  G03  X20.  Y0  I-20. J0;
```

N0040 G41 G01 X25. Y15.; 左刀补铣四角倒圆的正方形
N0050 G03 X15. Y25. I-10. J0;
N0060 G01 X-15.;
N0070 G03 X-25. Y15. I0 J-10.;
N0080 G01 Y-15.
N0090 G03 X-15. Y-25. I10. J0;
N0100 G01 X15.;
N0110 G03 X25. Y-15. I0? J10.;
N0120 G01 Y0;
N0130 G40 G01? X15. Y0; 左刀补取消
N0140 M99; 子程序结束

(7)程序的输入(参见模块四具体操作步骤)。

(8)试运行(参见模块四具体操作步骤)。

(9)对刀(参见模块四具体操作步骤)。

(10)加工。

选择"自动方式",按"启动"开始加工。

学习情境六

一、选择题

1. A 2. A 3. B 4. D 5. B 6. A 7. C D 8. A 9. D 10. D 11. A 12. C 13. A 14. D 15. A 16. C 17. B 18. B 19. B 20. A

二、判断题

1. √ 2. √ 3. √ 4. √ 5. × 6. √ 7. × 8. √ 9. √ 10. √ 11. √ 12. √ 13. × 14. √ 15. × 16. × 17. √ 18. × 19. √ 20. √

三、编程题

答:(1)加工方案的确定。

1)工件选用机用平口钳装夹,校正平口钳固定钳口与工作台 X 轴方向平行,将 160mm ×25mm 侧面贴近固定钳口后压紧,并校正工件上表面的平行度。

2)加工方法与刀具选择见表 7-1 所示。

表 7-1 孔加工方案

加工内容	加工方法	选用刀具/mm
孔 1、孔 2	点孔→钻孔→扩孔	ϕ3 中心钻,ϕ10 麻花钻,ϕ12 麻花钻
孔 3、孔 4	点孔→钻孔→扩孔→铰孔	ϕ3 中心钻,ϕ10 麻花钻,ϕ15.8 麻花钻,ϕ16 机用铰刀
孔 5、孔 6	钻孔→扩孔→粗镗→精镗加工	ϕ20、ϕ35 麻花钻,ϕ37.5 粗镗刀,ϕ38 精镗刀

(2)选择机床设备。

根据零件图样要求,选用加工中心加工此零件,可利用加工中心自动换刀的优势,缩短加工时间。

(3)确定切削用量。

各刀具切削参数与长度补偿值如表 7－2 所示。

表 7－2　刀具切削参数与长度补偿选用表　　(单位:mm)

刀具参数	φ3 中心钻	φ10 麻花钻	φ20 麻花钻	φ35 麻花钻	φ12 麻花钻	φ15.8 麻花钻	φ16 机用铰刀	φ37.5 粗镗刀	φ38 精镗刀
主轴转速 $r \cdot min^{-1}$	1200	650	350	150	550	400	250	850	1000
进给率 $mm \cdot min^{-1}$	120	100	40	20	80	50	30	80	40
刀具补偿	H1/T1	H2/T2	H3/T3	H4/T4	H5/T5	H6/T6	H7/T7	H8/T8	H9/T9

(4)确定工件坐标系和对刀点。

在 XOY 平面内确定以 O 点为工件原点,Z 方向以工件上表面为工件原点,建立工件坐标系。采用手动对刀方法把 O 点作为对刀点。

(5)编写程序:

```
O0003
N0010 G54 G90 G17 G21 G49 G40 ;            程序初始化
N0020 M03 S1200 T1;                        主轴正转,转速 1 200 r/min,调用 1 号刀
N0030 G00 G43 Z150. H1;                    Z 轴快速定位,调用刀具 1 号长度补偿
N0040 X0 Y0;                               X,Y 轴快速定位
N0050 G81 G99 X-60. Y25. Z-2. R2. F120;    点孔加工孔 1,进给率 120 mm/min
N0060 Y-25. ;                              点孔加工孔 2
N0070 X60. Y-22.5;                         点孔加工孔 3
N0080 Y22.5;                               点孔加工孔 4
N0090 G49 G00 Z150. ;                      取消固定循环,取消 1 号长度补偿,Z 轴快速定位
N0100 M05;                                 主轴停转
N0110 M06 T2;                              调用 2 号刀
N0120 M03 S650;                            主轴正转,转速 650 r/min
N0130 G43 G00 Z100. H2 M08;                Z 轴快速定位,调用 2 号长度补偿,切削液开
N0140 G83 G99 X-60. Y25. Z-30. R2. Q6. F100;钻孔加工孔 1,进给率 100 mm/min
N0150 Y-25. ;                              钻孔加工孔 2
N0160 X60. Y-22.5;                         钻孔加工孔 3
N0170 Y22.5;                               钻孔加工孔 4
N0180 G49 G00 Z150. M09;                   取消固定循环,取消 2 号长度补偿,Z 轴快速
                                           定位,切削液关
N0190 M05;                                 主轴停转
```

```
N0200 M06 T3;                              调用 3 号刀
N0210 M03 S350;                            主轴正转,转速 350 r/min
N0220 G43 G00 Z100. H3 M08;                Z 轴快速定位,调用 3 号长度补偿,切削液开
N0230 G83 G99 X-28. Y0 Z-35. R2. Q5. F40;  钻孔加工孔 5,进给率 40 mm/min
N0240 X28.                                 钻孔加工孔 6
N0250 G49 G00 Z150. M09;                   取消固定循环,取消 3 号长度补偿,Z 轴快速
                                           定位,切削液关
N0260 M05;                                 主轴停转
N0270 M06 T4;                              调用 4 号刀
N0280 M03 S150;                            主轴正转,转速 150 r/min
N0290 G43 G00 Z100 H4 M08;                 Z 轴快速定位,调用 4 号长度补偿,切削液开
N0300 G83 G99 X-28. Y0 Z-42. R2. Q8. F20;  扩孔加工孔 5,进给率 40 mm/min
N0310 X28.                                 扩孔加工孔 6
N0320 G49 G00 Z150. M09;                   取消固定循环,取消 4 号长度补偿,Z 轴快速
                                           定位,切削液关
N0330 M05;                                 主轴停转
N0340 M06 T5;                              调用 5 号刀
N0350 M03 S550;
N0360 G43 G00 Z100 H5 M08;
N0370 G83 G99 X-60. Y25 Z-31. R2. Q8. F80;
N0380 Y-25.
N0390 G49 G00 Z150. M09;
N0400 M05;
N0410 M06 T6;
N0420 M03 S400;
N0430 G43 G00 Z100. H6 M08;
N0440 G83 G99 X60. Y-22.5 Z-33. R2. Q8. F50;
N0450 Y22.5;
N0460 G49 G00 Z150. M09;
N0470 M05;
N0480 M06 T7;
N0490 M03 S250;
N0500 G43 G00 Z100. H7 M08;
N0510 X0 Y0;
N0520 G85 G99 X60. Y-22.5 Z-30. R2. F30;
N0530 Y22.5;
N0540 G49 G00 Z150 M09;
N0550 M05;
```

N0560 M06 T8;
N0570 M03 S850;
N0580 G43 G00 Z100. H8 M08;
N0590 XO Y0 ;
N0600 G85 G99 X -28. Y0 Z -26. R2. F80;
N0610 X28. ;
N0620 G49 G00 Z150. M09;
N0630 M05;
N0640 M06 T9;
N0650 M03 S1000;
N0660 G43 G00 Z100. H9 M08;
N0670 X0 Y0;
N0680 G85 G99 X -28. Y0 Z -26. R2. F40;
N0690 X28. ;
N0700 G49 G00 Z150. M09;
N0710 M02;

参考文献

[1]郑贞平,黄云林,黎胜容. VERICUT 7.0 中文版数控仿真技术与应用实例详解. 北京:机械工业出版社,2013.

[2]王明红. 数控技术. 北京:清华大学出版社,2009.

[3]王道宏. 数控技术. 杭州:浙江工业大学出版社,2008.

[4](印)Sinha S K. FANUC 数控宏程序编程技术一本通. 北京:科学出版社,2013.

[5]廖效果. 数控技术. 武汉:湖北科学技术出版社,2010.

[6]杜君文,邓广敏. 数控技术. 天津:天津大学出版社,2012.

[7]董玉红. 数控技术. 北京:高等教育出版社,2004.

[8]徐元昌. 数控技术. 北京:中国轻工业出版社,2009.

[9]倪祥明. 数控车床及数控加工技术. 北京:人民邮电出版社,2013.

[10]孙志孔,张义民. 数控车床性能分析及可靠性设计技术. 北京:机械工业出版社,2011.

[11]文怀兴,夏田. 数控车床系统设计. 2 版. 北京:化学工业出版社,2011.

[12]张亚力. 数控铣床/加工中心编程与零件加工. 北京:化学工业出版社,2012.

[13]陈学翔. 数控铣(中级)加工与实训. 北京:机械工业出版社,2013.

[14]肖军民. UG 数控加工自动编程经典实例. 北京:机械工业出版社,2011.

[15]周晓红. 数控铣削工艺与技能训练(含加工中心). 北京:机械工业出版社,2011.

[16]陈炳光,陈昆. 模具数控加工及编程技术. 北京:化学工业出版社,2011.

[17]唐利平. 数控车削加工技术. 北京:机械工业出版社,2012.

[18]朱勇. 数控车床编程与加工. 北京:中国人事出版社,2012.

[19]关雄飞. 数控加工工艺与编程. 北京:机械工业出版社,2012.

[20]周虹. 使用数控车床的零件加工. 北京:清华大学出版社,2013.

[21]刘虹. 数控加工编程及操作. 北京:机械工业出版社,2011.

[22]张士印,孔建. 数控车床加工应用教程. 北京:清华大学出版社,2011.

[23]叶俊. 数控切削加工. 北京:机械工业出版社,2011.

[24]顾德仁. CAD/CAM 与数控车床加工实训教程. 北京:中国人事出版社,2011.

[25]李柱. 数控加工工艺及实施. 北京:机械工业出版社,2011.

[26]张若锋,邓建平. 数控加工实训. 北京:机械工业出版社,2011.

[27]卢万强. 数控加工技术. 2 版. 北京:北京理工大学出版社,2012.

[28]鲍海龙. 数控铣削加工中级. 北京:机械工业出版社,2011.

[29]刘昭琴. 机械零件数控车削加工. 北京:北京理工大学出版社,2011.

[30]周芸. 数控车床编程与加工实训教程. 北京:中国人事出版社,2013.

[31]江剑锋. CAD/CAM 与数控车床加工. 北京:中国人事出版社,2011.

[32]高彬. 数控加工工艺. 北京:清华大学出版社,2013.

[33]人力资源和社会保障部教材办公室.数控加工工艺.3版.北京:中国劳动社会保障出版社,2011.
[34]周芸.数控车床编程与加工实训教程.北京:中国人事出版社,2011.
[35]人力资源和社会保障部教材办公室.数控加工基础.北京:中国劳动社会保障出版社,2011.
[36]关颖.数控车床操作与加工项目式教程.北京:电子工业出版社,2011.
[37]施晓芳.数控加工工艺.北京:电子工业出版社,2011.
[38]殷小清,黄文汉,吴永锦.数控编程与加工——基于工作过程.北京:中国轻工业出版社,2011.
[39]漆军,何冰强.数控加工工艺.北京:机械工业出版社,2011.
[40]姚屏,徐伟.数控车削编程与加工.北京:电子工业出版社,2013.
[41]裴炳文.数控加工工艺与编程.北京:机械工业出版社,2012.
[42]田春霞.数控加工工艺.北京:机械工业出版社,2011.
[43]顾京.数控车床加工程序编制.北京:机械工业出版社,2011.
[44]王亚辉,任宝臣,王金贵.典型零件数控铣床/加工中心编程方法解析.北京:机械工业出版社,2011.
[45]陈志雄.零件数控车削工艺设计、编程与加工.北京:电子工业出版社,2013.
[46]赵显日.机械零件数控车削加工.北京:中国电力出版社,2011.
[47]赵先仲,陈俊兰.数控加工工艺与编程.北京:电子工业出版社,2011.
[48]贾慈力.模具数控加工技术.北京:机械工业出版社,2011.
[49]鲁淑叶,辜艳丹.零件数控车削加工.北京:国防工业出版社,2012.
[50]刘成志.模具数控加工技术.北京:人民邮电出版社,2011.
[51]耿国卿.数控车削编程与加工.北京:清华大学出版社,2013.
[52]杨丙乾.数控编程与加工.电子工业出版社,2011.
[53]姚新.数控加工技术.北京:机械工业出版社,2011.
[54]高汉华,李艳霞.数控加工与编程.北京:清华大学出版社,2011.
[55]彭美武,饶小创.数控加工技术基础学习指南.北京:机械工业出版社,2012.
[56]陈建环.数控车削编程加工实训.北京:机械工业出版社,2011.
[57]张思第.数控编程加工技术.2版.北京:化学工业出版社,2011.
[58]张方阳.加工中心数控车组合项目教程.武汉:华中科技大学出版社,2011.
[59]张德荣.数控车床/加工中心工艺编程与加工.武汉:华中科技大学出版社,2013.
[60]王兵.数控车床加工工艺与编程操作.北京:机械工业出版社,2011.
[61]人力资源和社会保障部中国就业培训技术指导中心组织.数控车削加工——预备技师数控车床加工(数控车工)专业教材.北京:中国劳动社会保障出版社,2011.
[62]杨显宏.数控加工编程与操作.北京:机械工业出版社,2011.
[63]蔡有杰.数控编程及加工技术.北京:中国电力出版社,2011.
[64]周晓宏.数控加工技能综合实训(中级数控车工、数控铣工考证).北京:机械工业出版社,2011.

[65]贺曙新,张思第,文少波.数控加工工艺.2版.北京:化学工业出版社,2011.
[66]华茂发.数控车床加工工艺.2版.北京:机械工业出版社,2011.
[67]张春良.数控加工技术.北京:科学出版社,2011.
[68]周晓红.数控加工工艺.北京:机械工业出版社,2012.
[69]王军.零件的数控铣削加工.北京:电子工业出版社,2011.
[70]田春霞.数控加工技术.2版.北京:机械工业出版社,2011.
[71]刘岩.数控加工基础.北京:机械工业出版社,2011.
[72]詹华西.零件的数控车削加工.北京:电子工业出版社,2012.
[73]王浩钢,田喜荣.模具数控编程与加工.北京:机械工业出版社,2011.
[74]陈远智.数控车床编程与加工实训.北京:清华大学出版社,2011.
[75]陈天祥,马雪峰.数控加工编程与操作.上海:上海交通大学出版社,2013.